KB265944

초일류를 향한 도전
Great KAIST

초일류를 향한 도전

Great

심재율

KAIST

AI

과학기술의 미래를 상상하다

대한민국의
틀을 넘어,
세계로 뚫다

AI를 넘어,
인간의 질문으로
세계를 설계하다

질문이 만든
KAIST의 글로벌
도약 스토리

지식공감

변화를 이끌면서 본질을 지키는 선비
이광형 총장을 말하다

공직으로 활동하면서 수많은 인연이 있었지만, 이광형 총장님과의 인연은 우연이었지만 필연이 아닌가 생각됩니다.

과기처 공무원 시절, 어느 날 교수 한 분이 면회를 신청하였습니다. 무슨 사연이 있나 만났더니 KAIST 이광형 교수였습니다. 어느 독지가가 이광형 교수를 보고 KAIST에 기부하면서 새로운 학과 설립을 요구하는데, 선배 교수들이 학과 설립을 반대하니 도움을 요청하는 것이었습니다. 제가 중간에 서서 당시 KAIST 총장님과 협의하여 약 600억 원의 기증을 받고 바이오및뇌공학과 학과 설립을 가능하게 했습니다. 이것이 정문술 빌딩이 KAIST에 설립된 배경입니다.

이 총장님은 세상을 거꾸로 보고 창의력을 발휘시키는 괴짜 총장이십니다. 1 실험실, 1 창업을 강조하시어 KAIST를 창업의 메카로 발전시키고 있습니다. 특히 화분의 역설을 강조하십니다. 화분은 꽃이 자랄 때는 필수이지만 나무가 커지면 오히려 성장을 방해하는 장애물이 되기 때문에 화분을 깨부수라고 하십니다. 기존의 틀이 발전에 필수이지만 어느 시점에서는 발목을 잡기 때문에 파괴가 필요하다는 것을 강조하십니다.

창의력이 돋보이는 KAIST이지만 실패에 대한 두려움도 만만치 않으니 이를 해소할 방안으로 실패연구소를 설립했지요. 필자는 실패연구소 운영위원장으로 해마다 열리는 실패사례 발표회에 큰 관심을 갖습니다. 실패연구소는 실패포상, 실패 순간을 사진으로 전시하기, 망한 과제 자랑대회, 실패 프로젝트 발표하기 등 실패를 성공의 밑거름으로 재정의하는 데 매우 중요한 역할을 합니다.

실패에 대한 정직한 공개는 한국 벤처 기업인을 가장 많이 배출하고, 항공 우주, 바이오, 반도체, 원자력 등 첨단 기술개발을 선도하는 대학으로 우뚝 솟은 배경이기도 합니다. AI 분야 노벨상으로 불리는 튜링상 수상자인 얀 레쿤 박사가 KAIST 학생들의 우수성을 칭찬하면서 기꺼이 공동 연구를 하는 것은 좋은 사례입니다.

괴짜 총장이시면서도 선비정신을 항상 강조하시어 본질을 잃지 말라는 메시지를 전하고 계십니다.

아마존의 제프 베조스는 사람들 대부분이 변화만 강조하고 10년 후에도 변하지 않는 본질에 주목하는 사람이 없다면서, 고객들이 값싸고 적기에 제품을 받기를 원하는 것은 변하지 않는다고 강조했지요. KAIST도 창의적이고 도전적이며 실패를 두려워하지 않는 인재를 양성하는 것은 변함이 없다고 이 총장님은 역설하고 계십니다. 변화를 추구하되 본질은 지키는 法古創新을 실천하시는 이 총장님이십니다. 이광형 총장님이 5년간 가져온 변화를 40여 명의 교직원 인터뷰를 통해 정리한 것은 카이스트의 역사적인 순간을 가장 잘 보여줄 것입니다.

유희열

전 과기처 차관
전 KT이사회 의장

낡은 화분을 깨고, 무한 게임의 바다로 항해하다

대한민국 과학기술의 심장, KAIST가 거대한 담벼락을 허물고 세계를 향해 포효하기 시작했습니다. 그 중심에는 스스로 '괴짜'라 칭하며, 굳어진 상식에 균열을 내온 이광형 총장이 있습니다.

그는 단순히 대학을 경영하는 행정가가 아닙니다. 좁은 '국내용 화분'에 갇혀 시들어 가는 인재들을 목도하며, 기꺼이 그 화분을 깨부수고 실리콘밸리와 뉴욕이라는 거대한 대지로 옮겨 심은 '프론티어십의 화신'입니다. 이 책 『Great KAIST』는 그가 던진 파격적인 질문들이 어떻게 거대한 혁신의 파도가 되었는지를 보여주는 야전 교범입니다.

이광형 총장의 철학은 명쾌합니다. "남이 가지 않은 길을 가라, 그리고 실패를 자산으로 삼아라." 그는 정답을 맞히는 기계가 아닌 '질문하는 괴짜'를 길러내기 위해 시험 문제를 학생에게 맡겼고, 성적표 대신 융합의 가치를 심었습니다. 이것은 단순한 교육 혁신이 아니라, 인간 존엄에 기반한 최고의 인성 교육입니다. 스스로 사고하고 도전하는 자만이 타인과 공명하며 세상을 바꿀 수 있다는 믿음, 그것이 그의 리더십의 본질입니다.

그는 '나 혼자'의 성공이 아닌, 전 세계를 잇는 휴먼네트워크의 마술사입니다. NYU와의 공동 캠퍼스, 글로벌리더십센터, 그리고 매일 2억 원의 기부금을 이끌어 낸 동력은 수치나 논리가 아닙니다. 대한민국의 미래를 향한 그의 '진심'과 '비전'이 사람들의 마음을 움직였기 때문입니다.

끝이 정해진 '유한 게임'에 매몰되지 않고, 다음 세대를 위해 끊임없이 지평을 넓히는 '무한 게임'의 정신. 이 책은 낡은 규제와 두려움이라는 화분에 갇힌 이 시대 모든 리더와 청년들에게 던지는 강렬한 초대장입니다.

이광형의 언어를 통해 여러분의 화분을 깨십시오. 그 너머에 우리가 한 번도 가보지 못한 초일류의 미래가 기다리고 있습니다.

이강국

금아 피천득 문학정신 청년캠프 위원장

전 MBC-TV 교양제작국 PD

우리가 미처 몰랐던 대한민국 과학기술의 진짜 얼굴

– 40년차 과학기자가 KAIST 40인을 만났다

대한민국의 위상이 이렇게 높아진 적이 있었을까요? 반도체, 조선, 원자력 발전, 방위산업, 자동차, 인공지능 등 분야에서 대한민국의 위상은 다른 나라와 견주면서 자연스럽게 드러나고 있습니다.

원인은 무엇일까요? 과학기술 문명을 이끌어가는 딥테크 분야를 이끌어갈 숨은 실력이 드러났습니다.

이 책은 저를 비롯해서 많은 사람이 놓친 대한민국 과학기술의 잠재력을 보여주기 위한 노력의 하나입니다. 우리나라 과학기술 교육의 거대한 변화를 불러온 KAIST를 통해서 국민들의 오해와 이해 부족을 해소하려고 이 책을 썼습니다. 최근 4~5년간 KAIST에서 주요 보직을 맡은 교직원 40여 명을 인터뷰한 것이지요. 짧은 인터뷰가 KAIST의 전부를 보여주지는 못하지만, 컴퓨터 단층 촬영(CT)처럼, 우리나라 과학기술의 현재를 단편적으로 보여줄 수 있다고 생각합니다. 2024년 12월에 시작한 연속 인터뷰는 한 해를 넘기면서 마무리가 되었습니다. 그 사이에도 대한민국 과학기술 특히 제조업이 얼마나 높은 수준에 있는지 국내외 뉴스는 계속 확인시켜 주었지요.

의례적이지만 생략할 수 없는 감사를 표시하고 싶은 첫 번째 사람은 이광형 총장입니다. 첫 번째 임기 만료가 가까워지자, 이광형 총장은 자신의 임기 중 역할과 이룩한 성과를 간단하게 정리를 하고 싶어했습니다. 저는 총장과 함께 일한 보직 교수들의 의견이 필요하다고 제안했지요. 며칠 뒤 총장이 작성해서 보낸 인터뷰 대상자는 40명이 넘었습니다. 짧은 시간 안에 인터뷰하려면 도움이 필요했습니다. 총장실의 송대광 실장, 김서경 두 분이 바빠졌습니다. 일정을 조율하고, 인터뷰 장소를 만들어 주면서, 일일이 연락하고 스케줄을 잡는 수고를 맡아 주셨습니다. 이분들의 헌신적인 수고가 없었으면 이 책은 나오지 못했을 것입니다.

그 사이에 하루가 멀다고 발전한 인공지능에게 감사를 표시하고 싶습니다. 한두 시간에 걸친 긴 인터뷰 내용을 깔끔하게 정리하는데 인공지능이 나의 수고를 많이 덜어주었습니다.

최근에 일어난 변화를 주로 이야기하다 보니, 이미 세계적인 수준에 올라와 있던 분야에 대한 이야기는 많이 부각되지 못한 것 같은 아쉬움이 남습니다. 대표적인 것이 반도체, 원자력, 신소재, 화학, 선박, 자동차 등 현재 대한민국의 제조업을 호령하는 분야가 다뤄지지 않았습니다.

프랑스어를 전공한 한 젊은이가 어쩌다 보니 공채의 문을 지나 신문기자가 되었습니다. 40여 년간 신문기자를 하는 과정에서 가장 많이 취재한 분야는 과학 분야였지요. 과학과는 전혀 상관이 없던 이 젊은 기자가 이리저리 부서를 옮겨가다가 결국은 자기 스스로 과학기자라고 정체성을 확인하기까지 꽤 긴 시간이 걸렸습니다. 과학기자로 정착한 것은 아마도 타고난 호기심이 나이가 들어서도 사라지지 않았기 때문이었을 것입니다.

새파랗게 젊은 과학기자에게 어떤 고등학교 과학교사가 숨을 헐떡이면서 간절한 표정으로 와서 열심히 설명한 적이 있습니다. 지금 대한민국에 필요한 것은 과학영재를 가르치는 과학고등학교를 설립하는 것이라고. 새파랗게 젊은 기자는 그저 간절한 설명과 열정에 이끌려서 자신도 모르게 고개를 끄덕일 수밖에 없었지요.

외국에서 온 유치과학자도 젊은 기자를 만났습니다. 홍릉 KAIST의 가파른 언덕길을 올라갔을 때, 유치과학자는 말했습니다. KAIST는 대한민국의 보배라고. 그런가 보다 했을 뿐이었지만, 과학자가 풍기는 아우라는 젊은 기자에게 그의 주장에 동조하게 만드는 품격을 풍겼습니다.

그러나 여러 가지 취재 중 하나였을 뿐입니다. 외국어 통신 기사를 번역하고, 다양한 인물들을 인터뷰하고, 지방 정부의 취재기자를 하면서 꽤 긴 시간이 흘렀습니다.

한때 흘러간 경력으로 남았을지 모르는 '과학' 딱지가 다시 그를 찾아왔습니다. 중년을 지나 여러 가지 다른 경험을 하고 다니던 시절, 옛 동료들이 그를 다시 과학기자의 세계로 이끌어 주었습니다. 인터넷 신문에 과학서평을 써 달라는 요청을 받았습니다. 50줄이 넘어서 매주 한 권씩 과학서적을 읽어야 하는 강제학습의 시간이 제법 흘렀습니다. 간단 인터뷰나 보도자료의 알쏭달쏭한 짧은 문장으로 과학을 아는 체하던 젊은이의 무지가 조금씩 때를 벗기 시작했습니다. 아무것도 모르면서 과학기자 행세를 한 것이 조금씩 부끄러워질 즈음, 다시 한번 기회가 주어졌습니다.

1971년에 설립된 KAIST는 어느새 50주년이 가까워지고 있었습니다. 50주년을 기념하여 무엇인가 남을 만한 보고서를 만들고 싶었던

KAIST 본부는 그래도 과학기자 경력이 적지 않은 중년 기자에게 도움을 요청했지요. 카이스트 설립의 기본이 되었던 터만 보고서를 뒤지고, 수십 명의 교수들을 인터뷰하고, 50주년 기념으로 구성된 여러 위원회에 참석해서 경륜을 쌓는 시간이 2년 정도 흘렀습니다.

지금 돌아보면 이것도 꽤 부족했나 봅니다. 과학이 무엇인지, 이공계 대학이 왜 중요한지, 이공계 출연연구소가 어떤 의미를 갖는지 연구개발의 현장과 제조업의 공장 기름을 손에 묻히지 않은 글쟁이가 이리저리 흔들리기는 마찬가지였지요.

이 즈음하여 기자는 자신의 무지와 단견을 솔직히 인정하기에 이릅니다. 한 분야의 전문가가 되기까지 얼마나 험난한 노력과 긴 세월과 시행착오와 무식한 소리를 한 다음에 겨우 다다르게 되는지.

대한민국 과학계만 들여다보면, 대한민국 과학이 어느 정도 위치에 와 있는지 좌표와 정체성을 알 수 없습니다. 외부의 시각으로 봐야 우리나라 과학기술의 위상을 비교적 정확하게 볼 수 있습니다.

우리나라 과학기술을 제대로 이해하려면 몇 가지 기본 전제를 확실히 알아야 한다.

첫 번째 대한민국의 과학기술에 있어서 '연구개발'이라는 분야가 자리를 잡은 지 몇 년이 되었을까요? 제 생각으로는 아무리 길게 보아도 35년 정도밖에 안 되는 것 같습니다. 물론 몇 명 뛰어난 과학자들이 간간이 나오기는 했지만, 실험기자재를 체계적으로 준비하고, 과학자와 공학자와 기술자가 팀을 이뤄 무엇인가 결과를 도출하는 연구(research)와 개발(development)이 이루어질 때 비로소 현대과학의 틀을 갖췄다고 보아야 합니다. 이런 측면에서 봤을 때 저는 35년 안팎이라고 생각합니다.

두 번째 전제는 대한민국은 과학기술을 육성할 때 처음부터 과학보다는 공학과 기술, 그리고 산업화와 제조업을 겨냥했다는 점입니다. 저는 이 선택이 매우 탁월했다고 봅니다. 천재 몇 명을 지원해서 학문적인 탁월성을 지원하는 대신, 먹고 사는 문제를 먼저 해결할 산업을 육성하는 데 필요한 기술을 먼저 지원하고 발전시켰지요. 해외 연구소에 계속 있었으면 세계적인 한국계 과학자로 이름을 날렸을 여러 과학자들이 조국의 부름을 받아 척박한 대한민국으로 돌아와서 자신의 재능을 모두 다 묻어놓고 한물간 제조기술을 토착화하는 데 바쳤습니다.

이와 같은 희생과 노력이 있었기에 지금 대한민국 과학기술은 세계무대의 선두에서 선의의 경쟁을 하고 있습니다.

앞으로 KAIST는 세계와 대한민국의 과학기술 문명을 이끌어가는 역할을 계속할 수 있을까요? 저는 그렇다고 말하고 싶습니다. 저는 교수들의 이야기를 들으면서 다시 한번 KAIST의 잠재력을 확인했습니다.

대한민국의 과학기술 발전과 KAIST의 역사를 이야기할 때 이 책이 여러 레퍼런스 중의 한구석을 차지한다면 그보다 더 큰 기쁨은 없을 것 같습니다.

심재율

CONTENTS

KAIST

Part 1.

무한 게임의 리더십
- 질문으로 시작하다

화분을 갈아라

성장의 한계를 글로벌로 뚫는다
질문하는 학생, 자율의 교수
믿음과 도전의 리더십

이광형 총장

질문하는 리더십 – QAIST KAIST 변화와 혁신

이광형 총장에게 주어진 시간은 4년이다. 4년 동안 그는 무엇을 할 수 있을까? 방향은 정해졌지만, 무엇인가 부족했다. 과연 그는 자신의 임무를 잘 해낼 수 있을까? 700여 명의 교수를 비롯해서 학생, 교직원 등 1만 명의 카이스트 식구들은 신임 총장의 말과 행동에 집중하기 마련. 이광형 총장은 과연 무엇을 해야 할지 곰곰이 생각했다.

카이스트 총장실 창가에 놓인 화분들이 눈에 들어왔다. 평교수를 시작으로 교무처장 교학부총장 등 수십 년 동안 보아 왔던 그 화분이다. 잘 정돈해 주고, 시간이 되면 영양을 보충하며 정성껏 가꾼 화분이었다.

그는 문득 생각했다. "왜 화초는 언제나 저 모양일까?" 비범한 것은 언제나 범상한 것에서 시작된다. 뉴턴은 '사과가 왜 땅으로 떨어지는가?'라는 질문에서 만유인력의 법칙을, 아인슈타인은 '빛은 왜 항상 일정한 속도로 움직이는가?'라는 의문에서 상대성 이론을 발견했다.

이광형 박사는 이렇게 사소한 듯한 질문을 자신에게 던졌다. "왜 이 화초는 수십 년째 똑같은 모습으로 카이스트의 창문을 지키고 있을까?"

그 질문에서 '화분의 역설'이 탄생했다.

화분은 화초를 건강하게 자라게 하고, 사무 공간을 해치지 않도록 하는 안전한 틀이지만, 동시에 화초의 성장을 제한하는 요인이기도 하다. 화분은 카이스트의 상징이었다. 그 화분 덕분에 카이스트는 지금까지 성장했지만, 더는 아니다. 이제는 화분을 바꿀 때가 된 것이다.

화분을 바꾸지 않으면 카이스트는 더 이상 성장할 수 없다.

이광형 총장이 취임할 때는 역동적인 변화의 시기였다. 코로나19가 세계적으로 유행하면서 오프라인 모임은 극도로 제한되었다. 과학기술에서는 생성형 인공지능(GPT)이 나온 지 3년 정도 지나면서 과연 인공지능이 인류를 어떻게 이끌어갈 것인지 사람들이 촉각을 곤두세우고 있었다. 취임 1년 뒤인 2022년에는 상식을 뒤집는 대화형 인공지능 챗지피티(ChatGpt)가 더 큰 충격을 몰고 왔다.

드디어 때가 온 것이다. 구조적이고 근본적인 변화가 세계를 뒤흔드는 시점이었다. 인공지능과 바이오 분야가 새로운 과학기술문명의 서곡을 알렸다. 이 지점에서 카이스트 역시 구조적인 변화로 대응하지 않으면 안 되었다.

이광형 총장의 통찰력은 이 구조적인 변화의 상징으로 '화분'에 주목한다. 화분을 바꾸지 않으면, 카이스트의 미래는 대한민국의 틀 안에 갇혀버릴 것이 분명했다. 더 이상 자라지도 않고 죽지도 않는 화분의 화초와 같은 처지가 될 것이 뻔했다.

객관적인 지표는 더욱더 화분론을 지지한다. 대한민국의 인구는 줄어들고 있다. 인구가 줄면 대학은 우수인력 확보에 어려움을 겪게 될 것이다. GDP 성장률은 10년 안에 0% 선으로 들어갈 가능성이 높다. GDP 성장이 줄어들면 세금이 걷히지 않는다. 세수가 줄면 대학에 대한 국가 투자가 감소한다. 결과적으로, 대학에 가장 중요한 입력인 인적자원과 물적자원의 한계에 부딪히게 된다. 카이스트라는 나무가 자랄 물과 영양이 줄어들게 될 것이다. 그래서 이광형 총장은 "화분을 바꾸지 않으면, 이제는 쪼그라들 수밖에 없다"라고 결론을 내렸다.

외형적인 변화는 화분을 바꾸는 길, 국제화이다. 이광형 총장은 "우리는 지금 화분갈이를 해야 한다. 대한민국이라는 인구 5천만의 화분에서 벗어나 인구 2억, 10억의 글로벌 화분으로 옮겨 심어야 한다."라고 말한다. 외국에서 우수인력을 받아들이고, 외국에서 연구비를 받아들여야 한다.

화분론은 정부의 R&D 예산이 대폭 삭감되었을 때 더욱 확실해졌다. 2024년 정부의 연구개발 예산은 2023년 대비 무려 -14.7%인 26.5조 원으로 편성되어 큰 충격을 줬다. 그것은 마치 화분에 공급하는 물과 영양이 크게 줄어드는 모습과 같았다. 해외 자금과 해외 인력을 유치해야 한다는 결심이 굳어졌다. 학생들에게도 꿈을 크게 갖도록 해외 경험과 독서를 강조했다.

연구개발의 국제화와 창업 활성화

카이스트는 정부 연구비 감소 상황에서도 연구비가 별로 줄어들지 않았으며, 해외 연구비도 확보했다. 국제 공동연구 3개 프로젝트를 수주하고, 뉴욕대 협력으로 38억 원의 기부금을 모았다. UAE, 케냐, 독일 머크, 대만 포모사 등과 협력해 수십억 원의 자금을 연 단위로 확보했다. 각종 국제 경진대회(사족 로봇, 해양 로봇, 자율주행 카레이싱, 요리 AI, 사이버슬론 등)에서 수상했다. 연구 보안과 연구실 안전을 강화해 상을 받고, 소프트웨어 산업 진흥에서도 성과를 냈다.

메타 융합관, 청노화(靑老化)건물 신축 등으로 연구 인프라를 확충했다. 재임 중 26개 건물이 완공되었으며 24개 건물이 추가 건설 중이거나 착공 예정이다. 건설비는 정부 지원, 대전시 지원, 기부금 등으로 확보했다. 그는 공사를 시작하면 돈이 모인다는 신념으로 자금을 모으고 추진했다.

창업 측면에서는 교원 창업 규제를 완화하고, 연봉 감액이나 강의 감축을 최소화해 창업을 장려했다. 창업 성과는 연평균 132개로 4년간 531개의 창업 기업이 나왔고, 생존율은 91%였다(다른 경쟁 대학은 23%). 카이스트 홀딩스를 설립해 기술사업화와 특허 관리, 벤처 투자 유치를 지원했으며, 미국 특허 보유 순위는 세계 대학 중 12위를 기록했다. 4년간 주식시장에 상장한 회사가 20개가 되었고, 이들의 기업가치 10조 원이 되었다.

패스트 프로토타이핑 프로그램을 도입해 창업 아이디어를 6개월 만에 시제품으로 구현하도록 지원했고, 실리콘밸리에 캠퍼스를 확보해 학생 창업과 연수의 거점으로 삼았다.

사람이나 회사도 그릇과 화분이 크지 않으면 성장할 수 없다. 화분에 갇혀 있으면 성장이 멈추는 것에 그치지 않고, 내부 갈등을 유발해서 더 빨리 쇠퇴하게 한다. 이 화분론은 카이스트의 글로벌 전략을 상징하는 비유로 자리 잡았다.

화분론은 단순히 카이스트에만 국한된 진단이 아니다. 카이스트와 대한민국 고등교육의 글로벌 전략을 촉구하는 상징적 메시지이다. 이광형 총장은 "열심히 물만 주고, 벌레만 잡는다고 식물이 자라지 않는다. 화분을 바꾸고, 그릇을 키워야 한다"라고 강조한다.

취임 4년간의 변화

세계의 중심지인 뉴욕의 상징인 뉴욕대학에서 'KAIST–NYU 공동 캠퍼스'가 전광석화처럼 시작됐다. 카이스트의 글로벌 교두보는 중동, 스웨덴, 아프리카 등으로 아직도 늘어나는 중이다.

독일 머크, 대만 포모사 등 외국 기업들이 연구비를 가져오기 시작했다. 창업생태계가 강화되어 700명의 교수가 모두 다 창업하는 1랩 1창업이 실현됐다. 지방자치단체에서 기부금을 받을 수 있게 법을 고쳐서 KAIST가 대전, 평택, 성남, 오송, 충남 등 지자체로부터 재정 및 부지 제안을 받았다. 그동안 모금한 기부금은 매일 약 2억 원 정도에 이른다.

질문하는 학생 양성, 실패·도전 수용 문화 조성, 학생 문제 출제 시스템 도입, 독서클럽 지원, 실패연구소 등 교직원들의 생각을 바꾸려는 혁신 정책을 도입했다.

이광형 카이스트 총장은 2021년 3월 8일(월) 오후 2시, 대전 카이스트 본원 대강당에서 취임식을 가졌다. 약 1시간 동안 진행된 취임식에서 이광형 총장은 큐카이스트(QAIST) 전략을 발표했다.

QAIST는 질문(Question), 고급연구(Advanced research), 국제화(Internationalization), 스타트업(Start-up), 신뢰(Trust)의 머리글자를 딴 것이다. 포스트 AI 시대 대응과 글로벌 가치 창출을 위한 핵심 방향이다.

취임식에는 전임 총장인 신성철 박사가 함께했다. 허태정 대전시장도 있었다. 이광형 총장이 젊은 교수 시절에 그의 연구실에서 공부했던 넥슨 창업자 김정주 회장, 아이디스 김영달 회장도 자리를 같이했다. 이들보다 더 총장의 취임에 감격하면서 기뻐할 사람은 40대의 젊은 교수에게 515억 원의 기부금을 던진 고 정문술 회장이었을 것이다.

한국에서 바로 뉴욕으로 연결되다

미국 뉴욕대학은 교직원을 비롯해서 졸업생을 모두 포함할 경우 노벨상을 36개 수상한 세계적 대학이다.(2025년 6월 위키피디아) 인문학, 경제, 문화예술 등, 법률 등 어느 곳 하나 부족한 부분이 없다. 과학기술 분야만 빼면 그렇다.

그런데 이 뉴욕대학이 카이스트와 만난 지 1년 만에 결혼을 하고 같이 살면서 건강한 아이를 낳으려고 한다. 두 대학은 공동캠퍼스를 설립하고 학생 교류, 교수 교류, 공동 학위제도 도입 등 한 살림으로 나아가고 있다. 카이스트의 과학기술 분야에서 세계적인 순위를 반영한 결혼이다.

카이스트와 뉴욕대학의 결합으로 한국과 미국은 '한미안보동맹'에서 이제 '한미과학기술동맹'으로 더욱 업그레이드된 결합이 이뤄지고 있다. 우연이 일치라고 할지 모르지만, 최근 두 나라의 첨단기술 산업에서 잇따라 협력이 이뤄지는 것을 보면, '한미과학기술동맹'은 제때 이뤄졌다. 미국 정부의 서류에 '한미과학기술동맹'의 사례로 NYU-KAIST 사례가 예시되고 있다.

뉴욕대 캠퍼스는 신속하게 자리를 잡아가고 있다. 공동캠퍼스에 소속된 학생들은 카이스트 학생이자 뉴욕대 학생이 되는 듀얼 학위 제도로 공부한다. 상호 교수 겸직제도도 시행되었다. 카이스트 교수 40인이 뉴욕대 교수로 겸직 발령되었다. 동시에 뉴욕대 교수 60명 이상이 카이스트 겸직 교수로 임명되었다. 이는 카이스트의 세계적 위상이 크게 상승했음을 보여주었다. 미국 대학 교수들은 한국 대학을 낮게 보는 경향이 있었으나, 이제는 기술력 발전 덕분에 카이스트가 동등한 수준에 도달했다고 인식하고 있었다.

뉴욕 글로벌 캠퍼스 도전과 추진 과정

이광형 총장은 처음에는 해외에 카이스트 캠퍼스를 세우는 구체적인 계획이나 형식이 없었다고 밝혔다. 그는 단지 도움을 줄 사람이 있으면 가능할 거라는 막연한 기대를 하고 2021년 뉴욕을 찾았다. 처음 접촉한 교포 기부자는 부동산을 제공해 주겠다고 했지만, 이것만 가지고 되는 일이 아니었다. 외국에서 맨땅에 학교를 세우는 것은 10년 넘게 걸리는 일이었다. 이광형 총장은 초기에는 쉽게 될 것처럼 생각했다가 현실의 벽에 부딪혀 고민에 빠졌다.

이때 뉴욕대학에서 연락이 왔다. 뉴욕대가 지역 언론을 통해 카이스트가 뉴욕 진출을 추진한다는 소식을 접하고 먼저 손을 내민 것이다. 뉴욕대는 공과대학이 약해 이를 보완하고 싶었고, 카이스트는 글로벌화를 추진하고 있어 이해관계가 맞아떨어졌다. 이광형 총장은 뉴욕대의 제안에 감사했고, 이를 계기로 협력이 급속도로 추진됐다. 동시에 버클리대에서도 연락이 왔지만, 이 총장은 뉴욕이 세계 중심지이기에 뉴욕 진출을 우선했다.

뉴욕대의 전임 총장인 15대 총장 존 섹스턴(John Sexton)이 중간에서 연결을 도우면서, 17대 린다 밀스(Lida Milles) 현 총장에게 공을 넘겼다. 뉴욕대와의 협력은 3년 만에 성사되었으며, 이는 이례적으로 빠른 속도였다.

뉴욕대와의 협력 과정에는 정치적·사회적 연결도 뒷받침됐다. 존 섹스턴 15대 총장의 처남인 필립 골드버그가 주한 미국 대사로 임명되는 등, 미국 내 네트워크가 자연스럽게 형성됐다. 대통령의 지원과 카이스트의 위상은 뉴욕대 및 현지 관계자들에게 카이스트에 대한 신뢰를 더욱 높였다.

이광형 총장이 꼽은 가장 보람 있던 일

이광형 총장에게 1기 임기 중 가장 보람 있고, 임팩트 있었던 일을 세 가지로 답해달라고 했다.

첫 번째로 그는 카이스트 구성원들의 의식 변화를 들었다. 4년 전만 해도 카이스트는 대체로 "이 정도면 됐다"라는 만족하는 분위기였지만, 이광형 총장은 그 상태를 경계했다. 만족하는 순간 성장은 멈추고 하락하기 때문이다. 의식을 바꾸고 혁명을 일으켜야 한다고 판단했다. 지금은 구성원 전체가 마치 시동을 켠 자동차처럼 '부릉부릉'하며 도전을 준비하는 상태가 되었다고 그는 생각한다.

삼성에 대해서도 카이스트의 경험이 도움이 될 것으로 보인다. 삼성이 어려운 상황에서 미래를 준비하려면 눈앞의 데이터로 보이는 것, 당장의 필요만 쫓지 말고 미래를 위한 보이지 않는 도전도 해야 한다. 실패를 두려워하지 말고 실패를 용인하며, 실패연구소 같은 구조를 만들 필요가 있다.

이 같은 조언은 이재용 회장의 신년 메시지에 영상으로 포함되었다고 한다. 이광형 총장은 카이스트가 변화된 것은 "의식의 변화" 덕분이며, 이를 가장 값진 성과로 여겼다.

두 번째로 그는 창의·도전·실패를 장려하는 분위기가 조성된 것을 꼽았다. 학생들과 구성원들이 이제는 두려움 없이 새로운 시도를 한다. 실패연구소가 중요한 역할을 맡았다. 실패 가능성이 높은 과제에 도전할 때 '실패하면 어떡하지?'라는 염려가 생기기 마련이다. 하지만 이제 교수든 학생이든 '실패연구소 행사 때 발표하지'라는 쉼터가 생겼다.

세 번째로 그는 글로벌 캠퍼스 구축과 글로벌화 전략을 꼽았다. 화분에 심긴 나무는 한계를 벗어나지 못하듯, 카이스트도 대한민국이라는 화분 안에서 성장의 한계에 봉착했다고 봤다. 인구 감소와 경제성장률 둔화로 인해 학교에 대한 국가적 투자도 줄어들 위험이 있다. 카이스트는 더 이상 국내에 머물러선 안 된다고 강조했다.

의식을 바꿔야 캠퍼스가 바뀐다

이광형 총장은 몇 년 전 졸업식쯤, 카이스트의 의식을 바꿔야 한다는 필요성을 절감했다. 의식이 바뀌지 않으면 아무것도 변하지 않는다고 믿었다. 사람의 의식을 바꾸는 일은 매우 어렵다.

고 이건희 삼성전자 회장은 임직원들이 변하지 않으면 살아남을 수 없다고 10년 동안 외쳐서 삼성전자를 변화시켰다. 중간에서 누군가 지속적으로 말을 걸고 변화시키는 사람이 필요하다.

삼성전자 직원들에게 끊임없이 이야기해서 변화를 이끌어 낸 사람은 누구일까. 인재 개발 담당자를 수소문해 만났다. 신태균 박사를 찾아냈다. 신 박사는 삼성인력개발원 부원장(CLO)을 맡아 창조관(용인)과 독일 법인 교육센터까지 총괄하며, 교육·인재 개발의 핵심 인물로 활동했다.

과거 1990년대 삼성전자를 혁신한 '신경영' 때는 실무 TF를 담당하며, 인재 교육 전략 및 경영혁신에 직접 참여했다. '인재사관학교'라는 별칭처럼, 삼성 임직원 대상 교육을 진행했다. '열정樂서' 대학 강연 시리즈에서는 12,000명 규모 청중 대상 강연도 진행했다. 신 박사는 전문성·인성·영성(3성) 인재의 중요성을 강조했다. 강연 횟수가 1,000회를 넘어선다.

부총장 시절, 이광형 박사는 신태균 교수를 만나서 자문을 구한 다음, 총장이 된 이후 신 박사를 카이스트 겸직 교수로 영입했다.

신 박사는 카이스트 글로벌리더십센터를 업그레이드시켜서 카이스트 초일류 아카데미 같은 프로그램을 만들고 매달 교육과 소통을 강화했다. "세계 일류가 되어야 한다." "국민들이 기대하고 있다." "우리는 어깨가 무겁다." 같은 메시지를 지속적으로 전달했다. 정교수, 보직 교수 등 단계별로 맞춤형 교육을 제공하며, 군대에서 장교나 장군이 되면 교육을 받듯 대학 조직에도 이런 흐름을 도입했다.

AI를 이기는 '질문 잘하는 학생'

학생들을 어떠한 인재로 교육하고 싶은지에 대한 신념은 한마디로 요약된다. "질문하는 학생을 기르는 것"이라고 이광형 총장은 대답했다. 같은 맥락에서 총장은 학생들에게 기말고사 문제의 일부를 스스로 출제하도록 권유해 240명의 교수가 참여하게 했다. 독서를 장려하고 독서클럽 구성하는 것을 지원해서 4,000명 이상이 가입하도록 만들었다.

'질문하는 학생을 기르자'는 말을 호기심이 많은 교수의 지적 장식품 정도로 생각하면 안 된다는 사실은 요즈음 매일매일 증명된다. 생성형 인공지능을 사용하는 독자라면, 질문을 잘하는 것이 얼마나 중요한지 매일같이 확인할 것이다. '질문을 잘한다'라는 표현을 인공지능식으로 말하면 다음과 같다.

'프롬프트를 잘 쓴다.'

컴퓨터 용어에서 온 프롬프트는 인공지능을 움직이는 '방향지시등'이며 '협력의 언어'이고 '창조의 설계도'이다. 그러므로 '프롬프트를 잘 쓴다'라고 하면, 자신이 알고 싶은 내용을 '올바르게 설계하고, 정교하게 구성하면서, 전략적으로 작성한다'는 의미를 담고 있다. '질문을 잘하는 것'은 인간이 만든 인공지능이라는 '도구'를 인간이 어떻게 사용할 것인지, 어떤 용도에 효과적으로 활용이 가능한지 등을 터득하는 것을 뜻한다.

긍정적인 마인드와 과감한 권한위임

이광형 총장은 적재적소에 사람을 앉히고 권한을 위임하는 리더십을 발휘했다. 보직자는 자신보다 유능하다고 생각한다. 유능한 사람이 많은 시간을 투입하여 일을 하면 총장보다 더 좋은 결과를 낼 것이라 믿었다. 보직 교수들은 자신의 주장이나 요구사항이 잘 반영되기 때문에 총장을 잘 따르는 편이다. 보직자의 황당한 아이디어라도 거절하지 않고 긍정적으로 수용하며 신나게 참여하도록 격려한다. 간섭을 최소화해 결재도 하루에 두 건 정도만 하고 나머지는 교수들이 자율적으로 하도록 했다. 덕분에 남는 시간에 다른 고민을 할 수 있었고, 교수들과도 열린 대화를 나누며 지식과 경험을 서로 나누려 했다.

다보스 포럼에서 세계적인 화학회사 독일 머크의 CEO를 만나서, 협력 관계를 구축했다. 현재 머크와는 긴밀한 연구협력 관계를 유지하며 연 20억 원 정도의 연구비를 가져왔다. 또한 대만 포모사 그룹과 긴밀한 공동연구의 협력을 마련했다. 포모사 그룹과는 연 35억 원 규모의 공동연구가 시작되었다. 그리고 황당포럼을 개최해 기발한 아이디어를 모았다.

이광형 총장은 격려와 칭찬, 그리고 사람을 긍정적으로 보는 태도로 사람들을 끌어당긴다. "내 주위 사람들은 나보다 더 똑똑하다"라고 믿으며, 자신이 간섭하지 않고 자율성을 주는 것이 더 나은 결과를 낳는다고 여긴다. 사람의 장점을 보고 호감을 가지면 상대도 그것을 느끼고 관계가 좋아진다고 생각한다. 사람은 장점을 보아야 한다는 것이다.

2025년 2월 첫 번째 임기를 마칠 즈음, 이광형 총장은 다른 2명의 교수와 함께 차기 총장 후보자로 올라갔다. 누가 후임 총장이 될지 모르는 시절, 그는 학과장 회의에 경쟁자로 올라온 두 교수를 초대해서 박수로 맞이하게 했다. 껄끄럽게 생각할 수도 있는 상황을 긍정적으로 풀어나가며, 후보자들이 미리 학교 일에 친숙해지도록 한 것이다.

신뢰(trust)가 미치는 영향력에 대한 통찰

그는 무엇이든 "된다고 믿으면 이미 된 것이다"라고 말하곤 한다. 어떤 일을 할 때 "될까? 말까?"라고 의심하면 자신도 모르게 열심히 하지 않게 되고, 결국 일이 어렵게 된다. 하지만 "된다"라고 믿으면 열심히 하게 되고, 그 열심 덕분에 결국 이루어진다. 크리스찬인 이광형 총장은 자신도 모르게 성경에 있는 원리를 실천하는 것 같다. 이 같은 발언은 성경에 있는 구절을 생각나게 한다.

- "그러나 믿고 구하며, 조금도 의심하지 마십시오.
- 의심하는 사람은 바람에 밀려 이리저리 흔들리는 바다 물결과 같습니다.
- 이런 사람은 주께 아무것도 받지 못할 것이라고 생각해야 합니다.
- 두 마음을 품은 사람은 모든 일에 변덕스러워서 안정이 없습니다."

이 구절은 예수의 동생인 야고보가 쓴 책에 나오는 말이다.

그는 이 믿음의 중요성을 강연과 방송에서도 여러 차례 강조했다. 강연 중에는 "여러분 믿으세요!"라고 말하고, 참석자들이 고개를 끄덕이면 "믿으세요!"라고 다시 강조하며 분위기를 이끌었다. 라디오나 방송에 나가서도 이 믿음을 유머러스하게 전달하며, 사람들이 크게 공감하고 웃었다. 성경에서 '믿음'은 영어단어로 belief, faith, trust 등으로 번역할 수 있다. 이 총장이 말하는 믿음은 이중 trust이다.

그는 도전과 성취에서도 같은 원리를 적용하는 것 같다. 학생들의 동아리 방이 부족하다는 이야기를 듣고, 한 학기 동안 학생들과 소통하며 필요성을 파악했다. 결국 약 40억 원이 드는 프로젝트를 추진하기로 하고, 의심 없이 "하면 된다"라는 믿음으로 지시했다. 그는 몇 달 뒤 그 증축이 완공될 것을 확신하고 있었다.

이 총장은 학생들을 가장 귀중한 존재라 생각한다. 이 학생들이 미래 대한민국을 먹여 살릴 사람들이기 때문이다. 사람은 의식주가 편안해야 공부가 잘되고 연구도 잘된다. 즉 학생들이 먹고 자는 것이 매우 중요하다. 재임 중에 모든 기숙사와 식당을 고친 뒤 가끔 학생 식당에 가서 먹어본다. 매 학기에 식당개선위원회를 개최하여 학생들의 식생활을 개선하려고 노력한다.

사람의 마음을 얻는 법

모든 사람은 선한 일을 하고 싶은 마음이 있다. 그 마음을 발견해서 살리고 격려하고 발전시키는 것은 리더의 능력이다. 사람들은 자랑스럽고 멋진 봉사를 하고 싶어 한다. 그러나 어떻게 무슨 봉사를 할 것인지, 기회를 잡지 못하는 경우가 많다.

이광형 총장은 이렇게 준비된 사람들에게 카이스트에 기부하는 것은 '봉사하는 좋은 기회를 가지는 것'이라고 생각하도록 말한다. 그래서 카이스트에 기부하는 것이 기부자의 기쁨이 되도록 노력한다. 정문술 회장은 카이스트를 돕게 된 것을 "인생의 큰 행운"이라고 말했며, 총 515억 원을 기부했다.

　사람들은 그가 사람의 마음을 얻는 특별한 능력을 가졌다고 평가한다. 아마도 체구나 인상 때문일 수도 있다. 체구가 크지 않고 약해 보이면 상대에게 호감을 주고, "도와주고 싶다"라는 감정을 불러일으킨다. 전국노래자랑 프로그램을 아주 오랫동안 맡아 진행한 송해 선생님을 예로 들었다. 송해가 키도 작고 인물이 화려하지 않기에 사람들에게 친근감을 주었다는 기사를 떠올렸다.

　이 총장은 자신의 감정을 얼굴에 잘 드러내는 편이다. 기분이 좋으면 얼굴에 바로 나타나고, 기분이 나쁘면 그것 또한 감춰지지 않는다.

　신임 교수를 면접할 때 면접관은 자신의 감정을 감춰야 하지만, 그는 훌륭한 자질과 실력이 있는 신임 교수 후보를 보면 자신도 모르게 기쁘고 좋아하는 표정을 얼굴에 드러낸다. 마음에 들지 않으면 그 또한 표정에 나타난다. 이런 점은 리더십 이론서에 나온 '감정 표현을 자제해야 한다'는 기준과 다르지만, 진솔하고 인간적인 리더십의 한 방식이 될 수 있다.

　리더의 중요한 임무 중 하나는 격려와 칭찬이다. 교수, 직원, 학생이 자랑스럽고 좋은 일을 하면 이를 반드시 표시해 주었고, 상도 많이 준다. 개교기념일과 같은 공식 행사 외에도 필요하면 즉석에서 총장실로 불러 선물을 주었다. 상금도 대폭 늘렸다. 상을 받는 날은 교수와 직원들, 제자들이 꽃다발과 플래카드를 준비하며 하나의 축제를 이룬다. 이런 문화가 조직의 사기를 높이고, 더 많은 자발적 도전을 이끌어 낸다.

카이스트 관련 법률과 제도의 개선

이광형 총장은 주어진 환경 속에서 최선을 다하지만, 동시에 주변 환경을 바꾸는 일에도 도전했다. 여기서 주어진 환경이란 카이스트를 규정하고 있는 법제도를 말한다. 이 총장은 카이스트 관련 법 개정에도 앞장섰다.

카이스트는 정부로부터는 지원금을 받을 수 있지만, 지방자치단체로부터는 법적 근거가 없어 지원금을 받을 수 없었다. 이 총장은 "주는 돈을 못 받을 이유가 없다"며 국회의원을 설득해서 법을 고쳤다. 이로 인해 대전시 등 지방자치단체로부터 1천억 원 이상의 재정 지원을 받아냈다. 여러 지방자치단체에서 부지 제공이나 건물 지원 제안도 들어왔다. 그는 "법을 고칠 수 있다고 믿으면 발 벗고 나서게 되고, 결국 고쳐지더라"고 강조했다.

그 외에도 이 총장은 몇 개의 법과 관련 시행령을 고쳤다. 가장 중요한 것이 공공기관 해제를 이끌어 낸 것이라 할 수 있다. 오래전부터 카이스트는 공공기관이라는 틀 속에서 통제를 받고 있었다. 우리나라의 공공기관은 도로공사, 수자원공사, 가스공사, 등 200개 이상의 기관이 있다. 이들 기관은 정식 정부기관은 아니지만, 정부 지원을 받는다는 의미에서 정부의 통제를 받는다. 그런데 학교인 카이스트가 그 속에 들어있기 때문에, 자율성이 중시되는 학교의 현실과 맞지 않아 어려움을 겪었다. 그래서 카이스트의 공공기관 해제는 오랜 숙원이었다.

이 총장은 사람이 하는 일인데, 안 될 리 없다는 신념으로 밀어붙였다. 결국, 기획재정부의 도움으로 공공기관에서 해제되어 자율성을 더 확보하였다.

또한 카이스트는 오래전부터 창업을 중요한 목적 중 하나로 설정하고 추진해 왔다. 그러나 정작 카이스트법에는 학교의 목적에 포함되어 있지 않아서, 어려움이 발생하였다. 예를 들어서 외부에서 기부금을 받아서 창업 지원활동에 사용하면, 학교의 고유 목적에 해당되지 않는다고 세금을 내야 하는 일이 발생했다. 1970년대에 생긴 카이스트법이기 때문에, 대학의 목적 변화를 반영하지 못한 결과였다. 이 총장은 국회의원들의 도움을 받아, 창업을 학교의 정식 목적에 포함되도록 법을 개정하였다.

전국의 대학들은 농지를 소유할 수 있게 되어 있다. 그런데 카이스트는 농지를 소유할 수 없어서 문제가 발생하였다. 외부 기부자가 농지를 기부하여도, 이를 받아서 등기 이전을 할 수 없었다. 이는 농지법에 농지를 소유할 수 있는 기관이 고등교육법 관할 대학으로 규정되어 있기 때문이었다. 농축산부의 도움으로 이 문제도 해결하였다.

과학고에서 과기원으로 조기 진학하는 것은 보편화되어 있다. 그런데 영재고에는 이런 혜택이 주어지지 않고 있었다. 그래서 우수한 영재고 학생이 조기 진학하려 해도 불가능했다. 이는 영재교육의 중요성이 날로 커지는 현실을 감안하면 모순된 일이며, 카이스트에는 우수학생을 조기에 유치하는 데 장애 요소였다. 이 문제도 김용현 입학처장과 함께 노력하여 카이스트법 시행령 개정안을 제출하였고, 국무회의를 통과 개선되었다.

　하지만 자율성을 해칠 우려가 있는 지원금은 완곡하게 거절했다. 카이스트 예산을 교육 회계로 전환하려는 시도가 있었다. 한국은 초중등 학교에 지원되는 교육세 예산이 남아돌고 있다. 학생 수가 줄어들기 때문이다. 이 돈의 일부를 대학 지원으로 전환해서 카이스트에도 혜택을 주자는 의견이 나왔다. 그런데 이 돈은 교육부 회계에 포함된다. 카이스트가 이 돈을 받기 위해서는 교육부 회계에 들어가야 한다. 이 지원금을 받으면 새로운 규제가 생기고 자율성이 훼손될 가능성이 높아진다. 눈앞의 지원금보다 자율성이 더 중요하다고 판단한 이광형 총장은 교육 회계 편입을 반대했다.

　그러나 시도한 것이 모두 성공한 것은 아니었다. 2021년에 어느 국회의원이 발의하여, 카이스트는 정부기관을 상대로 행정소송을 하지 못하게 법을 개정했다. 정부의 출연금을 받는 기관이기 때문에 정부기관으로 간주하여 정부의 결정에 불복하는 소송을 해서는 안 된다는 논리다. 카이스트를 설립할 때 국립대학이 아니고 특별법에 의한 출연 기관으로 만든 이유는 자율성을 보장하기 위함이다. 법적으로 공무원 조직이 아닌데도 불구하고 행정소송을 하지 못하게 하는 것은 설립 취지에 반하는 법이라 생각했다. 헌법소원을 냈으나 헌법재판소에서 패소했다. 이 총장은 지금도 이 법이 잘못되었다고 생각하며 언젠가 다시 개정되어야 한다고 말한다.

과학기술과 인문예술의 융합

여성 교수 비율은 매년 채용의 25% 수준까지 올라갔다. 여성인력 활용 노력에 대하여 카이스트는 장관상도 수상했다. 이 총장은 여성인력의 활용이 국가 경쟁력과 인구 감소에 대응하는 중요한 정책이라고 생각한다. 우리나라의 여성 경제활동 참여율은 56% 정도에 그치는 반면에 OECD 국가의 평균은 61%이다(2023년 기준).

이 총장은 카이스트의 고유 목적인 과학기술을 잘하기 위해서는 예술과 인문 융합이 필수적이라고 말한다. 과학기술 연구의 초창기 추격형 연구에는 과학기술에만 집중해도 가능했지만, 선도적인 연구를 위해서는 창의성이 중요해진다. 창의성은 문제를 새로이 정의하고 새로운 해결 방안을 찾는 데서 나온다. 그런데 하던 문제를 계속 바라보는 것보다, 가끔 일상의 탈출에서 새로운 생각이 나오는 경우가 많다. 예술의 기본적인 미덕은 일상의 탈출이라고 말한다. 예술의 힘으로 일상의 탈출을 하면서 과학기술 연구에 창의성을 발휘할 수 있다. 이 총장은 과학기술과 예술은 창의성의 관점에서 '일심동체'라 말한다.

캠퍼스를 융합적인 분위기로 만들기 위해서 미술관을 건립하고 미술품을 수집했다. 미술관의 건립과 미술품 수집은 모두 기부금에 의해서 이루어졌다. 현재는 400여 점의 미술품을 소장하고 있는데, 모두 대한민국예술원 회원 수준의 작가들이 기증한 작품들이다. 작품들은 도서관 옆 미술관과 그 외에 교내 6곳에 설치한 갤러리에 전시되어 있다. 모든 캠퍼스를 예술품으로 장식하는 캠퍼스 갤러리화가 진행 중이다.

한편 음악과 과학의 융합을 위하여 조수미 소프라노를 초빙 석학교수로 임명하여 학생들에게 리더십 강의와 토크쇼를 하도록 했다. 또한 AI를 이용한 반주, 협연, 등이 공연기술 개발에 앞장서고 있다. 한편, 지드래곤을 초빙교수로 임명하여 토크쇼와 연구 협력을 시작했다. 지드래곤은 학생들과 토크쇼를 통하여 카이스트의 새로운 도전과 개방적 학문 문화에 기여했다. 최근에는 조수미, 지드래곤, 카이스트 AI가 공동작업으로 작곡과 공연을 준비하고 있다.

카이스트는 학기 초마다 특정 분야의 전략 개발을 주제로 삼아 전략 포럼을 진행하고 있다. 특히 '포스트 AI' 시대를 준비하며, AI가 일상이 되었을 때의 세상을 상상하고 10년, 20년 후 인간에게 필요한 것이 무엇인지 고민했다. 이런 상상과 전략을 실행하려면 인문학이 필수적이다. 인문학을 소홀히 하면 미래를 준비할 수 없다고 보았다. 인간의 감성과 욕망의 흐름을 읽고, 그에 맞게 기술개발을 하는 것이 중요하다.

AI와 로봇의 개발과 활용이 깊어질수록, 인간과 협업이 중요시된다. 인간과 협업하기 좋은 기술을 개발하기 위해서는, 지금부터 인간의 감성과 포용력을 닮은 AI와 로봇을 개발해야 한다. 당연히 지금부터 기술에 인문학의 접목이 필요하다. 지금도 이 총장은 과학기술 대형 프로젝트에 디지털인문학부 교수님들의 참여를 독려하고 있다. 이것이 미래 경쟁력이기 때문이다.

섬기는 리더십과 거꾸로 조직도

그는 섬기는 리더십과 거꾸로 조직도, 과감한 행정 위임을 실천했다. 총장은 가장 밑에서 섬기는 자세로 일해야 한다는 취지로, 총장실에는 조직도가 거꾸로 걸려있다. 총장실에는 거꾸로 조직도 외에 두 가지 특이한 것이 더 있다. 거꾸로 TV와 10년 후 달력이다. 이 총장은 세상을 거꾸로 보면서 생각하자는 취지로 15년 전부터 TV를 거꾸로 보고 있다. 또한 항상 10년 후를 생각하는 미래전략적 생각을 하자는 취지로, 10년 후 달력을 이용하고 있다. 예를 들어서 현재 그의 방에는 2025년 달력과 2035년 달력이 함께 있다.

그는 총장의 가장 중요한 임무 중에 하나가 학생들의 먹고 자는 이슈라 생각한다. 젊은 학생들이 잘 먹고 잘 자야 공부도 잘되고, 연구도 잘 된다고 생각한다.

이 총장은 총장이 근무하는 행정 본관이 비가 새는 것을 알게 되었다. 건물의 창호가 낡아서 빗물이 새어 들어오는 것이다. 총장실도 비가 오면 창가에 수건을 갖다 놓고 흘러들어오는 빗물을 받아내야 한다. 시설부에서 건물의 보수 공사를 건의했다. 그러나 총장은 행정 본관의 보수는 우선순위가 아니라 말했다. 학생들의 생활 공간을 모두 고친 다음에 수리한다고 선언했다.

이 총장은 재임 중에 모든 기숙사를 수리했다. 어느 기숙사는 파이프와 창호까지 전면 교체하기도 했다. 또한 식당 시설을 모두 개선하고 식사의 품질 개선에 노력했다. 또한 학생들의 과외 활동 공간인 학생회관과 동아리방을 확충하고 수리했다. 이와 같이 학생 생활 공간의 공사가 거의 끝나자, 행정본관의 공사를 시작하고 있다.

그러기 위해서는 돈이 많이 필요하다. 정부에 의존하여 이런 일을 할 수는 없으니 기부금을 열심히 모았다. 기부금도 4년간 2,800억 원을 확보했다. 하루에 약 2억 원 가까운 금액이다. 기부금 집계에서 지방자치단체의 지원금은 제외된 것이다. 기관 운영에서도 카이스트는 좋은 평가를 받았다. 그동안 대통령상 1회, 장관상 4회, 기관장 임기 평가에서 우수 등급을 받았다.

이 총장에게 마음속에 새기고 있는 금언이 있느냐고 물었더니, 아래 두 가지 성경 구절로 답했다.

- *"진리가 너희를 자유롭게 하리라."* (요한복음 8장 31절)
- *"좁은 문으로 들어가라. 멸망으로 인도하는 문은 크고 그 길이 넓어 그리로 들어가는 자가 많고, 생명으로 인도하는 문은 좁고 길이 협착하여 찾는 자가 적음이라."* (마태복음 7장 13절)

필자의 관점에서 이광형 총장 리더십의 3가지 장점을 요약하면 다음과 같다.

① 뚜렷한 비전 : 기관을 운영하는 방향에 대한 명확한 비전을 가지고 있었다.

② 전략적 실행력 : 비전을 실현하기 위한 전략적 방법을 마련하고 실행했다.

③ 소탈하고 겸손한 태도 : 권위적이지 않고 상대방의 호감을 얻는 겸손하고 따뜻한 리더십을 보여주었다.

괴짜 인재를 향한
양자역학적 입시 혁신

KAIST DNA를 반영한 창의·도전적 선발
탐구심, 독립성, 열정을 반영하는 입시 철학 부각
사회적 약자와 저개발국 배려 늘어

김용현 KAIST 입학처장

물리학자가 입학처장 자리에 앉으면 어떤 일이 벌어질까? 김용현 입학처장은 이 질문에 대한 가장 파격적이고 혁신적인 답을 내놓은 인물이다. 그의 목표는 단 하나, 우수하고 창의적이며 실패를 두려워하지 않는 진짜 '괴짜' 신입생들을 찾아내는 것이다. 이를 위해 그는 자신의 전공인 물리학, 그중에서도 가장 난해하다는 '양자역학'의 원리를 입시판에 끌어들였다. 이름하여 '양자역학 입시'다.

이 전례 없는 실험은 입시의 생명인 공정성과 투명성을 철통같이 지켜내면서도, 카이스트 특유의 독창적 DNA에 완벽하게 들어맞는 인재를 발굴하기 위한 치열한 고민의 산물이다. 물론 카이스트의 입학 제도는 거대한 항공모함처럼 안정성과 예측 가능성을 기반으로 움직이기에 하루아침에 급격한 대지진을 일으키기는 어렵다. 하지만 카이스트는 지금, 느리지만 아주 확실한 방향성을 띠고 점진적인 혁명을 시도 중이다. 캠퍼스를 '괴짜들의 놀이터'로 만들겠다는 야심 찬 취지 아래, 카이스트의 모든 교수가 머리를 맞대고 빚어낸 이 입시 시스템은 '카이스트가 왜 대한민국 최고의 대학인지'를 그 자체로 증명해 준다.

양자역학의 '온도 효과'와 창의적 인재 발굴의 철학

김용현 입학처장은 "학생이 카이스트에서 행복하게 꿈을 펼칠 수 있다면 그것이 곧 자신의 임무를 다한 것이라 생각한다"라고 밝혔다.

입학처는 성적에 의존한 입시가 학교 생태계를 해치고, 괴짜형 인재를 뽑을 기회를 줄인다는 점을 항상 경계한다.

물리학자인 김용현 입학처장은 자신의 입시 철학을 물리학적 개념에 비유하며 설명했다. 기존 입시는 마치 절대영도(−273도)에서의 페르미−디랙 분포처럼 성적 상위권 학생은 무조건 합격, 하위권 학생은 무조건 불합격하는 구조였다. 하지만 카이스트는 이와 달리 '유한 온도'를 가진 입시, 즉 성적이 높더라도 탈락할 수 있고 성적이 낮더라도 합격할 수 있는 확률을 부여하는 입시를 지향해 왔다.

실제로, 내신 성적이 지원자 중 70등이던 한 학생이 카이스트에 합격한 이야기를 들려주었다. 성적순서대로라면 등수는 40등에서 끊긴다. 70등 학생은 창의·도전 전형을 통해 선발되었으며, 성적은 낮았지만, 동료 학생과 교사 모두가 인정하는 문제 해결력과 리더십을 가졌다. 서류에서 이러한 특성이 잘 드러나 카이스트 DNA를 충족한 것으로 평가되었고, 결국 합격했다. 입학처장은 이 사례가 창의·도전 전형의 도입 효과를 잘 보여주는 대표적 사례였다고 밝혔다.

김 처장은 "카이스트 입시는 성적이라는 지표를 무시하지 않되, 열정(passion), 독립성(independence), 도전정신(challenge) 등의 요소를 반영하여 '온도 효과'를 부여한다"라고 강조했다. 성적을 중심으로 하되, 그 경계(컷오프) 부근에서 열정과 도전정신을 반영하는 것이다. 이 효과는 성적이 높을수록 합격 확률은 여전히 높지만, 일정 범위 내에서 다양한 가능성을 열어주는 장치다. 이를 통해 카이스트는 '무늬만 영재'가 아닌 진정한 영재를 선발하고자 한다.

양자역학에서 전자는 특정 에너지 상태에만 존재할 수 있고 그 외 상태는 허용되지 않듯, 입시도 등수별로 한 학생만 합격하는 파울리 베타 원리와 유사하다. 기존의 '절대영도형 입시'는 단순히 성적순으로 학생을 나열해 합격시키는 구조였지만, 카이스트 입시는 브로드닝(분포의 확장)을 통해 성적만으로는 판별할 수 없는 다양한 인재에게 기회를 제공하는 구조로 변화해 왔다.

입학처장은 이 온도 효과는 단순히 무작위로 합격 가능성을 늘리는 것이 아니라, 평가자들의 가치관이 반영된 결과임을 강조했다. 평가자의 가치관에 따라 온도는 달라지며, 성적만을 중시하는 평가자는 '온도 0K'에 가까운 평가를 하고, 성적 이외의 요소도 중시하는 평가자는 더 높은 온도의 평가를 하게 된다. 그는 교수들에게 단순히 성적만 보지 말고, 학생의 열정과 실패 경험, 도전정신을 고려해야 한다고 지속적으로 강조하며 이를 워크숍 등을 통해 전파해 왔다.

양자역학을 활용한 입학전형은 단순한 이상론이 아니라 실제로 교수들의 평가 방식과 입시 시스템 설계에 반영되었다. 카이스트가 진정한 의미의 과학적 사고와 철학을 입시에 구현하고 있음을 보여주는 사례로 볼 수 있다. 이는 성적만으로는 판별할 수 없는 인재를 발굴하는 시스템이다. 이 방식은 단순히 무작위가 아닌, 과학적 분포와 철학에 근거한 체계적 평가라며 카이스트의 입시 방향성을 설명했다.

입학처장은 이 같은 입시 철학을 교수들에게도 공유하며, 평가에서 성적뿐 아니라 학생부, 자기소개서, 추천서, 탐구 활동 이력 등을 종합적으로 보도록 권장하고 있다. 이러한 평가는 단순히 글을 잘 썼는지가 아니라 실제 열정과 진정성이 반영되었는지를 다수 평가자의 전문적 시각으로 판별하도록 하고 있다.

카이스트 입학처는 지난 4년간 점진적인 변화를 추진해 왔다. 그러나 이러한 변화의 실질적 실행과 결정은 평가자들의 가치관에 따라 이루어지며, 입학처장이 이를 완전히 통제할 수는 없다. 다양한 평가자들의 의견이 집약되어 학생의 합격 여부가 결정되기 때문에, 한 사람의 평가가 결과를 좌우하지 않도록 다층적 평가 구조가 마련돼 있다. 입학처장은 "이 과정에서 다양한 가치관이 평균화되어 하나의 평가 결과가 도출되며, 이는 입시가 본질적으로 양자역학의 통계 역학과 유사한 원리를 따른다는 점을 깨닫게 되었다"라고 설명했다.

입시의 방향성과 제도 개선은 총장이 강조한 '괴짜를 성적만으로 뽑지 말라'는 철학을 실현하기 위한 것이었다. 총장이 방법론을 직접 제시하지 않았기에, 입학처장은 물리학자로서 이 철학을 실현할 수 있는 가이드라인을 설정했다. 이른바 KAIST DNA 입시, 내부적으로는 페르미-디랙형 입시라 불리는 이 체계는 성적만으로 학생을 뽑지 않되, 성적을 무시하지도 않는 정교한 혼합형 평가 방식을 지향하고 있다.

입학처장은 이 방향성을 전국 고등학교에 설명한다. 수험생들에게 "카이스트는 성적만 보지 않는다. 탐구 활동과 도전적 자세도 중요하다"라는 메시지를 전파해 왔다. 창의·도전 전형은 입학처의 가장 큰 혁신 중 하나로 평가받고 있다.

영재학교 조기 진학 제도는 카이스트 특별법에 따라 모든 고등학생이 카이스트에 조기 진학할 수 있도록 보장하는 취지에서 추진됐다. 영재학교가 설립되면서 조기 진학이 막혀 있었던 부분을 해소하기 위해, 관계 법령과 시행령을 개정하는 절차가 필요했다. 입학처는 이에 대한 교수진의 의견을 수렴하고, 과학기술정보통신부와 교육부의 협조를 얻어 개정을 이끌어 냈다. 그 과정에서 영재학교와 학부모들의 반대도 있었으나, 카이스트 총장의 적극적 설득과 부처 간 협력을 통해 최종적으로 시행령이 개정되었고, 2025학년도부터 영재학교 학생들의 조기 진학이 가능해졌다.

입학처장은 이 제도가 이공계 인재 육성에 실질적 기여를 할 것이라 확신했다. 기존에는 영재학교 학생들이 3학년을 마친 뒤 의대나 종합대학으로 진학하는 경우가 많아 국가적 투자에 비해 이공계 진학 효과가 낮았지만, 조기 진학 제도는 이를 개선하고 선순환을 이루는 기반이 될 것이라 평가했다.

카이스트는 국가를 대표하는 이공계 대학으로서 세계 유수 대학과 경쟁하기 위해 최고의 인재를 유치해야 한다. 그러나 성적 위주의 선발로는 진정한 괴짜, 즉 특정 분야에서 비범한 재능과 도전정신을 가진 인재를 찾기 어렵다. 김 처장은 괴짜들을 선발하기 위해 평가 방식과 입시 철학을 확장할 필요성을 느꼈다. 이를 위해 기존 입시 시스템에 KAIST DNA를 반영하는 평가 요소를 추가해 왔다.

그렇다면 '카이스트형 괴짜 인재'는 어떤 학생일까? 김용현 교수는 '수학과 과학에 대한 자신감과 재능을 기반으로 도전적이고 독립적이며 열정적인 학생'으로 정의했다. 수험생들에게 단순히 성적만으로 평가하지 않고, 탐구 활동, 도전적 태도, 독립심 등을 고려하겠다는 메시지를 전달하며, 지원자들에게 희망을 주고자 했다. 이를 위해 서류 중심 전형, 창의·도전 전형 등을 신설하고, 기존 전형의 평가 비율을 조정했다. 성적이 다소 낮더라도 도전정신과 탐구 활동이 돋보이는 학생들이 실제로 합격하는 사례가 나타났다. 이 같은 내용이 소문이 나면서 입시제도의 선순환을 이루며 지원자가 점차 늘어나는 결과로 이어졌다.

어떤 제도를 도입해도 단점은 나타나기 마련. 카이스트가 과학고와 영재고 학생들에게 성적 경쟁 중심의 피폐한 교육 환경을 조성하는 데 일조했다는 비판을 받았다. 김 처장은 이 구조를 개선하기 위해 노력했다. 카이스트 입시가 성적 경쟁이 아닌 재능과 탐구 활동, 창의성을 겨루는 경쟁이 되도록 방향을 잡아간다. 복잡하고 다양하면서도 세심한 배려가 돋보이는 입시전형 방식은 계속 업그레이드된다.

카이스트 입학 제도는 일반 전형, 학교장 추천 전형, 고른 기회(사회 배려자) 전형, 특기자 전형 등 다양한 카테고리로 운영된다. 고른 기회 전형은 기초수급자, 한부모 가정, 차상위계층, 국가유공자, 탈북민, 다문화 가정, 다자녀 가정(3자녀 이상) 등을 대상으로 한다. 최근 정원을 40명에서 60명으로 늘렸다. 이는 카이스트의 사회적 책임을 반영한 것으로, 저출산·고령화 위원회에서도 긍정적으로 평가되었다.

창의·도전적 인재 선발을 위한 변화

특기자 전형은 30명 규모로 운영된다. 특정 분야에서 비범한 재능을 가진 학생에게 기회를 주는 통로다. 예를 들어 세계 수준의 프로그래밍이나 해킹 실력을 가진 학생이 이에 해당할 수 있다. 이는 카이스트가 단순 성적 위주의 선발에서 벗어나, 특정 분야의 특출한 재능과 KAIST DNA를 지닌 학생을 발굴하기 위한 중요한 창구다.

이미 20여 년 전부터 시행된 특기자 전형은 다른 면에서 부족할 수 있으나 특정 분야에서 탁월한 학생들을 선발한다. 이 전형은 약 6~9 대 1의 경쟁률을 보이며 매년 치열한 경쟁을 거쳐 선발된다.

카이스트의 전체 입학 정원은 약 1,005명이다. 구성은 창의·도전 전형과 면접형 전형으로 이루어진 일반 전형(630명), 학교장 추천 전형(95명), 고른 기회 전형(60명), 특기자 전형(30명), 수능 우수자 전형(15명), 외국고 졸업자 전형(40명) 및 외국인 전형(135명) 등으로 이루어져 있다.

최근 카이스트 입학 제도의 가장 큰 변화는 창의·도전 전형의 도입이었다. 이 전형은 서류 100%로만 학생을 선발하는 방식으로, 학생부, 자기소개서, 추천서 등 고교 재학 중의 성실성과 탐구 활동을 중점적으로 평가한다. 기본적으로 학생부 종합 전형의 구조를 따르고 있으며, 고교 생활의 성실성과 카이스트에 적합한 DNA(도전정신, 독립성, 탐구심 등)를 평가의 핵심으로 삼는다. 창의·도전 전형은 면접 부담 없이 도전하는 기회를 제공함으로써, 탐구적이고 주도적인 학생들이 용기 있게 지원하도록 설계되었다.

카이스트는 단순한 수능 성적에 의존하는 선발을 지양하기 때문에, 수능 우수자 전형은 전체 정원의 15명 정도로 극히 소수에 불과하다. 이는 수능 중심 전형이 사교육 의존도를 높이고 진정한 탐구력을 평가하기 어렵다는 판단에 따른 것이다.

카이스트는 면접형 전형(심층 면접)도 운영하고 있다. 면접은 주어진 문제를 해결하는 과정에서 보이는 논리적 사고와 문제 해결 능력, 적합성을 평가하며, 이는 수능과 유사한 당일 퍼포먼스를 평가하는 측면이 있다. 이 과정에서도 지나친 사교육 의존도를 경계하며, 단순히 시험 퍼포먼스로만 학생을 평가하지 않기 위해 서류와 면접을 병행하는 구조를 유지하고 있다.

입학처는 카이스트의 입시 구조가 '무늬만 영재'가 아닌 진정한 영재를 가려내는 데 집중하고 있음을 강조했다. 수능 중심 전형은 단기적 학원 준비로 좋은 성적을 내는 학생에게 유리하지만, 실제 연구 활동이나 탐구력 면에서는 한계를 드러낼 수 있다. 학종 기반의 평가, 창의·도전 전형 도입, 중복 지원 허용 등 다양한 장치를 통해 진정한 카이스트형 인재를 선발하는 구조를 강화해 왔다.

입학 이후 성취 수준에 있어서는 전형별로 입학 초기에는 차이가 있더라도 점차 수렴되는 경향을 보인다. 과학고·영재고 출신 학생들은 1학년 기초 과목에서 상대적으로 강세를 보이는 반면, 일반고, 고른기회, 특기자 전형 학생들은 초기에 다소 어려움을 겪을 수 있다. 전공 과정이 본격화되는 2학년 이후에는 대부분의 학생들이 학업 수준을 맞추며 졸업 시점에는 큰 차이를 보이지 않는다.

카이스트는 앞으로도 급격한 변화보다는 점진적이고 체계적인 개선을 통해 공정하고 우수한 인재, KAIST DNA가 넘치는 인재를 선발하기 위한 노력을 이어갈 계획이다.

외국인 입시의 변화와 국제화 전략

카이스트는 지난 수년간 외국인 입학 제도의 개선과 국제화 확대에 꾸준히 노력해 왔다. 현재 외국인 지원 국가는 약 81개국으로 늘었으며, 국가적 다양성을 유지하고 확대하기 위해 전략적으로 여러 국가에서 학생을 선발한다. 사우디아라비아, 아프리카 국가, 중앙아시아 국가(카자흐스탄, 우즈베키스탄, 키르기스스탄 등), 동남아시아 국가(베트남, 태국, 인도네시아, 말레이시아 등)에서 지원자가 많으며, 이 외에도 다양한 국가에서 카이스트 진학을 희망하는 학생들이 늘어나고 있다.

아프리카를 비롯한 일부 저개발국 학생들의 경우, 전형료(약 80달러)가 장벽이 되어 지원 자체가 어려운 현실이 있다. 이를 해결하기 위해 카이스트는 유엔이 지정한 저개발국 출신의 우수 학생에게 전형료 면제 제도를 도입했다. 이 과정에서 단순히 모든 저개발국 학생에게 면제를 제공할 경우 무분별한 지원이 몰릴 수 있다. 이 때문에 학교장 추천서와 상위 몇 % 여부를 증명하는 간단한 절차를 통해 전형료 면제 대상을 선정하는 시스템을 마련했다. 이 덕분에 에티오피아, 방글라데시 등 저개발국 출신의 우수 학생들이 실질적 지원 기회를 얻었으며, 일부는 실제 입시에 지원하여 결과를 기다리고 있다.

카이스트는 외국인 학생을 단순히 선발하는 것에 그치지 않고, 이들이 카이스트에서 성장하고 한국 사회에 정착하며 민간외교 사절로서의 역할을 할 수 있도록 돕는 데도 힘쓴다. 외국인 학생 비율은 약 15%를 목표로 한다. 이들은 점차 강력한 커뮤니티를 형성하고 카이스트 내에서 목소리를 내며 학교 문화의 국제화를 이끌고 있다.

카이스트는 영어 강의를 100% 제공하고 있으나, 실제 외국인 학생의 학업 및 생활 만족도를 높이는 데 더 중요한 것은 한국어 교육이다. 외국인 학생이 한국어를 잘해야 한국 사회에 더 깊이 정착하고, 한국 학생과도 자연스럽게 교류하며 더 나은 학업 성취를 거둘 수 있다. 이를 위해 카이스트는 한국어 교육 강화를 중요한 과제로 삼고 있으며, 한국어 학당 설립과 같은 실질적 방안을 추진하고 있다. 이는 단순한 언어 교육을 넘어, 외국인 학생이 카이스트와 한국 사회에 안정적으로 뿌리내리고 만족도를 높이기 위한 전략적 방향성으로 자리 잡고 있다.

카이스트는 국제화 측면에서도 외국인 학부생 선발을 지속적으로 확대해 왔다. 외국인 정원은 과거 80명에서 현재 135명으로 늘었다. 이들은 카이스트의 교육을 통해 장차 자국의 과학기술 리더로 성장하고 있다. 외국 학생들은 입학 초기 한국 학생들에 비해 다소 어려움을 겪지만, 점차 적응하며 성장을 이어간다. 카이스트는 이들을 글로벌 과학 인재로 육성하며 민간외교의 가교 역할을 수행하고자 한다.

카이스트 입학처와 국제협력처, 교무처, 학생처는 이러한 변화와 노력을 공동으로 추진하며, 카이스트가 명실상부한 글로벌 캠퍼스로 자리매김하는 데 기여한다. 입학처는 외국인 학생 선발과 정착 지원에서 카이스트의 사회적 책임을 다하고, 국제적 파트너십과 민간외교적 역할을 강화하겠다는 의지를 표명했다.

입학 사정 과정은 공정성과 투명성을 최우선으로 한다. 평가에는 여러 명의 평가자가 참여하며, 개별 학생에 대한 전담 평가나 단일 평가자 의존을 지양하고, 랜덤화된 평가 시스템을 통해 공정성을 확보하고 있다. 박사급 입학사정관은 행정과 평가를 병행하며, 평가 시즌에 집중적으로 참여해 복수 의견을 종합하여 최종 판단이 이루어진다.

얼마나 많은 사람이 입학 사정에 참가하는지를 물었다. 김용현 처장은 "그 숫자는 비밀이라 말할 수 없다"라고 말했다. 100명에 이르지는 않는다고만 말함으로써 상당히 많은 사람이 참여한다고 짐작할 뿐이다.

시험문제는 학생이 낸다

교육 혁신 이야기, 테일러 급수부터 P/NR 제도까지,
조용한 도서관은 가라 '떠공도' 실험,
질문하는 인재를 길러낸다

김민수/홍승범 교수

정답을 좇는 숨 막히는 침묵 대신, 교수를 향해 날카로운 질문을 던지는 발칙한 반란이 강의실을 뒤흔들었다. '큐카이스트(QAIST)' 전략은 "학생이 직접 기말고사 문제를 출제한다"는 전대미문의 도발적인 교육 실험으로 이어졌다. 수동적인 '정답 기계'에서 벗어나 직접 출제자의 펜을 쥔 학생들은, 스스로 지식의 한계를 시험하고 학문의 허를 찌르는 진짜 창의 인재로 진화하는 중이다.

"시험문제를 교수만 내야 하나요?"

김민수 교수는 카이스트에서 독특한 교육 실험을 선도적으로 시도해 왔다. 대표적인 사례가 바로 '학생이 직접 시험문제를 출제하는 수업'이다. 고정관념을 뒤엎은 이 시도는 학생들의 몰입도와 창의성을 끌어올렸다는 평가를 받는다.

김 교수는 2020년 가을학기, 학교 차원의 장려나 제도적 뒷받침이 없던 시기에 선제적으로 학생 주도형 시험문제 출제를 도입했다. 이후 카이스트 교육철학인 'QAIST'가 강조하는 '질문하는 인재' 양성 방향과도 부합하면서 이 시도는 더욱 주목을 받게 되었다. 학생들의 반응은 예상을 뛰어넘을 정도로 긍정적이었다. 자신이 낸 문제가 실제 시험에 반영된다는 점에서 흥미를 느끼고 적극적으로 참여했다.

문제 출제에는 기준이 있었다. 조교와 함께 문제의 창의성, 난이도, 완성도, 그리고 출제자가 그 문제를 직접 풀 수 있는지 등을 종합적으로 평가해 일부만을 채택했다. 학생들이 낸 문제는 약 절반이 수업 범위 내에서 높은 난도를 갖춘 것이었고, 나머지는 새로운 시각이 반영된 창의적인 문제였다. 수능형 융합 문제처럼 교과서에 없는 형식의 문제도 등장했다.

특히 기억에 남는 수업은 카이스트 최초의 정규 블록체인 과목이었다. 학생들은 블록체인의 복잡한 개념을 재해석한 창의적인 문제를 다수 제출했다. 김 교수는 이 실험을 통해 학생들이 교수와는 전혀 다른 시각으로 문제를 구성한다는 점에 깊은 인상을 받았다.

시험을 창의적으로 낼수록 가산점을 주는 방식이었기에, 학생들은 자발적으로 창의적인 문제 출제에 도전했다. 자신의 문제가 시험에 채택된 학생은 가산점을 부여받았고, 이는 학습 동기와 성취감으로 이어졌다. 수업 집중도와 참여도는 기존 강의보다 훨씬 높았고, 성적 또한 전반적으로 우수했다.

그러나 이 실험은 단 한 차례만 진행되었다. 김 교수가 이후 행정 보직을 맡으면서 강의를 지속하기 어려웠고, 다음 학기에는 수강생이 250명에 이르는 대형 강의였기 때문에 같은 방식의 수업을 운영하기 어려웠다.

이러한 실험이 가능했던 배경에는 블록체인 과목의 '프로포절' 개념도 영향을 주었다. 누군가 제안(proposal)을 올리고, 다수의 동의를 얻어 시스템에 기록되는 방식은, 시험문제 출제 방식에도 그대로 응용되었다. 학생들이 제안한 문제 중 우수한 것이 선택되어 시험에 반영되는 구조였다.

카이스트 학술문화관에서 열린 '2023 Q-Day' 행사에서 시상대에 오르게 된 전기 및 전자공학부 학생 이준원 씨는 자신이 직접 만든 창의적인 문제를 같은 학과 명현 교수가 기말고사 문제 중 하나로 채택해 100여 명의 학생이 함께 풀게 되어 수상하게 되었다.

명현 교수는 카이스트 전기 및 전자공학부에서 제어 및 로봇 분야를 대표하는 학자이다. 스마트 자율주행 로봇과 SLAM(동시 위치추정 및 지도 작성) 연구를 선도한다.

이준원 씨는 교과서나 기존 교재에는 없던 새로운 형식으로 문제를 직접 설계했다. 이 씨는 "학부 과정의 교육은 수동적으로 학습하는 단계라고만 생각했는데, 이번 경험을 계기로 교과서의 내용만으로도 새로운 탐구와 질문이 가능하다는 사실을 깨달았다"라고 언론보도를 통해 밝혔다.

자기가 출제한 시험문제를 틀린 학생

그러나 시험문제를 출제한 학생이 항상 유리한 것은 아니다. 막상 채

점하고 나면 시험문제를 제안한 학생이 틀리기도 하기 때문이다.

신소재공학과의 홍승범 교수는 응용수학 수업에서 학생이 낸 문제를 출제했다. 이 수업은 주로 소재의 물성을 분석하는 데 필요한 고급 수학적 기초를 다룬다. 특히 무한급수와 테일러 급수(Taylor Series)를 중심으로 한 내용을 포함하고 있다.

이 과정에서 한 학부생이 테일러 급수의 수렴 조건과 관련된 문제를 출제했다. 홍승범 교수는 학부생이 출제한 문제에 약간의 수정과 보완을 거쳐 실제 시험문제에 포함했다.

그러나 예상치 못한 일이 벌어졌다. 출제 학생 본인이 그 문제를 풀지 못해 오답을 작성한 것이다. 홍 교수는 "학생이 문제를 출제한다고 해서 반드시 그 문제의 답을 완벽히 알고 있는 것은 아니며, 문제를 출제하는 과정에서 오히려 자신이 어디를 혼동하는지 드러나기도 한다"라고 말했다.

이 사례는 학생들 사이에서 '문제를 내고도 틀린 학생'이라는 유쾌한 에피소드로 회자되며, 학생 주도 학습의 생생한 교훈으로 남았다.

실제로 교수들은 학생들이 제출한 문제와 답안을 검토하면서 답안의 오류를 발견해 수정하고 출제하는 경우가 종종 있다고 한다. 홍 교수는 "문제를 낸 학생에게 답이 틀렸음을 굳이 사전에 알리지는 않지만, 이를 통해 배우게 되는 점이 많다"라고 말했다.

이러한 수업 방식은 신소재공학과에서 응용수학의 필요성을 더욱 절실히 느끼게 한다. 홍 교수에 따르면, 인공지능 시대에 소재 데이터를 해석하거나, 인공지능 뉴런의 연산을 수학적으로 표현할 때 무한급수와 테일러 시리즈의 이해는 필수적이다. 특히 소재의 물성을 분석하고 예측하는 데 있어 복잡한 수식과 급수에 대한 이해는 핵심 역량으로 꼽힌다.

테일러 급수는 함수의 값을 무한 급수로 근사해 표현하는 이론으로, 소재의 미세한 물리적 특성을 분석하거나 예측하는 데 응용된다. 급수가 발산하는지, 수렴하는지를 검증하는 과정은 소재 연구뿐 아니라 자율주행, 스마트 센서 등의 신소재공학 기반 응용기술에서도 중요한 절차다.

홍 교수는 "인공지능이 결합되면서 소재 연구에서도 고차 급수에 대한 이해와 해석력이 더 중요해졌다"며, "급수의 계수 하나하나가 소재의 물성을 규정짓는 요소이기에 학생들이 수렴·발산 조건을 명확히 이해해야 한다"라고 강조했다.

문제 출제를 둔 학생과 교수의 긴장감

시험문제 출제에서 보이지 않게 교수와 학생 사이의 미묘한 긴장감과 기싸움이 벌어진다. 시험문제 출제 역시 마찬가지다. 혈기 왕성한 학생들과 '교수님은 이런 문제를 출제할지 몰랐을 거야'라고 도전하고 싶은 마음을 자극한다. 교수는 적절한 방법으로 "좋은 시작이야, 조금만 더 노력해 보자"라고 점잖게 시험문제를 둘러싸고 훈수를 두고 싶다.

카이스트의 문제 내기 제도는 단순히 문제를 잘 내는 것에 그치지 않고, 학생 스스로 학문의 깊이를 점검하고 창의적 질문을 던지는 훈련으로 이어지고 있다. 그 과정에서 발생하는 작고 큰 에피소드들이 학습자와 교수 모두에게 의미 있는 경험으로 남고 있다.

학생이 스스로 문제를 만들려면 주체적 사고와 독창성을 계발할 수 있다. 교육 내용을 깊이 이해하지 않으면 문제 출제가 어려우므로 이해력이 늘어난다. 교수-학생 사이의 협력적인 학습 분위기가 형성된다.

좋은 교육을 하고 싶은 교수와 좋은 학점을 쉽게 받고 싶은 학생 사이에도 줄다리기가 벌어지기 마련. P/NR 제도를 둘러싸고도 밀당이 생긴다. P/NR 지도는 학생 주도 학습의 긍정적 효과뿐 아니라, 때때로 일부 학생들이 이 제도를 악용하거나 수업 태도가 부족한 경우도 발생한다. D- 학점 이상을 받으면 P로 기록되는 점을 활용하여 학습 태도가 불량하다고 판단되었다. 교수들은 P의 기준을 강화해 평가 최저 기준을 D-에서 C-로 상향 조정했다. 이는 학습 태도와 참여 의지를 고양하기 위한 조치였고, 2025년 봄학기 기말고사쯤에 담당교수들과 면담한 결과 수업 태도가 매우 좋아졌다는 피드백을 받았다.

"도서관은 반드시 조용해야 할까?"
: '떠들면서 공부하는 도서관' 실험

김민수 교수는 카이스트에서 또 다른 실험적인 프로젝트인 '떠들면서 공부하는 도서관(떠공도)' 조성에도 앞장섰다. 카이스트 총장이 던진 질문, "도서관은 왜 조용해야만 하는가?"에 공감해 6개월간 TF를 구성, 학생과 교직원의 의견을 수렴하며 구체적인 방안을 마련했다.

처음에는 카이스트 문화관 전체를 시범 공간으로 지정했고, 이후 학생들의 반응을 반영해 도서관 4층 일부까지 확대했다. 다만 조용한 환경을 원하는 학생들의 요구도 있어, 현재는 문화관과 도서관 공간을 반반씩 나누어 운영하고 있다.

떠공도에는 유리칠판, 자판기, 공동 학습 공간 등이 마련되었고, 공모를 통해 선정한 "도서관, 조용함을 잊고 사람을 잇다"와 같은 슬로건을 설치했다. 미국과 이스라엘 일부 대학에서 유사한 사례가 존재하지만, 국내에서는 드문 시도였기에 선도적인 프로젝트로 주목받았다.

김 교수는 "이런 시도가 단순한 파격이 아니라, 학습자 중심 교육을 위한 구조적 실천이어야 한다"라고 강조했다. 카이스트의 정신, 즉 "남들이 하지 않는 시도를 해야 한다"라는 철학이 이번 프로젝트에도 깃들어 있었다.

데이터 통합과 AI 시대를 준비하다
: 카이스트 차세대 정보시스템 구축

김 교수는 2025년 1월, 카이스트의 차세대 통합정보시스템을 오픈하며 또 하나의 도전적인 프로젝트를 완수했다. 카이스트처럼 수십 개의 크고 작은 독립 시스템이 병존하던 대학에서 이를 하나로 통합하는 작업은 기술적 난이도는 물론 조직 운영 측면에서도 매우 복잡한 과제였다. 국내 대학 가운데 이처럼 방대한 규모의 시스템을 통합한 선례는 아직 없으며, 카이스트가 그 첫 사례가 될 것이라고 김 교수는 자부했다.

시스템 통합은 단순한 행정 효율화를 넘어, 차세대 AI 활용을 위한 기반이기도 하다. 학사, 연구, 행정 데이터가 단일 시스템에 통합되어야 AI가 이를 효과적으로 분석하고 활용할 수 있기 때문이다. 김 교수는 "ChatGPT와 같은 대형 언어모델이 일상화되는 상황에서, 데이터 통합은 AI 대학으로 가는 전략적 출발점"이라고 설명했다.

기존에는 예산과 인프라 부족으로 통합 시도가 무산됐지만, 이번에는 총장의 지원으로 예산이 확보되고 기술적 기반이 마련되었다.

카이스트는 기존 ERP 시스템을 과감히 걷어내고, 자체 개발한 시스템을 개발함으로써 대학 운영과 의사결정의 정밀도를 크게 향상시켰다. 김 교수는 "대학은 기업이 아니다. ERP를 억지로 끼워 맞추기보다는 대학의 교육과 연구 환경에 적합한 시스템을 설계해야 한다"라고 강조했다.

"미쳐야 미친다"
카이스트가 상상력에 투자하는 방식

'크레이지 데이'부터 'Color Your Year Project'까지
실험, 유튜브, 교가 챌린지, 창업…
열정이 제도로 이어진다

정연승 상담센터 교수

전국 하천을 뒤져 신종 생물을 찾아내고, 자신의 일상을 담은 브이로그 15편을 찍어 올린 신입생이 최고의 상을 거머쥔다. 오직 성적표의 숫자로만 증명되던 대한민국 엘리트 교육의 낡은 문법을 카이스트가 통째로 부수고 있는 현장이다. 상식의 틀을 깨는 '크레이지 데이(Crazy Day)'로 거침없는 도전을 부추기면서도, 연간 4천 번의 눈물이 오가는 상담센터를 통해 그들의 위태로운 마음은 철저히 책임진다. 차가운 이성의 요람이었던 카이스트가 이제 가장 뜨겁고 인간적인 '괴짜들의 놀이터'로 진화하는 중이다.

카이스트가 강조하는 리더십은 학업 성적보다는 상상력과 사회적 기여 가능성, 그리고 사회를 이끌어가는 리더십에 무게를 둔다. 총장은 우수 논문상보다는 사회적 실천, 창의적 도전, 봉사 정신 등에 초점을 맞춘 다양한 포상 제도를 만들어 왔다. '크레이지 데이' 아이디어 공모전 이외에도 교가·애국가 챌린지 등 흥미로운 프로젝트가 병행되고 있다.

독특하고 자유로운 아이디어 발산의 장

학생생활처가 주관하는 대표적인 프로그램으로는 'Color Your Year Project'가 있다. 'Color Your Year Project'는 새내기 학생들을 대상으로 한다. 새내기 신입생들이 입학 직후 자신의 한 해 목표를 세우고 실천해 나가는 과정을 기반으로 한다. 새내기들이 자율적으로 성과를 설계하고, 그걸 실현한 뒤 시상받는 구조이다. 학생들의 자기 주도성과 실천력이 고루 평가받는 기회가 마련된다.

프로그램은 매년 상반기인 5월경 목표 제안서를 접수하고, 11월에 포트폴리오를 제출받아 심사를 거친다. 수상자는 교수와 직원, 학생으로 구성된 심사위원회의 심사를 통해 선발되며, 대상은 총장이 직접 시상한다. 시상은 개교기념행사, 혹은 입학식에서 이루어진다. 특히 입학식에서의 시상은, 다음 새내기들에게 강한 인상을 남기고 새로운 동기를 부여하는 역할을 한다. 학생생활처와 학생정책처는 이 같은 프로그램을 통해 학생들의 생활 전반에 동기와 활력을 불어넣는다.

'Color Your Year Project'는 학기 초에 약 60건의 아이디어가 접수되고, 최종적으로 20건가량의 포트폴리오가 제출되는 양상을 보였다. 2021년 대상 수상작은 전국 하천을 돌아다니며 민물 생물을 조사하고, 유전자 분석을 통해 새로운 종을 탐색하는 생명과학적 접근이었다. 해당 학생은 유전자 분석으로 자연의 신종을 발견해 보겠다는 목표를 가지고 있었다.

2022년에는 "카이스트 새내기 Vlog 15개 이상 유튜브에 업로드하기"라는 주제로 대상을 수상해 큰 반향을 일으켰다. 해당 학생의 유튜브를 보고 입학 전에 이 프로젝트에 참여하겠다고 마음먹은 새내기들도 있었다.

2023년에는 외국인 학생의 생활 어려움을 주제로 한 애니메이션 영상이 대상을 받았다. 웹툰 형식과 언어 문제를 다룬 애니메이션은 외국인 비중이 10%에 달하는 KAIST 현실에 주목한 성과였다.

2024년 대상 수상작은 KAIST 정문을 새롭게 디자인한 미니어처 작품으로, 미술에 관심이 많았던 학생의 손에서 나왔다. 대상을 수상한 학생은 '카이스트는 국내 최고의 공대이지만 그에 상응하는 포토스팟이 없다는 아쉬움'에서 이 프로젝트를 시작했다고 말했다. 학생은 1년간 국내 여러 미술관을 방문하고, 거기서 얻은 영감으로 정문 미니어처 모델을 제작했다고 했다.

2024년은 저출산·고령화 문제를 주제로 한 대규모 아이디어 공모도 함께 진행되었다. 3월부터 4월까지 접수된 아이디어는 254건에 달했다. 이 가운데 상위 10건을 선정한 뒤, 5페이지 분량의 제안서를 바탕으로 다시 심사를 진행했고, 최종 5건은 발표 평가에 올랐다. 심사에는 내부 교수진뿐 아니라 외부 전문가들도 참여한다. 심사위원은 JTBC 이규현 고문과 과학기술정책대학원의 최문정 교수도 함께했다.

이 중 대상을 받은 아이디어는 임신 중 유산을 줄이기 위한 모니터링 기술 제안이었다. 임신부의 상태를 실시간으로 추적하는 기술 개발 아이디어는 심사위원단의 높은 평가를 받았다.

행복이 우리나라 저출산 문제의 해답이라는 관점을 제시한 또 다른 아이디어도 주목받았다. 지원자는 '행복 챌린지 앱'을 제안하며, 유저가 미소 사진이나 가족 식사 사진을 업로드하면 포인트를 제공받는 방식이다. 앱을 통해 사람들의 정서적 안정과 삶의 만족도를 높이자는 취지였다. 아이디어는 초등학교 교사가 제출했다.

또 다른 수상작은 고령층을 지역 여행 가이드로 활용하자는 제안이었다. 신청자가 가이드를 요청하면 해당 지역에 오래 거주한 어르신이 가이드를 맡는 방식이다. 이들은 단순히 관광 정보를 전달하는 것을 넘어서, 지역의 식당이나 문화 명소를 직접 소개하는 지혜와 경험의 전달자 역할을 하게 된다. 이는 고령자의 삶의 질을 높이는 동시에, 노동력 부족 문제에도 일정 부분 기여하는 방안으로 평가받았다. 지식과 경험이 있는 노인 세대의 잠재력을 활용하자는 점이 높이 평가됐다.

고령자들의 이동성을 돕기 위한 제안도 포함되어 있었다. 노인들이 사용하는 스쿠터를 보다 안전하고 편리하게 개선해, 실질적인 이동 수단으로 활용할 수 있게 하자는 제안이었다. 인구소멸 위기를 겪고 있는 지역에 사람들이 직접 방문하고 활동하면, 이를 인증해 암호화폐나 포인트를 지급하는 아이디어도 나왔다.

애국가와 교가를 포함한 다양한 노래를 불러 수상자를 뽑는 행사도 마련됐다. 참가자들은 직접 선택한 곡들을 통해 개성과 메시지를 표현했고, 일부는 "I'm a KAIST"라는 노래를 편곡해 부르기도 했다. 이 경연은 단지 학생만의 무대가 아니라, 교수진과 직원 모두가 참여하는 공동체 행사로 진행되었다.

최초 17개 팀이 영상 형식으로 제출한 뒤, 예선을 통해 8팀이 본선에 진출했다. 이들은 카이스트 대강당에서 공개 경연을 펼쳤으며, 전문가 심사단과 현장 투표를 통해 최종 수상팀이 결정되었다. 이광형 총장은 랩 동아리 구토스와 함께 직접 노래를 부르면서 행사에 참가했다. 일부 참가자들은 남성용 낮은 키의 애국가 편곡을 제안하며 접근성 향상에 대한 의견을 제시했다. 행사 중 논의된 스타일 변경은 애국가에 대한 보수적 인식과 충돌할 여지도 있었지만, 젊은 세대의 창의성은 새로운 시도에 의미를 더했다.

'생명 나눔상'은 헌혈 활동에 대한 카이스트 학생들의 높은 참여율을 반영하여 제정되었다. 헌혈차가 들어오는 날이면 몇 시간 만에 필요한 혈액이 채워진다는 소문이 있을 정도로 참여가 활발하다. 카이스트는 헌혈 단체에서도 선호하는 방문지로, 절반도 안 되는 시간에 목표를 달성하는 것으로 유명하다. 이러한 기조는 생명을 나누는 문화가 캠퍼스에 깊게 뿌리내리고 있다는 증거이기도 했다.

도전상과 관련해서는 '특별한 도전'을 수행한 학생이나 팀을 대상으로 연말에 포상이 이루어진다. 해당 포상은 학생들이 자발적으로 지원서를 제출하는 방식으로 운영되며, 각 학과를 통해 안내가 이뤄진다. 대략적으로 50여 건 정도가 매년 접수되며, 개별 사례를 일일이 추적하지는 않는다. 학생들이 1년 동안 어떤 도전을 했는지를 자율적으로 공유하고, 그에 따라 선발된다.

유년 시절부터 특정 주제에 집중하며 커온 이들은 입학 후에도 자신의 관심 분야를 다각도로 탐색하고 발전시킨다. 특기자 전형으로 입학한 학생들은 새내기 때부터 창업에 도전하는 사례도 많다. 카이스트에는 창업휴학 제도가 마련되어 있어, 기숙사 등 생활 혜택을 유지하면서도 창업에 몰두할 수 있다. 한 학생은 초중고 학생들을 대상으로 하는 1:1 맞춤형 학습 멘토링 창업을 하기도 했고, 이를 앱이나 온라인 화상 플랫폼을 통해 운영했다. 또 다른 학생은 'EaseAI'라는 회사를 설립해 실리콘밸리에서도 투자를 유치했고, 삼성전자를 고객사로 빠르게 확장하고 있는 단계에 있다. 이 회사에는 전산과, 수학과 등 다양한 전공자들이 팀으로 참여하고 있으며, 특기자 전형을 통해 입학한 학생들이 다수 참여하고 있다. 이들의 입시는 기존 수능 기반 입시와는 다른 선발 기준이 적용되며, 입학 후 이수해야 할 필수 교과목도 일반 학생보다 완화된 기준이 적용된다. 예를 들어, 미적분 등 일부 과목은 이수하지 않아도 되며, 각자의 관심 분야에 더 집중할 수 있도록 커리큘럼이 설계된다.

특기자 학생들은 입학 시점부터 자신이 하고자 하는 주제가 명확한 경우가 많으며, 창의적이고 독립적인 사고를 보이는 경향이 강하다. 대학에 막 입학한 일반 학생들과 달리, 특기자 전형 학생들은 진로 방향이 확실하고 자신감이 뚜렷한 경우가 많다. 일부는 고등학생 시절부터 AI나 해킹 기술에 능숙하며, 입학 후에도 관련 프로젝트에 곧장 착수한다.

새내기 때부터 선배들과의 연결고리가 형성되며, 3~4학년이 되면 자연스럽게 자율적 네트워크가 구축된다. 2024년 특기자 전형으로 입학한 학생은 약 20명 수준이었으며, 이듬해에는 30명 정도가 입학할 것으로 예상된다. 이러한 프로그램의 효과는 점차적으로 입증되고 있으며, 학교 측에서도 확대 운영을 고려하고 있다. 기본 선발 기준은 유지하면서도 각자의 재능과 성향을 최대한 살리는 방향으로 제도적 유연성이 부여된다. 특기자 학생들의 존재는 카이스트 학풍에 다양성과 창의성을 더하는 중요한 요소로 작용한다. 자신이 하고 싶은 분야를 명확히 알고 입학하는 학생들이 많아, 기존 입시와는 전혀 다른 양상이 나타난다. 카이스트는 앞으로도 이들 학생을 위한 맞춤형 지원을 지속적으로 강화할 방침이다.

보이지 않는 마음에 다가가는 카이스트 상담센터

정연승 교수는 2011년에 카이스트에 부임했지만, 실제로 상담센터의 존재를 알게 된 것은 2024년 생활처장을 맡으면서부터였다. 정 교수는 "처장이 되고 나서야 비로소 상담센터가 학교의 매우 중요한 기관이라는 걸 실감하게 됐습니다."라고 말했다. 상담센터는 비공개 원칙을 철저히 지키며, 학생뿐 아니라 교수와 직원까지도 상담을 받을 수 있도록 운영된다.

상담 건수는 연간 약 4천 건에 이른다. 이 모든 상담은 9명의 전임 상담사가 맡고 있다. 너무 많은 상담 건수를 조절하기 위해 2023년부터는 상담 횟수에 제한이 생겼다. 학생 1인당 10회까지 상담이 가능하고, 이후에는 3개월이 지나야 재신청이 가능하도록 제도화되었다. 이전에는 횟수 제한이 없어, 상담사 한 명이 특정 학생의 상담을 과도하게 전담하는 경우가 있었다. 상담은 한 회당 약 한 시간가량 진행된다.

상담 사유 중 가장 많은 비율은 정신건강 관련 사유이며, 다음으로는 학업 스트레스로, 카이스트 학생들의 높은 성취지향성과 학문 수준이 큰 영향을 미친다. 다음으로는 친구나 이성, 가족과의 관계에서 비롯된 정서적 어려움도 상당 비중을 차지한다. 이처럼 상담센터는 보이지 않는 위기를 식별하고, 개별 학생의 마음을 보살피는 중요한 통로가 되고 있다.

고통스러운 이야기를 반복적으로 듣는 일은 상담사에게 큰 소모가 따른다. 상담센터는 타 부서와의 교류가 많지 않다. 비밀보장을 최우선으로 하기 때문이다. 이들은 학생들의 마음 건강을 지키는 마지막 보루 역할을 충실히 해내고 있다. 학생들에게 유일하게 속마음을 털어놓을 수 있는 곳이 바로 이곳이기 때문이다. 카이스트는 앞으로도 상담센터의 인력과 시스템을 더욱 강화해, 학생들의 정서적 안전망을 견고히 할 계획이다.

이 외에도 카이스트는 긴급심리상담 전화를 외부 기관에 위탁해 24시간 운영 중이다. 새벽 시간에도 심리적 도움이 필요할 때, 학생들은 마음 편히 전화상담을 받을 수 있다. 카이스트 학생들은 대부분 밝고 행복한 학교생활을 하지만, 겉으로 드러나지 않는 어려움을 겪는 학생들도 있어 그 양극단을 모두 주의 깊게 살펴야 한다고 덧붙였다.

학생들의 스트레스를 해소하기 위한 방안으로 교내에 새로운 동아리나 클럽을 구성하는 아이디어도 나오고 있다. 하지만 단순한 복지보다도, 세상의 다양한 현실을 체험하게 해주는 것이 더 의미 있을 수 있다. 학생들이 자기 삶의 환경만 알고 타인의 현실을 모르기 때문에, 그런 비교와 체험이 반드시 필요하다. 행복은 종종 비교 속에서 생겨나는 감정이다. 세상을 보고 오는 일이 중요하다. 기독교 학교의 채플처럼 필수적인 체험학습 형태로 봉사를 제도화할 필요가 있다.

이에 따라 카이스트는 글로벌리더십센터를 통해 해외 봉사단을 매년 두 차례 파견하고 있다. 아프리카 난민 지역에서 의료봉사나 과학기술 교육 봉사를 수행하는 프로그램도 존재하며, 학생들이 직접 신청해 참여할 수 있다. 교내 동아리 중에는 봉사만을 전문으로 수행하는 단체도 존재하고, 이들을 중심으로 다양한 프로젝트가 이루어진다.

정서적 안전망을 짜는 '돌봄의 과학'

학생들과 가장 관련이 많은 조직은 카이스트 학생생활처와 학생정책처이다. 학생생활처는 기숙사 운영, 학생 상담, 새내기 교육 등 학생의 생활 전반을 아우르는 조직이다. 기숙사 관리에는 시설 운영과 학생 지도 전반이 포함되고, 상담센터는 카이스트 전 구성원을 대상으로 심리 상담 서비스를 제공한다. 1학년 무학과 학생들을 대상으로 1년간 지원하는 '새내기과정학부'도 학생생활처 소속이며, 새내기 학생들이 학교생활에 잘 적응할 수 있도록 다양한 프로그램을 운영하고 있다.

정연승 교수는 이 모든 업무를 '엄마의 마음'으로 감당해야 한다고 설명했다. 학생들과의 밀접한 접촉과 정서적 지원이 요구되기 때문이다. "학생생활처의 업무는 단순한 관리가 아니라, 정서적 동행을 필요로 하는 '돌봄의 영역'이다"라고 말했다.

학생정책처에는 학생지원팀과 장학복지팀이 있으며, 이 두 조직은 카이스트 학생들의 실질적 삶과 직결된 기능을 수행한다.

장학복지팀은 모든 학생의 등록금 전액 장학금 처리와 관련된 업무를 전담하는데, 이는 모든 학생이 등록금을 내지 않는 시스템과 직결된다. 학생지원팀은 학생 포상 및 징계, 사건사고 처리, 동아리 및 각종 행사 지원 등을 포괄한다. 이 두 팀은 학부생과 대학원생 전체를 지원 대상으로 삼고 있다. 학생들은 학생생활처와 학생정책처를 통해 학교에 요구사항을 전달하고, 반대로 학교도 학생회와의 협력을 통해 정책을 조율한다. "학생정책처와 학생생활처 모두, 학부와 대학원을 망라한 전교생을 위해 존재한다"라고 관계자는 전했다.

총학과 원총은 매우 합리적인 학생들로 구성되어 있다. 학생들이니 다소 감정적으로 항의하거나 떼를 써도 괜찮겠다는 생각이 들 정도로 이성적이어서, 데이터를 근거로 요청 사항을 제시한다. 학생들이 오히려 지나치게 근거 중심으로 설득하려 하기에, 그에 응답하려면 매우 철저한 준비가 필요하다. 이로 인해 학생들과의 협상이나 조율은 단순한 대화가 아니라 철저한 준비 과정이 수반되는 경우가 많다.

넙죽이에서 실패연구소까지 카이스트 도전정신의 진화

학생회 임원들이 말하는 변화

학생회 간부종합

교수가 "공부만 하지 말고, 실패를 두려워하지 말라"라고 말한들, 20년 넘게 순위 경쟁을 해 온 학생들이 곧이 믿을까? 카이스트의 변화를 확인하기 위해 학생회 간부 3명을 만났다. 총장은 '공부를 덜 합시다'고 이야기하지만, 학생들이 받아들이는 의미는 다를 수 있다.

신입생들은 입학하기 전까지는 자신이 속한 학교나 조직에서 늘 최상위권이었지만, 카이스트에 와서 중위권이나 하위권으로 내려앉으면 큰 충격을 받는다. 학생들은 대학 생활 동안 어떻게 이를 극복하고 보완할지 고민하게 된다.

성적에 대한 부담을 더는 P/NR 제도

공부 좀 덜 하라는 메시지를 가장 확실하게 뒷받침하는 조치는 아마 P/NR 제도가 아닐까. 카이스트 교무처는 2023년 1월, 2023년 이후 입학하는 학사과정 신입생을 대상으로 P(Pass)/NR(No Record) 제도를 도입했다고 발표했다.

입학 후 첫 2개 정규학기, 학기당 최대 9학점의 성적을 P/NR로 처리한다. 학점이 D- 이상은 P(pass)로 매기고, 과목낙제인 F(fail)나 U(unsatisfactory)의 성적을 받을 경우, NR(no record)가 된다. NR은 성적표에 그 과목의 이수 시도 자체가 남지 않음을 뜻한다. 결국 F나 U에 해당하는 경우라도 성적표상에 아무 기록도 남지 않아, GPA(평균 학점) 계산에 포함되지 않는 것이다. P/NR 제도는 신입생들이 입학하자마자 학점 경쟁에 내몰리는 부담을 덜고 폭넓은 교내·외 활동과 전공 탐색의 기회를 갖도록 한다.

한 학생회 임원은 카이스트에 오기 전 다른 대학을 다녔던 경험을 들려주었다. 그는 "자연과학 분야에 관심이 있어 고등학교 졸업 후 대학에 진학했으나, 치의학 전공이 자신에게 맞지 않다는 것을 깨달았다"라고 말했다. 화학을 더 깊이 공부하고 싶다는 열망으로 그는 수능을 다시 치러 카이스트에 입학했다. 어머니의 반대가 심했지만, 그는 "눈물을 흘리며 허락을 받아서 다시 카이스트에 입학했다"라고 말한다.

P/NR 제도가 도입되면서 신입생이 학업에 적응하는 데 큰 도움을 주었다. 카이스트는 다른 대학보다 이수해야 할 학점이 적다. 그러나 과학고 등을 졸업한 학생과 일반고 학생 사이에 기초 과목에서 차이가 나서 어려움을 겪는 경우가 생긴다.

한 학생회 임원은 "내 전공과 크게 관련 없는 일반생물학과 같은 과목을 P/NR로 수강하여 학업 부담을 덜었다"라고 밝혔다. 이 시간을 활용해 다양한 동아리와 봉사활동에도 참여한다. 유기견 지원센터, 교육 봉사활동을 통해 의미 있는 시간을 보냈고, 학생회 활동을 위해 1년 휴학을 하며 공동체에 기여하고자 했다.

학생이 우선인 학교 환경

카이스트의 국제화가 필요하다는 인식은 대체로 공감하는 편이다. 카이스트는 정부 지원에 힘입어 성장했지만, 저출산에 의한 성장 지체와 세수 감소는 국가지원금의 둔화로 이어질 것이다. 더 이상 과거 방식만으로는 발전에 한계가 있다.

대학원생들을 위한 안정적인 연구 환경 조성은 갈수록 중요해진다. 대학원이 연구조직으로서 많은 변화를 맞을 시점이어서, 앞으로 5~10년 사이에 규모, 성격, 운영 안정성 등에서 큰 변화가 있을 것이다.

학생회 임원들은 이광형 총장이 문제를 사후적으로 대응하기보다는 선제적으로 인식하고 있는 점을 긍정적으로 평가했다. 국회나 학교 차원에서도 이에 대응하기 위해 학사조직의 유연화를 추진하고 있다. 과거 학과 중심의 경직된 체계에서 벗어나 단과대학 직속의 프로그램 단위 학사조직이 생겨나고, 융합적이고 다양한 분야를 아우르는 조직이 확대되고 있다. 석박 통합에 그치지 않는 '학석박 연계 과정'은 7년 안으로 학사, 석사, 박사 과정을 모두 마치는 제도이다. 학생회 한 임원은 "시행착오가 있겠지만 긍정적인 변화라고 생각한다"라고 말했다.

학생 생활과 관련해 카이스트가 가장 관심을 보이는 분야 중 하나가 식당이다. 학생들은 교내 식당이 맛과 가성비 측면에서 부족하다면서 불만이 많았다. 총장은 식당을 늘리고 메뉴 다양화를 통해 학생들의 만족도를 높이려 노력하고 있다. 북측 식당을 증축하고 새로운 업체 유치해서, 메뉴를 개선하고, 변화를 시도한다. 이광형 총장은 직접 학생식당을 순회하면서 먹어보면서 개선점을 찾아냈다.

　카이스트 학생회는 확실히 학교의 생활 문화와 소통 구조가 크게 개선되는 것을 실감하고 있다. 학생들의 의견을 반영해 식당개선위원회가 신설되었고, 이 위원회는 학생들이 더 나은 메뉴와 양질의 식사를 할 수 있도록 방안을 마련했다. 지난 2~3년 사이 식단 품질과 선택지가 눈에 띄게 좋아지면서, 학생 불만도 크게 줄었다고 전했다.

　10년 넘게 카이스트에서 생활하는 대학원생은 "학생 식당을 기피했지만, 요즘은 학교의 변화를 체감하며 식당을 자주 이용한다"라고 말했다. 점심뿐 아니라 저녁 식사까지 캠퍼스에서 해결하는 등 캠퍼스에 머무는 시간이 자연스럽게 늘어나고 있다.

　총장과 학생 간의 소통 창구도 다양해졌다. 총장은 매월 첫째 주 화요일 '첫화사'를 열고 학생과 교직원을 초대해 생활과 연구, 학업의 불편함을 직접 듣고 피드백을 주고받는다. 학기마다 열리는 타운홀 미팅에서는 보직 교수, 담당 팀장과 학생들이 테이블에 앉아 생활 불편이나 건의사항을 논의한다. 학생들은 이를 통해 문제 해결의 실질적 통로가 생겼다고 평가했다.

　2002년 건설된 이후 크게 개편되지 않았던 동아리 공연장은 학생들의 지속적인 요청에 따라, 문제점을 확인한 총장이 리모델링을 추진했고 현재 모든 공사가 완료되었다. 외국인 학생의 정착 지원도 강화되었다. 한국어 수업이 기초부터 심화까지 단계적으로 확대되었다.

　학생들의 소속감과 자긍심을 높이고 생활 여건을 개선하기 위한 노력이 꾸준히 효과를 보았다. 대표적인 것이 굿즈 제작 사업이다. 굿즈

사업의 핵심에는 '넙죽이' 캐릭터가 있다. 이름도 촌스럽지만 초창기 넙죽이는 단순하고 독특한 생김새 때문에 '못생겼다', '이상하다'는 평가를 받았다. 그런데 이 이상하게 못생긴 모습이 관심을 끌었다. 학생들이 자발적으로 넙죽이를 귀엽게 다시 디자인하거나 2차 창작을 하면서 친근하고 긍정적인 이미지로 자리 잡았다. 넙죽이 캐릭터가 들어간 굿즈는 학생들이 저렴한 가격에 공동구매 할 수 있다. 후드티, 에어팟 케이스, 공책 등 다양한 품목으로 제작되었다.

넙죽이 디자인은 학생 공모전을 통해 선정되었다. 학생들이 직접 디자인을 제출하고, 전교생 투표로 최종 디자인이 결정되는 구조로 운영되며 적극적 참여를 이끌어 냈다. 학생회는 이를 통해 단순한 기념품이 아니라 카이스트에 대한 자부심을 높이는 상징적 의미를 만들고자 했다. 학생들의 수요도 상당히 높아, 공동구매 물품은 매번 인기를 끌었다.

대전역과 학교를 연결하는 셔틀버스 노선 신설은 학생들의 강력한 요구와 노력의 산물이었다. 학생들이 금요일 저녁이나 주말에 대전역이나 복합터미널을 이용해 집으로 가지만, 대중교통이 불편하고 노선버스가 하나뿐이었다. 학생회는 설문조사와 시범운영을 통해 수요를 입증했고, 학교와 담당 부서, 총회 등 여러 경로를 통해 의견을 전달하며 셔틀버스 신설을 관철했다. 2025년부터 본격 운행되며 학생들의 이동 편의가 크게 향상되었다.

실패해도 괜찮다는 전화위복 마인드

　실패는 두려움을 주거나, 숨고 싶은 위축감을 가져온다. 하지만 '실패 연구소'를 설립하고 '크레이지 아이디어 데이', '실패 세미나' 같은 프로그램이 도입되면서 실패를 드러내고 공유하며 성장의 기회로 삼는 새로운 문화가 자리 잡았다.

　'카이스트 학생 생각의 지도' 프로젝트가 있었다. 이 아이디어는 대학원생이 크레이지 아이디어 데이에서 제안한 것이다. 학생들이 키워드 하나를 내면 기존 키워드와 연결되며 관심 주제를 시각적 네트워크로 그려주는 웹 플랫폼이다. 이 아이디어는 막연하고 실현 가능성이 낮아 보였다. 주변에서도 "학생들이 정말 이런 걸 사용할까?", "구현이 너무 어려운 건 아닐까?" 하는 회의적인 시선이 따랐다. 그러나 "실패해도 괜찮다. 이번에 안 되더라도 아이디어를 내고 시도하는 것 자체가 의미가 있다"라는 생각으로 도전을 이어갔다. 결국 이 프로젝트는 공모전에서 대상을 받았고, 창의적 아이디어를 공유하는 실험적 모델로 주목받았다.

　실패 세미나도 마찬가지. 한 학부생은 학기 초 야심차게 시작한 연구 프로젝트에서 여러 차례 실험에 실패하고 좌절했다. 과거 같으면 이 실패를 숨기고 결과 보고서를 꾸미는 데 급급했겠지만, 실패 세미나에 참가하며 전환점을 맞았다. 그는 실험 실패 과정을 그대로 발표하며, 실패 원인과 그로부터 얻은 교훈을 공유했다. 발표를 들은 동료 학생들과 교수들은 격려와 함께 "그 실패 덕분에 우리도 같은 함정을 피할 수 있었다"라는 피드백을 전했다. 이 경험을 통해 그는 "실패는 숨길 것이 아니라 공유하며 배우는 과정이다"라는 생각을 가지게 되었다. 이후 더 과감하고 도전적인 프로젝트에도 망설임 없이 참여할 수 있었다고 밝혔다.

이처럼 카이스트에서는 "실패하더라도 괜찮다, 도전을 멈추지 않는 것이 중요하다"라는 인식이 점차 확산되었다. 학생들은 "내가 실패하면 끝이다"라는 두려움에서 벗어나, 실패를 자산으로 삼아 더 나은 시도를 할 수 있는 용기를 얻게 되었다고 입을 모았다.

학생들이 실패를 통해 배우고 성장하며, 실험과 도전을 두려워하지 않을 때 창의적 공동체가 자란다. 이 과정은 학생 개개인의 자신감 형성과 학교 전체의 혁신적 연구 문화 조성에 중요한 밑거름이 되고 있다.

'안전한 실패' 공간에서 진짜 배움이 시작된다

과학도에게 필요한 맷집 기르기 실험
카이스트 실패연구소

조성호 교수

대한민국에서 가장 완벽한 정답만 골라온 천재들이 대강당에 모여 자신의 '망한 과제'를 자랑스레 떠벌린다. 흠집 없는 성공 궤도만 달려온 카이스트 엘리트들에게 지금 가장 절실한 교육은, 역설적이게도 '보기 좋게 넘어지고 훌훌 터는 법'이다. 숨 막히는 1등 신화에 갇혀 도전을 잃어가는 청년들에게 "실패해도 괜찮다"는 짜릿한 해방감을 선사하며, 카이스트 실패연구소는 우리 사회의 견고한 성공 강박에 가장 유쾌하고 도발적인 균열을 내고 있다.

2023년부터 제2대 소장을 맡은 조성호 교수는 "연구소장직 제안을 받았을 때, 이공계 중심 교육의 한계를 체감한 경험이 떠올랐다"라고 밝혔다. 2007년 카이스트에 부임한 이래 인문사회적 가치, 정신적 역량, 인생에 대한 성찰 같은 요소들이 초·중·고 교육에서 충분히 다뤄지지 않는 현실을 문제로 꼽았다.

어릴 때부터 수학과 영어 등 전문 역량에만 몰입하는 교육이 삶의 방향성, 공동체 의식, 가치관 형성에까지 영향을 미치는 건 어쩌면 당연한 결과이다. 그는 최소한 카이스트 안에서는 학생들이 놓치는 인문 사회적 경험을 다시 체득하도록 돕고 싶었다. 실패연구소는 도전적인 연구와 시도를 장려하고, 실패에 대한 두려움을 극복하도록 돕는다.

조 교수는 "지금까지는 선례가 있는 길을 따라가는 패스트 팔로우 전략으로 한국 과학기술이 성장해 왔다면, 앞으로는 전례 없는 길을 개척할 수 있는 도전이 필요하다"라고 강조했다. 그러려면 필연적으로 실패를 수반하며, 실패는 기술 역량보다는 정신적·사회적 역량과 더 밀접한 관련이 있다. 카이스트 학생들은 성공 중심적 사고에 익숙한 만큼, 실패 경험을 공유하거나 말로 표현하는 것 자체를 꺼리는 경향이 있다.

조성호 교수는 실패를 단지 넘어야 할 장애물이 아니라, 스스로 돌아보는 기회로 전환하는 교육적 자산으로 여긴다. 실패를 통해 인간다움과 깊이를 갖춘 과학자로 성장한다. 실패연구소는 단순한 치유나 감정 해소의 공간을 넘어, 교육철학의 전환점을 실험하는 플랫폼으로 진화 중이다.

실패를 나누는 과정에서 치유와 공감이 나타난다. 자기 혼자 도태되었다고 괴로워하던 학생이, 다른 친구도 같은 생각을 한다는 것을 알게 된다. 그때 마음이 놓이고 큰 위안을 얻는다. 실패를 밖으로 표현하고 서로 공유하는 과정 자체가 학생들에게는 새로운 관계성과 회복의 계기가 되는 것이다.

이러한 경험을 바탕으로 조 교수는 '실패 주간 행사'를 기획했다. 첫 번째 행사는 2023년 가을 약 2주간 진행되었다. 실패 사진전, 강연, 전시 등 다양한 프로그램이 병행되었다. 학생들이 제출한 실패 사진 중 일부를 주제별로 묶어 창의학과 공간에서 전시하고, 실패에 대한 다양한 관점의 강연이 마련되었다.

'실패 사진전'이 중요한 콘텐츠 중 하나였다. 사진에 메모를 함께 붙여 실패의 의미를 설명한다. 조 교수도 '실패 사진'을 제출했다. 캠퍼스 근처에서 찍은 나무 두 그루의 사진이다. "두 그루 중 하나는 풍성했고 하나는 왜소했다. 시간이 지나면서 왜소한 나무가 붉은빛으로 아름답게 변해가는 것을 보며 큰 감동을 받았다"라고 조 교수는 회고했다. 그 장면에서 "서로 다르게 성장해도, 각자의 시간에 맞춰 빛나는 변화가 일어난다"라는 교훈을 발견했다. 사진 속 두 나무는 실패와 회복, 혹은 대비 속 성장을 상징하는 하나의 은유였다.

조 교수는 "나도 어릴 적엔 자꾸 주변과 자신을 비교하곤 했다. 이제는 비교보다 자기 길을 묵묵히 걷는 것이 더 중요하다는 걸 깨닫는다"라고 말했다. 이광형 총장은 거위 떼에서 한 마리만 떨어져 걷는 사진에 '혼거(혼자 있는 거위)'라는 이름을 붙여 제출했다. 이는 혼자 가는 길에 대한 은유이자, 때로는 외로움 속에서도 자신만의 길을 묵묵히 걷는 철학적 태도를 반영한 것이다. 사진전과 함께 마련된 강연에서 수학과 교수가 자신의 실패를 이야기했고, 뇌 과학 교수의 발표가 이어졌다. 뇌 인지과학적 관점에서 실패가 인간의 인지와 감정에 어떻게 작용하는지를 다룬 이 강연은 특히 주목을 받았다.

강연에는 '과학커뮤니케이터'로 잘 알려진 이정모 전 관장도 참여했다. 그는 지구 생태계의 실패와 위기를 다루며, 실패를 거시적 관점에서 풀어냈다. 실패연구소는 단지 '실패를 위로하는 공간'이 아니라, 이를 통해 삶의 복합성과 인간의 감정을 함께 들여다보는 교육 실험의 장으로 계속 진화하고 있다.

자신의 실패를 외부로 표현하는 것이 교육적으로 매우 중요한 과제이다. 보다 유쾌하고 부담 없는 방식으로 접근하기 위해 '망한 과제 자랑대회'를 도입했다. 이 행사는 학생들이 자신이 실패한 과제를 마치 스탠드업 코미디처럼 유쾌하게 자랑하는 자리였다. 참가자도 청중도 모두 학생들로 구성되어 있었고, 교수는 개입하지 않았다.

처음에는 언론의 관심이 너무 커져 부담스러웠다. 학생들끼리 편하게 나누는 자리가 되기를 바랐는데, 카메라가 몰려왔다. 암 투병 중에도 연구를 계속한 박사 과정 학생의 사례 등 여러 감동적인 경험들이 소개되었다.

이 행사의 핵심은 '자신의 실패 경험을 용기 있게 드러내고, 듣는 이들 역시 공감 속에서 치유받는 구조'이다. 실패를 극복하는 가장 효과적인 방법은 "소통을 통해 '나만 그런 게 아니구나'라는 인식을 갖는 것"이라고 조 교수는 말했다.

망한 과제 유쾌하게 자랑하는 '실패학회'

2024년에는 '실패학회'라는 이름으로 열렸다. 이름만 봐도 좀 더 격식 있게 들리지만, 여전히 유쾌하고 학생 중심의 분위기를 지향했다. 참여자 수는 전년보다 눈에 띄게 늘어 백여 명 이상이 드나들었다.

2024년 실패 주간 행사의 중심에는 'URP(Undergraduate Research Opportunity Program, 학부 연구 참여 프로그램)'이 있었다. 카이스트는 하부생에게 실질적인 연구 경험을 제공하기 위해 오래전부터 이 프로그램을 운영했다. 그러나 대부분의 URP 결과 보고서는 '성공' 중심으로 작성되는 경향이 있었다.

연구를 처음 시작한 학생이 실패 없이 완벽한 결과를 낸다는 건 이상한 일이다. 실패는 성장의 일부이며, 처음부터 성공만을 추구하는 사고방식은 오히려 연구자의 미래에 해롭다.

실패연구소는 URP 참여 학생들에게 매주 자신의 시행착오나 느낀 점을 정리하도록 제안했다. 학생들은 처음엔 당황했지만, 프로그램을 함께하는 동료들도 비슷한 어려움을 겪는다는 사실을 알게 되면서 위안을 얻었다. 서로 실패를 경험하는 '자연스러운 과정'임을 확인하며 심리적 안정도 찾을 수 있었다.

'실패 에세이 공모전'도 운영했다. 말로 표현하기 전 단계에 글을 통해 자신의 실패를 되돌아보는 방식이다. 이 공모전은 외국인 학생들의 참여율이 높았다. 이는 문화적 차이에서 비롯된 표현의 개방성으로도 해석된다. 조 교수는 "같은 카이스트 학생이지만 에세이 내용은 천차

만별"이라며, 철학적 깊이를 담은 글에서부터 다소 유치한 표현까지 다양한 층위의 사고가 녹아 있었다.

실패에 대한 사회적 인식 변화를 위해 교내 구성원뿐 아니라 일반 국민을 대상으로 한 '대국민 실패 인식 조사'도 실시했다. 이전에는 교직원, 교수, 학생을 대상으로 조사했지만, 이번에는 마케팅 리서치 기관의 협조를 받아 약 1,500명을 대상으로 전국적인 조사를 실시했다. 세대별로 나눈 데이터를 통해, 젊은 세대부터 장년층까지 실패를 어떻게 인식하는지를 시각화된 그래프 형태로 행사에 전시했다. 해당 조사 결과는 다양한 보도로 이어졌다.

매년 다르게 진행되는 실패연구소의 프로그램을 단순한 '이벤트'가 아닌, 실패에 대한 교육적 접근이자 문화적 실험으로 인식된다. 실패는 피할 것이 아니라, 표현하고 나누며 삶의 일부로 받아들여야 할 대상이라는 인식이 그의 교육철학의 중심에 자리 잡고 있었다.

"능력 있는 학생일수록 실패를 마주할 기회가 필요하다."

2024년 실패 주간 행사장 기둥 곳곳에 유리 거울을 설치해 관람객들이 자신의 얼굴을 비추어 볼 수 있도록 했다. "너는 실패를 어떻게 생각하니?"와 같은 질문이 부착되었다. 그 아래에는 자신의 생각을 적는 메모지들이 준비되었다. 참가자들은 타인의 이야기를 관찰하는 데서 나아가, 자기 자신과의 내면적 대화를 나눈다.

거울 전시는 카이스트 학생들의 특이한 성향을 남겼다. 전시장을 찾았을 때 학생들은 보이지 않았지만, 한가한 시간에 조용히 다녀가며 흔적을 남기는 경우가 많았다. 부착된 메모지가 빠르게 채워지고, 전시 기념품으로 배포한 스트레스 볼이 빠르게 소진됐다. 조 교수는 "학생들이 적극적으로 표현하진 않아도, 마음 깊은 곳에서 응답하고 있다는 것을 확인했다"라고 설명했다.

2024년 '망한 과제 자랑대회'는 2023년의 스탠드업 코미디 형식에서 전람회 부스 형식으로 변경되었다. 참가자들은 개인 혹은 팀 단위로 자신이 실패한 과제를 주제로 부스를 설치하고, 사진이나 영상, 발표 등 다양한 방식으로 자신들의 이야기를 전달했다. 이 형식은 더 많은 관객의 참여를 유도했고, 현장을 방문한 관람객은 도장을 모으며 여러 부스를 경험하고 평가에 참여했다. 실패를 '웃으며 나누는 경험'으로 전환하는 이 행사들은, 다음 회차에 새로운 참여자가 되는 선순환 구조를 만들어내고 있었다. 학생뿐 아니라 교수들도 '내 연구가 실패하면, 여기 와서 발표해야지' 생각한다.

행사는 2주일간 진행되었다. 외부 방문자에게도 열린 공간에서 진행되어 지역 시민들까지 자연스럽게 유입되었다. 어린이와 부모, 기업이나 공공기관의 관계자도 찾아왔다. 실제로 몇몇 기업과 공기업, 재단 등은 실패연구소의 사례를 도입하고자 직접 카이스트를 찾아와 조 교수와 의견을 나누었다.

조성호 교수는 스스로를 '공학도'라고 칭했다. 그는 오랜 시간 기술 중심의 교육을 받아왔고, 카이스트 교수로서도 전문 지식과 연구역량을 교육하는 데 주력해 왔다. 그러나 시간이 지나며 그는 점차 다른 교육의 필요성을 절감하게 되었다. 그것은 '정신적 역량', 곧 가치관, 사회적 책임감, 인간관계 태도 등에 관한 교육이었다.

그는 카이스트 학생들의 능력을 높이 평가하면서도, 그 능력이 올바른 방향으로 사용되지 않을 경우 사회에 해가 될 수 있다고 우려했다. 그래서 더욱 실패에 대한 건강한 이해와 표현이 필요하다고 강조했다.

"이곳에 오는 학생들은 매우 똑똑하고 능력 있는 친구들입니다. 그런데 그 능력이 잘못된 가치관과 만나면, 오히려 해로울 수 있습니다. 기술적 능력과 함께, 정신적인 성숙도 같이 가야 합니다."

실패연구소의 활동이 단지 일회성 프로그램이 아닌, 카이스트의 교육 패러다임에 균열을 만들어내는 일종의 문화 실험이다. 학생들이 실패를 말할 수 있고, 실패로부터 배우는 교육 환경이 마련되어야만, 미래 사회를 이끌어갈 리더로서의 균형감각도 함께 자라날 수 있기 때문이다.

"숨 쉴 틈 없는 사회에, 실패는 숨구멍이 될 수 있다"

실패연구소가 학생들에게 미치는 영향을 계량할 수는 없지만, 분명한 효과는 작지 않다. 조 교수는 "정신적 역량의 변화는 하루아침에 이루어지지 않지만, 학생들이 실패에 대해 이야기하고 듣고 쓰는 과정 자체가 이미 변화의 시작"이라고 말했다.

어떤 외국인 유학생에게는 삶의 전환점이 되었다. 한국으로 유학 온 이 학생은 가족 부양의 책임까지 지고 있었고, 학업과 생계를 병행하는 어려움 속에서 좌절감도 컸다. 그러나 실패연구소 행사에 참여하며 자신의 경험을 나누고 타인의 이야기를 들으며 위로받았다. "이 연구소가 없었으면 유학 생활을 끝내지 못했을 수도 있었다”라는 이 학생의 고백은 조 교수에게 깊은 인상을 남겼다.

스탠퍼드 대학교 기계공학과 교수 한 명이 카이스트를 방문 중 우연히 ‘Center for Ambitious Failure’라는 영문 간판을 보고 연구소를 방문했다. 그는 “이런 공간은 미국에도 필요하다”며 사진을 촬영해 자신의 SNS에 게시했고, 이를 통해 실패연구소의 취지가 세계적으로도 공감받을 수 있음을 확인했다. 실패연구소는 단지 한 대학의 실험이 아니라, 사회 전반에 영향을 줄 수 있는 문화적 플랫폼으로 진화할 가능성을 내다보았다. 그는 “이런 기관이 행정부나 공공영역에도 확산되길 바란다”라고 덧붙였다.

실패에 대한 두려움을 무너뜨려야

실패에 대한 극단적인 회피 성향도 우리 사회가 가진 깊은 문제의식 중 하나다. 낮은 출생률과 대학 정원 증대 같은 정책 혼선, 의대 집중 현상, 청년층의 도전 회피 성향 등을 모두 ‘실패에 대한 두려움’과 연관된다. 젊은 세대가 안정성과 확실한 보상을 추구하는 이유는 실패를 두려워하기 때문이다.

불확실한 것을 싫어하고, 도전 자체를 회피하게 되면 결국 사회 전체의 창의성과 회복력이 무너진다. 청년들이 ‘적당히 일하고 덜 괴롭힘 받는 직장’을 선호하는 것도 같은 맥락이다. 카이스트 같은 과학기술 중심 교육기관에서 실패를 경험하게 하고 그것을 성찰의 기회로 삼는 프로그램이 반드시 필요하다. 카이스트처럼 상징성과 파급력이 큰 기관이 실패를 정면으로 다룰 때, 사회 전 반의 인식에도 균열이 생길 수 있다.

실패를 허용하는 문화는 사회의 숨구멍이다. 그동안 우리는 너무 꽉 막힌 채로 '성공'만을 외쳐왔다. 조 교수는 "괜찮아, 실패해도 돼'라는 말 한마디가 주는 해방감이 얼마나 큰지 모른다"라고 말했다.

실패에 대한 경험을 어릴 때부터 자연스럽게 접해야, 인생 전체에서 더 큰 일에 도전하고 스스로 원하는 일을 할 수 있는 '내면의 맷집'이 길러진다. 실패를 통해 회복력을 키우고, 자기 삶의 방향을 주체적으로 설계하는 역량을 키우는 것. 그것이 실패연구소가 진정으로 지향하는 교육의 본질이다.

성공한 사람 대부분 반복된 실패를 통해 맷집을 키워왔다. 실패를 감추는 게 아니라, 해석하고 말할 수 있도록 교육하는 것이 중요하다. '실패와 익숙하지 않은 인재들'이 모인 곳에서 실패에 대한 문화가 정착될 때 그 파급력이 훨씬 클 것이다. '실패를 허용하는 분위기' 자체가 사회 전체에 큰 영향을 미친다. 국가적 도약을 위해서는 실패에 대한 문화적 전환이 반드시 필요하다고 조 교수는 덧붙였다.

또 하나의 학교, 글로벌리더십센터

지식에서 통찰로, 학점에서 리더십으로
삶을 가르치고 시대를 깨우다.

장기태 교수

리더를 기르는 건 결국 교원이다

한때 지식의 가장자리에 머물던 이름이, 이제는 사람을 깨우는 중심으로 걸어 나왔다. 센터는 단순한 기능의 울타리를 넘어, 사람을 이해하고 시대를 사유하며 미래를 꿈꾸는 캠페인의 발원지로 다시 태어났다.

학생의 리더십을 말하던 이 센터는 교원, 사회, 세계를 아우르는 생태계가 되었고, 리더란 무엇이며 어때야 하는가를 질문하고 고민하는 교육의 중심으로 확장되었다.

카이스트 글로벌리더십센터의 변화는 업데이트 수준이 아니라, 리부트 처방이었다. 학교가 바뀌려면 누가 먼저 바뀌어야 할까? 학점이라는 수단에 끌려다니는 학생을 바꾸기 전에, 교원부터 바뀌어야 한다.

글로벌 리더를 먹이고 훈련하기 위해 마련한 메뉴판을 보면 짐작이 간다. 미래를 이끌어갈 핵심기술에 대한 통찰력을 키우고, 글로벌 경쟁력을 이끌 안목을 갖춘 교원 양성을 위한 리더십 교육 프로그램을 마련했다.

교수가 경력이 쌓여 보직을 받으면 대체로 당황하거나, 어깨에 힘이 들어간다. 연구실에서 석박사 학생을 지도하는 데 어려움을 겪을 수도 있다. 직원들과 함께 일하면서 자기중심으로 통솔하다 보면 팀워크를 깨뜨릴지도 모른다. 그래서 보직자들은 미래전략 워크숍을 연 1회 1박 2일로 개최하고, 정년보장(tenure)을 받거나 승진한 교원들의 리더십 워크숍도 1박 2일로 운영한다.

새내기 교원 대상 워크숍도 매년 1박 2일로 마련했다. 교원과 외부 전문가의 다양한 지식과 경험을 나누는 '매세월 서연'도 매월 개최하고, 황당포럼도 월 1회, X포럼은 연 2회 마련했다.

학생 대상 프로그램은 과학기술 인재들을 어떻게 해서라도 후천적인 글로벌 리더로 키우겠다는 강력한 의지가 느껴진다. 학사과정 인성/리더십 교과과정은 교양필수여서, 2과목을 이수해야 졸업요건을 충족하도록 했다.

사회 각 분야의 리더를 초빙하여 석사 과정 학생들의 리더십을 함양하는 강연회는 봄, 가을 학기에 각각 7명의 리더를 초청해서 개최하는데 6회 이상 출석해야 이수(S)를 인정한다. 학회 참가, 수업, 시험 같은 사유로 대리출석을 인정하지 않을 정도로 엄격하게 운영한다.

글로벌리더십센터는 더 이상 '리더십'이라는 장식물을 포장하는 프로그램의 나열이 아니라 도전, 창의, 배려의 출발점으로 변했다. 봉사활동도 강조하기는 마찬가지. 이광형 총장이 들어오면서 1랩 1창업을 강조하는 것에 보조를 맞춰서 1랩 1봉사도 같이 벌인다.

센터는 '배려(Caring)', '도전(Challenge)', '창의성(Creativity)'이라
는 카이스트의 정신을 실천할 수 있도록 다양한 교육을 운영한다. 학
생들이 사회적 책임감과 배려를 실제로 체득하도록 봉사활동, 해외 봉
사, 'Save the Earth'와 같은 프로젝트 활동도 운영한다. 'Save the
Earth' 프로젝트는 학생들이 세계적인 문제를 정의하고, 이를 현장에
서 탐색하며 해결책을 구상하는 형태로 구성된다.

글로벌 리더를 양성하는 '매세월 서연'

카이스트 총장 장학생 프로그램인 'KAIST Presidential Fellow'
제도를 통해 리더십 잠재력이 뛰어난 신입생을 선발해 지원하고 있다.
이런 흐름 속에서 '매세월 서연'이라는 프로그램도 기획되었다. 이는 조
선시대 왕가의 교육 프로그램 이름에서 착안하여, 매월 셋째 주 월요
일마다 열리는 세미나 형식의 행사다. 주요 학과장급 보직자를 대상으
로 진행되며, 사회 전반에 대한 이해를 높이고 교수자 스스로 리더십
을 성찰하게 하는 것이 목적이다. 외부 연사는 총장의 추천으로 초빙
되며, 사회의 목소리를 학교 내부로 연결하는 통로 역할을 한다. 내부
연사로는 각 학과에서 진행한 성공 사례나 사회적 이슈에 관한 내용
을 발표하게 하여 학내 공유가 이뤄진다.

글로벌리더십센터장 장기태 교수는 "연구자들은 단일 기술에 대한
이해는 깊지만, 기술이 어디에 쓰이고 사회와 어떻게 소통하는지는 상
대적으로 부족한 경우가 많다. 이 프로그램은 그런 시야를 넓히는 데

큰 도움이 된다"라고 말했다. 강연자들과의 대화를 통해 여러 협력 아이디어들이 시작되는 통로로 기능한다. 전북대 과학사 교수의 발표를 통해서는 '카이스트의 과학기술사 기록정리' 같은 새로운 제안도 나오게 되었다.

'매세월 서연'은 일시적인 시도로 그치지 않고, 총장 취임 이후 꾸준히 이어지면서, 모든 강연은 유튜브에 편집·게시되고 있다. 2023년 12월 공대 학장이 발표한 내용은 인구 감소 시대에 카이스트가 어떤 역할을 할 것인가에 대한 통계적 분석과 방향 제시로 구성되어 있었다. 이 발표는 전체 학교 차원의 전략 수립에 중요한 시사점을 제공했고, 다른 교수들에게도 깊은 고민을 유도했다. 학생생활처장의 발표에서는 대학원생들이 겪는 스트레스와 부담, 특히 미래에 대한 불확실성과 경쟁 압박에 대한 이야기가 다뤄졌다. 장 센터장은 "카이스트 대학원생은 대부분 학부 시절 최고의 성과를 거둔 인재들이며, 더 나은 성취를 위해 끊임없이 자신을 몰아붙이는 과정에서 스트레스를 겪는다"라고 말했다.

'X-시리즈 워크숍'은 단일 전공 중심의 교수들이 타 전공의 접근법을 이해하는 기회를 제공함으로써, 학제간 융합 연구의 발판을 마련하고 있다. AI나 양자기술, 뇌 인지과학처럼 국가적 기술 키워드를 놓고 방학마다 워크숍을 진행하면서, 다른 전공 교수들도 모여 논의하는 기회를 만들었다.

이러한 워크숍은 교수들끼리 내부 발표를 통해 상호 교류하고, 융합 연구 주제를 자연스럽게 도출하게 하는 기능을 한다. 특히 AI 분야는 전산학과, 전기전자공학과, AI대학원 등 다양한 소속 교수들이 한 주제에 대해 다각도로 접근하는 것이 중요한 시도였다.

장기태 교수는 뇌인지과학 관련 연구 세미나 경험을 소개하며, 인공지능과 뇌 과학의 융합 가능성을 강조했다. 뉴럴 네트워크 기반 인공지능은 인간의 뉴런 구조를 모방한 것이지만, 전산학적 접근과 생명과학적 접근 사이에는 여전히 간극이 존재한다. 인공지능 분야는 주로 전산학에서 거대 네트워크를 설계하고 구현하는 방식으로 연구가 이루어지며, 뇌과학 분야는 인간의 인지 및 판단 프로세스를 이해하려는 시도에 집중하고 있다.

워크숍을 통해 양쪽 전문가들이 함께 모여 논의를 지속할 수 있는 장이 마련되었고, 이를 통해 인공지능이 획기적으로 발전하는 기회가 열리고 있다.

봉사활동으로 기르는 리더십

카이스트 학생들의 배경과 성장 환경이 매우 유사하다. 대부분 과학고를 졸업한 학생들로 구성되어 있으며, 부모의 경제적·교육적 배경도 비슷한 경우가 많다. 이러한 배경에서는 다양성이 제한되며, 진정한 리더십이 발현되기 어려운 환경이다. 이에 따라 센터는 다양한 계층과의 접촉을 유도하기 위해 국내외 봉사활동을 장려한다.

장 교수는 리더십 교육의 핵심 과제를 '중간 분포의 학생들을 리더로 성장할 수 있도록 유도하는 것'이라고 설명했다. 전체 학생 집단에서 리더십의 잠재력을 가진 비율이 50이라면, 이를 52나 53으로 끌어올리는 작은 변화도 전체 집단에 큰 영향을 줄 수 있다.

국제화 측면에서도 외국인 학생의 참여가 활발히 이루어지고 있다. 인성 리더십 교육 중 하나는 학생 스스로 커리큘럼을 기획해 강의를 개설하는 방식인데, 외국인 학생들도 강사로 참여하거나 영어로 수업을 진행한다.

학교 차원에서는 외국인 학생들의 생활 적응을 돕기 위해 제도적 기반도 확충 중이다. 한국어학당도 그 일환으로 추진되고 있다. 이는 외국인 학생들이 일상 의사소통뿐 아니라 졸업 후 한국 사회에 진입하는 데 실질적인 도움이 될 것으로 기대된다.

글로벌리더십센터는 인성 리더십 과목 내 '학생강사제도'를 통해 다양한 주제의 비전공 강좌를 학생 주도로 개설하고 있다. 영화, 연극, 예술, 레고 만들기 등 주제는 자유롭고, 강의를 원하는 학생은 학기 계획서와 함께 커리큘럼을 제안하면 서류심사 및 인터뷰를 거쳐 선정된다.

이 과정을 통해 학생들은 스스로 커뮤니케이션 능력과 리더십을 키우며, 동료들과 함께 배워가는 경험을 한다. 수강 학생은 졸업 이수 요건인 2AU(Academic Unit)를 충족하기 위해 참여하게 된다. 강사 학생은 별도로 리더십 마일리지를 쌓을 수 있다.

그는 "학생강사들의 강의 준비 과정에서 느끼는 열정과 공동체의 즐거움이 인상 깊었다"며, 버스킹, 연극, 다양한 주제를 가지고 적극적으로 활동하는 모습에 오히려 자신이 배우는 점이 많았다고 말했다. 특히 해외 봉사활동에 동행했을 때, 학생들의 진심 어린 지도와 열정은 매우 감동적이었다.

학생 16명이 팀을 이뤄 필리핀 세부 과학고등학교를 방문하여 과학 교육을 지도했다. 로봇 제작, 아두이노 코딩, 문학 워크숍 등을 준비해 필리핀 학생들과 함께 수업을 진행하였다. 세부는 휴양지로 알려져 있지만, 학생들이 봉사활동을 한 곳은 매우 열악한 지역이었다. 에어컨 하나 없는 넓은 공간에서도 학생들이 함께 춤추고 노래하며 교육 프로그램을 준비했다. 춤을 잘 추지 못하는 학생들도 춤 연습을 함께하고, 교육 커리큘럼을 한 학기 동안 열심히 준비하여 2주간의 해외 봉사에 참여한다. 해외 봉사활동은 방학마다 두 팀이 파견되며, 2024년 여름에는 탄자니아와 필리핀, 겨울에는 필리핀과 인도네시아로 나갔다.

인도네시아 활동은 크래프톤 장병규 의장의 기부금을 기반으로 카이스트 발전재단 예산을 통해 진행됐다. 봉사지는 한국지능정보사회진흥원(NIA)에서 정한 대상 국가 중 예산이 확보된 지역을 중심으로 이루어진다. 인도네시아의 경우 기부자가 지정한 자카르타 지역으로 결정되었다.

국내에서도 다양한 봉사활동이 활발히 전개되고 있다. 카이스트에는 여러 봉사 동아리가 존재하며, 기존 동아리는 학정책처 소속으로 관리된다.

신생 봉사 동아리는 초기 3년간 활동을 통해 안정성을 인정받으면 정식 동아리로 등록된다. 새마을운동본부의 제안으로 시작된 'KAIST-SAE(카이스트 새마을 동아리)'도 그런 사례 중 하나다. 새마을운동본부는 전국 각 지역에 지회를 두고 있어, 이를 통해 봉사지 섭외가 가능하다. SAE는 대전 성우보육원에서 교육 봉사 및 멘토링, 거창 지역에서의 농촌 봉사, 그리고 매달 한 번씩 자율적인 환경 봉사를 시행하고 있다.

이 외에도 한국스카우트연맹과의 협력을 통해 환경과 물 다양성 관련 봉사 프로그램도 운영 중이다. 스카우트연맹이 보유한 플랫폼을 통해 학생 봉사자들을 모집하고, MOU를 체결하여 봉사의 목적과 방향을 명확히 설정하고 있다. 장 교수는 "과학, 학문, 기술에만 국한되지 않고 정치나 사회 전반에서도 카이스트 출신 리더들이 활약해야 한다"며, 이는 남북통일과 같은 국가적 과제를 포함한 미래를 위해 필요하다고 덧붙였다. 카이스트는 서울대나 연세대와 달리 빠른 시대 변화에 융복합적으로 대응할 수 있는 특성을 가지고 있으며, 이것이 사회적 리더십으로 전이되어야 한다는 것이다.

융합인재학부는 더 이상
성적을 매기지 않는다

성적표 찢고 노화 역전 프로젝트까지
줄 세우기 넘어서 *AI* 이후를 보는 담대한 도전
뇌인지과학과 정재승 교수가 전하는 초격차 전략

정재승 교수

교육과 연구의 대전환: 줄 세우기 넘어 포스트 AI 시대로

지금 인류는 인공지능이라는 거대한 쓰나미 앞에서 환호와 두려움을 동시에 느끼고 있다. 카이스트는 그 소란스러운 파도에 휩쓸리는 대신, 파도가 지나간 뒤에 펼쳐질 세상을 먼저 상상하기로 했다. 남들이 현재의 기술에 매몰될 때, 카이스트는 '인공지능 이후(Post AI)'라는 미지의 영토에 가장 먼저 깃발을 꽂고 미래의 기틀을 다지고 있다.

지난 세기, 대한민국 교육은 지식을 머릿속에 주입하고 정해진 시간 내에 실수를 줄여 정답을 토해내는 방식에 집중해 왔다. 50분 안에 20문제를 실수 없이 풀어내는 능력으로 학생들을 한 줄로 세우는 것이 교육의 목표였다. 그러나 정 교수는 말한다. "이제 그 한 줄 세우기의 맨 앞에는 챗GPT(ChatGPT)나 제미나이(Gemini) 같은 인공지능이 서 있다."

지식을 암기하고 출력하는 능력은 더 이상 인간의 경쟁력이 될 수 없다. 이제는 스스로 중요한 질문을 만들어내고, 한 문제를 붙들고 한두 시간씩 깊이 있게 파고들 수 있는 인재가 필요하다. 경쟁 중심의 사고에서 벗어나 타인과 협력할 줄 아는 태도가 요구된다. 이러한 시대적 요구에 부응하여 탄생한 것이 바로 카이스트 융합인재학부다. 정 교수는 이를 두고 "카이스트 안에서 일어난 작은 교육 혁명"이라고 정의하고, 이것이 대한민국 교육이 나아가야 할 미래의 방향임을 확신한다.

캠퍼스 밖으로 나가는 수업: 기술을 통한 사회 혁신

융합인재학부의 커리큘럼은 기존 대학 교육의 틀을 과감히 깬다. 대표적인 사례가 '기술을 통한 사회 혁신 솔루션' 수업이다. 이 수업의 핵심은 강의실이 아닌 '세상'에서 문제를 찾는 데 있다. 학생들은 1년 동안 2학년 때는 개인의 문제, 3학년 때는 대한민국 사회의 문제, 4학년 때는 지구와 인류의 문제를 해결하기 위해 캠퍼스 밖으로 나간다.

이 수업의 모태는 이광형 총장이 미래전략대학원 시절 진행했던 '미존(세상에 존재하지 않는 것을 만들어 보라)' 수업의 연장선에 있다. 존스홉킨스대학 학생들이 작성한 미국 교육 비평 리포트에서 큰 영감을 받았다. 이 리포트는 대학 교육의 75%가 캠퍼스 안에서 학점을 따는 데 소모되고 있다는 점을 지적했다. 그 비중을 줄이고 인턴십, 산학협력, 타 대학과의 교류 등 학교 밖 경험을 25%까지 늘려야 한다고 주장했다. 정 교수는 이에 깊이 공감했다.

"고등학교 때까지 시험 잘 보는 학생을 뽑아놓고, 대학에서도 여전히 지식을 집어넣고 학점에 매몰되게 해서는 안 된다."

학생들은 세상 속에서 직접 문제를 발굴하고, 해결에 필요한 지식을 스스로 학습하며 실질적인 사회 변화를 이끌어내는 경험을 하게 된다.

융합인재학부의 '기술을 통한 사회 혁신' 수업은 스위스와 캄보디아를 거쳐 2026년부터는 인도로 무대를 확장한다. 학생들은 인도의 현지 문화를 배우고 그들이 겪는 문제를 직접 발굴하여 기술적 해설책을 제시하게 된다. 이 프로젝트의 배경에는 게임 회사 크래프톤의 기부가 있었다. 크래프톤은 총 10억 원을 기부하며(융합인재학부 4억, 뇌인지과학과 6억), 인도 시장과 문화에 대한 이해를 넓히는 데 사용해 달라는 뜻을 전했다.

단순히 융합인재학부 학생들만 보내는 것이 아니라, 다양한 전공을 가진 타 학과 학생들과 협업하여 총 15명 규모의 원정대를 꾸릴 계획이다. 어떤 답이 나올지, 학생들이 어떤 문제를 찾아낼지도 모른다. 불확실성 속에서 답을 찾아가는 과정 자체가 교육이다.

성적 없는 성적표의 효과

가장 혁신적인 변화는 '성적(Grade)'의 폐지일 것이다. 융합인재학부 학생들은 직접 자신의 키워드에 맞춰 커리큘럼을 짜고, 카이스트에 개설된 모든 수업을 수강할 수 있다. 중요한 것은 이 모든 과정에서 성적에 연연하지 않는다는 점이다. 기존 카이스트 1학년생에게 허용된 3

과목 P/NR(Pass/No Record) 제도를 넘어, 융합인재학부는 전 학년, 전 과목에 걸쳐 성적을 매기지 않는다. 이는 국내 최초의 시도다.

"다음에는 융합인재학부뿐만 아니라 카이스트의 모든 학과가 '우리는 더 이상 성적을 매기지 않는다. 세상에 나가서 세상을 바꿔라'라고 선언했으면 좋겠습니다."

성적표라는 숫자가 사라지자 학생들은 다른 방식으로 자신의 능력을 증명하기 시작했다. 공모전 수상, 특허 출원, 기술 이전, 스타트업 창업, 그리고 엑시트(Exit)를 통한 기업 인수 합병까지. 학생들은 '학점 3.75'라는 숫자 대신, 자신만의 포트폴리오로 대학 생활을 정의하고 있다. 아직은 전 학년 54명 남짓한 소수 정예지만, 이들은 선배들의 길을 답습하지 않고 각자의 궤적을 만들어가는 중이다.

혁신적인 교육은 이미 구체적인 결실을 맺고 있다. 융합인재학부를 졸업하는 한 학생은 AI가 음악을 듣고 자동으로 악보를 생성해 주는 플랫폼을 개발했다. 연주자마다 미세하게 다른 연주 스타일까지 반영해 악보를 그려주는 이 기술은 그 가치를 인정받아, '업비트' 운영사인 두나무에 인수합병(M&A) 되었다.

엑시트(Exit)에 성공한 이 졸업생은 카이스트에 5,000만 원을 기부했다. 후배들이 마음껏 아이디어를 펼치고 시제품을 만들어볼 수 있는 '공작실'을 지어달라는 요청과 함께. 정 교수는 교육이 인재를 키우고, 그 인재가 사회에서 거둔 열매를 다시 학교로 기여하는 '선순환 구조'가 만들어지고 있음을 설명했다. 성적 없는 성적표가 만들어낸 교육의 효과를 보여준다.

포스트 AI 시대를 위한 준비: 뇌인지과학과

교육에서의 혁신이 융합인재학부라면, 연구 분야의 혁신은 '뇌인지과학과'의 설립이다. 이것은 신성철 전 총장 시절 시작되어 이광형 총장 체제에서 더욱 확대·발전된 프로젝트다. 대한민국을 비롯한 전 세계는 AI에 올인하고 있다. 인공지능 없이는 연구비를 수주하기도 어려운 것이 현실이며, 모든 대학이 AI 학과를 신설한다.

하지만 카이스트의 시선은 '포스트 AI(Post-AI)'를 향해 있다. 현재의 인공지능은 막대한 에너지를 소모하고 거대 자본과 데이터를 필요로 하는 머신러닝, 딥러닝, 거대언어모델(LLM)에 집중되어 있다. 이 분야는 이미 데이터와 자본을 선점한 미국이 주도할 수밖에 없는 기울어진 운동장이다.

그렇다면 우리가 나아가야 할 길은 무엇인가? 정 교수는 두 가지 방향을 제시한다. 하나는 AI를 각 산업 영역에 적용하는 응용 분야이고, 다른 하나는 적은 데이터와 적은 에너지로 놀라운 효율을 내는 '스몰 데이터(Small Data) 인공지능'이다. 특히 개인정보 보호가 중요해지는 시대에, 단말기 내부에서 외부로 정보를 내보내지 않고 스스로 학습하는 '온디바이스(On-Device) AI'가 필수적이다.

지금 전 세계를 강타한 챗GPT나 제미나이는 80억 인류가 인터넷에 쏟아낸 거대한 데이터, 즉 '빅데이터'를 학습한 결과물이다. 하지만 인간 뇌의 효율성과 미래 AI의 대안으로 '스몰 데이터'가 중요하다. 시리나 빅스비 같은 온디바이스 AI는 전 인류의 데이터가 아닌, 스마트폰을 사용하는 '나 한 사람'의 데이터만을 학습한다. 내가 입력한 문자, 나의 심박수, 나의 이동 경로 등 측정 가능한 개인의 기록만으로 나를 가장 잘 이해하는 맞춤형 지능이 탄생하는 것이다.

인간의 뇌 역시 평생 경험하는 한정된 데이터만으로도 고도의 지능을 발휘한다. 수집된 수만 명의 임상 데이터와 인구통계학적 데이터를 수학적으로 모델링하여, 적은 데이터로도 우울증이나 노화를 정확히 예측하는 연구는 '스몰 데이터 AI'가 나아가야 할 중요한 이정표를 제시한다.

프리트레이닝(Pre-training)된 AI가 탑재되어 개인의 데이터만으로 사용자를 학습하는 '나만의 AI 에이전트' 시대. 적은 에너지로 고효율의 학습 능력을 발휘하는 시스템을 구현하기 위해 가장 완벽한 모델은 바로 '인간의 뇌'다. 뇌인지과학과의 설립은 바로 이 지점, 인간의 뇌를 모사하여 차세대 인공지능의 해답을 찾으려는 카이스트의 담대한 도전이다.

세계 유일의 모델이라는 꿈

카이스트 뇌인지과학과는 주요 미국 대학에서도 찾아볼 수 없는 독창적인 융합 모델을 채택하고 있다. 보통 미국 대학들은 의대가 중심이 되어 뇌과학을 연구하고 임상 연구를 하거나, 심리학과가 인지 과정을 연구하거나, 혹은 공대가 뇌공학을 다루는 식으로 분절되어 있다. 하지만 카이스트는 아래와 같이 5가지 분야를 하나의 학과에 통합했다.

- **신경생물학(Neurobiology):** 분자 및 유전자 단위의 기초연구
- **계산뇌과학(Computational Neuroscience):** 수학과 물리학을 기반으로 뇌의 원리를 규명
- **인지과학(Cognitive Science):** 심리학, 언어학, 인류학, 신경철학을 아우르는 인간 탐구
- **뇌질환 연구:** 자폐증부터 알츠하이머, 파킨슨병 등 난치병 치료 연구
- **뇌공학(Brain Engineering):** 뇌-기계 인터페이스(BMI), 뇌 모사 AI 등 공학적 접근

하지만 이것은 출발일 뿐이다. 정 교수는 "10년 안에 교수 100명 규모로 성장시켜 초격차를 만드는 것"이 목표라고 말했다. 이 다섯 가지 분야가 균형을 이루며 시너지를 내는 세계 유일의 학과를 만들어 가고 있음을 강조했다.

피할 수 없는 숙명이었던 '노화'를 '치료'의 대상으로

또 하나의 파격적인 시도는 '100권의 책 읽기'다. 학생들은 『이기적 유전자』, 『코스모스』, 『정의란 무엇인가』, 『사피엔스』와 같은 각 분야의 명저를 읽고 치열하게 토론한다. 책 한 권당 1시간 분량의 독백 영상을 유튜브에 올리며 자신의 생각을 정리한다. 대학생들이 전공 서적 외에 고전을 정독할 기회가 드문 현실에서, 100권의 독서는 거대한 지식의 지형도를 그려준다.

학생들에게 인문학적 책 읽기를 강조하는 이유는 단순히 지식의 확

장이 아니다. 공학도는 눈에 보이는 문제를 해결하는 데 능숙하지만, 죽음이나 사후 세계, 극단적 선택과 같은 '보이지 않는 문제'에 대해서는 깊이 성찰할 기회가 부족하다. 학생들이 책을 통해 타인의 삶과 인생을 간접 경험하고, 기술이 해결해야 할 근원적인 질문을 찾기를 바란다.

이러한 철학은 연구 현장에서도 파격적인 도전으로 이어진다. 최근 뇌인지과학과에 부임한 신임 교수는 하버드 의대 데이비드 싱클레어 교수팀과 함께 '노화 역전(Reverse Aging)' 연구를 주도했던 인물이다. 이 연구는 세포에 특정 자극을 주어 노화된 세포를 다시 젊게 되돌릴 수 있음을 증명하며, 세계적인 학술지 《Cell》에 게재되어 학계의 큰 주목을 받았다.

지금까지 노화는 거부할 수 없는 숙명이었다. 하지만 이제 과학은 노화를 치료 가능한 생명 현상, 즉 프로세스로 바라보고 있다.

카이스트는 이 '노화 역전' 기술을 뇌세포에 적용하려 한다. 알츠하이머나 파킨슨병 같은 퇴행성 뇌 질환을 치료하는 것을 넘어, 인간이 죽음을 바라보는 패러다임 자체를 바꾸려는 시도다. 죽음을 완전히 피하는 것은 불가능한 목표일지 모르지만, 뇌과학이 어디까지 인간의 한계를 극복할 수 있을지에 대한 정면 도전이 시작된 것이다.

우리의 뇌는 나이가 들면서 자연스럽게 수축한다. 하지만 MRI 연구 결과, 흥미로운 사실이 밝혀졌다. 어떤 사람들은 노년기에도 뇌 수축이 현저히 적게 일어나거나, 수축이 진행되더라도 뛰어난 인지 기능을 유지한다. 운동을 즐기고 충분한 수면을 취하며, 뇌 기능을 활발히 사용하는 생활 습관을 가진 사람들에게서 나타나는 현상이다. 학계에서는 이를 '인지 예비력(Cognitive Reserve)'이라 부른다.

알츠하이머 치매 또한 모두에게 똑같은 방식으로 찾아오지 않는다. 어떤 환자는 장기 기억을 담당하는 해마가 먼저 급격히 위축되는 반면, 어떤 환자는 판단과 조절을 담당하는 전전두엽(Prefrontal Cortex)부터 수축이 시작된다. 겉으로 드러나는 증세는 비슷해 보일지라도, 그 원인이 되는 뇌의 변화 패턴은 '서브 타입(Sub-type)'별로 제각각이다. 따라서 원인이 다르다면 치료 방식 또한 달라야 한다. 뇌인지과학과가 추구하는 연구가 단순한 노화 방지를 넘어 개인별 뇌 특성에 맞춘 정밀 치료로 나아가고 있다.

교수 100명으로 아시아의 뇌과학 연구 중추를 꿈꾸다

카이스트 뇌인지과학과는 향후 교수진을 100명 규모로 확대하겠다는 파격적인 목표를 세웠다. 서울대 뇌인지과학과가 교수 9명, 이화여대가 6명 수준인 것을 감안하면, 이미 3년 만에 21명을 확보한 카이스트의 성장 속도는 비교 불가능한 수준이다.

정 교수는 이러한 확장의 목표가 단순히 카이스트만의 성장에 있지 않음을 강조한다. "우리가 판을 키움으로써 서울대, 성균관대, 한양대, DGIST 등 다른 대학들도 뇌인지과학 분야에 투자를 늘리고, 결과적으로 대한민국 전체의 뇌과학 연구 역량을 끌어올리는 것이 목표이다."

현재 우리 몸에서 가장 복잡하고 미지의 영역으로 남은 두 시스템은 '뇌(정신)'와 '면역'이다. 이 분야의 비밀이 밝혀질 때마다 사회적 파급력은 막대할 것이다. 카이스트가 교수 100명 규모를 달성하게 된다면, 70~80명 규모의 교수진을 보유한 미국 UCSD나 NYU, 그리고 임상 연구자만 100명에 달하는 하버드 의대 등 세계적인 연구소들과 어깨를 나란히 하게 된다. 이는 카이스트가 명실상부한 세계적 수준의 뇌 과학 연구를 주도하겠다는 선언이다.

단기간에 이토록 우수한 인재들을 대거 영입할 수 있었던 비결은 무엇일까? 첫째는 이 분야의 중요성에도 불구하고 그동안 국내 대학들의 채용이 부족해 우수한 인재들이 적체되어 있었다. 둘째는 미국의 정치적 상황, 일명 '트럼프 효과'가 작용했다.

미국 내 외국인 연구자들의 입지가 좁아지고 비자 발급이 어려워지면서, 미국에 자리 잡았던 훌륭한 연구자들이 유럽이나 아시아로 눈을 돌리기 시작했다. 카이스트는 이 기회를 놓치지 않고 그들에게 매력적인 대안이 되기 위한 전략을 펼쳤다. 정 교수는 "교수진이 50명이라는 '임계 질량(Critical Mass)'을 넘어서는 순간, 카이스트는 자연스럽게 아시아 뇌과학 연구의 허브가 될 것"이라며, 그 이후에는 자발적으로 우수한 인재들이 모여드는 선순환 구조가 완성될 것이라 전망했다.

많은 인원을 채용하는 것에 대한 재정적 우려에 대해서도 자신감을 보였다. 카이스트 시스템상 교수가 수주한 연구비의 간접비(Overhead)가 교수의 연봉을 상회하면 학교 재정에 도움이 된다. 그

분기점이 약 6억 원이다. 현재 카이스트 전체 교수의 평균 연구비 수주액은 7억 원이며, 뇌인지과학과 교수들은 평균 10억 원을 상회한다. 유능한 연구자를 모셔 오는 것은 재정적으로도 학교에 도움이 되는 구조다.

뇌인지과학과의 성장 속도는 놀랍다. 설립 5년 만에 학부생 60명, 대학원생 120명, 교수 20명 등 약 200명 규모의 학과로 성장했다. 기존의 '바이오및뇌공학과'가 바이오 분야 전반에 적용되는 광범위한 공학 기술을 다룬다면, '뇌인지과학과'는 '뇌'라는 단일 타겟을 중심으로 다양한 학문을 융합한다는 점에서 차별화된다.

이 융합의 힘은 다채로운 배경을 가진 교수진에서 나온다. 예를 들어, 카이스트 수학과를 졸업하고 미시간대에서 박사후연구원을 지낸 김대욱 교수는 수학적 모델링을 뇌과학에 접목한다. 그는 사람들이 착용하는 스마트워치의 라이프로그(Life-log) 데이터—수면 패턴, 운동량, 심박수 등—를 수학적으로 분석하여 우울증 발병 확률을 계산하거나 노화 진행 속도를 예측한다.

이처럼 행동만을 관찰하던 심리학, 뇌 영상을 찍는 뇌과학, 이를 수식으로 증명하는 수학, 그리고 인간처럼 사고하는 AI를 만드는 공학이 한데 어우러질 때, 기존 학문의 경계를 넘어서는 시너지가 폭발한다.

포닥을 위해 미국으로 떠나지 않아도 되는 연구실

이광형 총장의 리더십은 임기 말 '레임덕' 시기에도 빛을 발했다. 이사회 지연으로 2025년 2월 정해진 임기가 연장되면서 재임 기간이 늘어나고 있다. 보통 이러한 레임덕 기간에 실수 없이 무사히 시간이 흐르기를 기다리는 안전한 선택을 하기 쉽다. 이광형 총장은 그렇게 하지 않았다. '덤으로 얻은 시간'이라 여기며 과감하고 신속하게 정책을 추진했다. 그중 하나가 바로 '박사후연구원(Post-Doc) 처우 개선'이다. 카이스트는 박사후연구원의 연봉을 8,000만 원 수준으로 파격 인상했다.

지난 30년간 한국 이공계의 공식은 '국내에서 박사학위를 받고, 미국 아이비리그로 건너가 포스닥(Post-Doc) 과정을 밟으며 핵심 연구 성과를 내는 것'이었다. 박사학위를 받으면서 축적한 가장 왕성한 시기의 연구 성과는 미국 대학의 몫으로 돌아갔다. 한국은 미국 대학에서 포스닥 과정을 밟은 연구자를 다시 수입해 오는 구조였다. 국내 대학의 포스닥 연구원에게 지급하는 연봉이 4,000만 원 수준으로 미국 대학의 절반인 것이 원인 중의 하나였다. 이광형 총장은 이를 미국 대학 수준으로 파격적으로 올렸다.

정 교수는 "우리가 잘 키운 인재들이 미국 교수들의 연구 성과를 올려주는 데 쓰이지 않고, 카이스트 안에서 세계적인 성과를 내도록 만들어야 한다."라고 말했다.

인건비 현실화와 미국의 비자 문제 등이 맞물리며 변화는 이미 시작되었다. 정재승 교수의 연구실만 하더라도 전체 30명 중 10명이 박사후연구원으로 구성되어 있다. 우수한 인재들이 해외로 떠나지 않고 카이스트에 남아 연구 역량을 축적하는 것, 대한민국 과학기술의 내실을 다지는 확실한 길이다.

정재승 교수가 이끄는 '뇌 동력학 연구실(Brain Dynamics Lab)'은 카이스트 내에서도 규모가 크고 박사후연구원(Post-Doc) 비중이 높은 곳으로 꼽힌다. 이곳의 핵심 연구 주제는 '신경 의사결정(Neural Decision Making)'이다. 인간이 의사결정을 내릴 때 뇌에서 어떤 일이 벌어지는지를 규명하는 것이다.

연구팀은 fMRI(기능적 자기공명영상) 등을 통해 뇌 활동 패턴을 분석한다. 우리가 말을 하지 않고 속으로만 생각하거나 판단을 내릴 때도 뇌의 특정 부위에서는 산소를 머금은 헤모글로빈이 활발하게 움직인다. 이 미세한 산소 분포의 변화를 포착하여 사람의 의도를 읽어내는 것이다.

공상과학 속 이야기가 아니다. 정 교수팀은 절단 장애인 환자들에게 생각만으로 움직이는 로봇 팔을 제공하는 연구를 진행 중이다. 환자가 '물건을 집어야겠다'고 생각하면, 뇌에서 팔의 움직임을 관할하는 부위의 운동 피질이 활성화되고 이를 로봇 팔이 해독하여 실제로 물건을 가져온다. 아직은 30개의 문장 중 피험자가 어떤 문장을 생각했는지 맞히는 정도지만, 해상도와 정확도는 매년 비약적으로 발전하고 있다.

카이스트 뉴욕캠퍼스와 글로벌 의학 데이터

이광형 총장이 추진한 가장 야심 찬 프로젝트 중 하나는 바로 '카이스트 뉴욕캠퍼스' 설립이다. 혹자는 왜 한국 대학이 뉴욕에 캠퍼스를 두느냐고 묻지만, 이는 글로벌 시장 진출을 위한 필수적인 베이스캠프이다.

특히 뇌인지과학과 입장에서 뉴욕캠퍼스는 '의과대학 부재'라는 카이스트의 약점을 극복할 수 있는 절호의 기회다. 카이스트는 데이터 분석과 공학 기술에서 세계 최고 수준이지만, 이를 적용할 서양인의 방대한 임상 데이터와 병원 인프라는 부족했다. 반면, 협력 파트너인 뉴욕대학교(NYU)는 세계적인 의과대학과 병원을 보유하고 있지만, 공학적 분석 역량은 상대적으로 약했다.

카이스트는 분석할 준비가 되어 있고, 그들은 분석할 데이터가 있다. 카이스트의 공학 기술로 NYU의 의학 데이터를 분석하는 협업 모델은 서로에게 완벽한 윈-윈(Win-Win) 전략이다.

현재 카이스트 뇌인지과학과는 매년 뉴욕과 대전을 오가며 심포지엄을 열고, 학생과 연구원을 파견하여 공동연구를 수행하고 있다. 뇌 질환 연구부터 사이버 보안, AI 헬스케어까지, 뉴욕캠퍼스는 단순한 교육 공간을 넘어, 카이스트가 글로벌 의과학 연구의 중심지로 도약하기 위한 가장 강력한 무기가 되고 있다.

무한 게임의 정신,
미래를 이끄는 리더십

신태균 교수가 말하는 초일류 대학의 조건
박스를 깨라: '굿'에서 '그레이트'로

신태균 교수

카이스트는 세계 최고 대학에 대한
열정과 도전정신을 유지하고 있는가?

대한민국 국가가 설립한 이 대학에 대해 국민적 관심이 높은 것은 피할 수 없다. 학생들은 등록금을 면제받으며, 병역특례제도를 이용하는 기회를 갖는다. 이것은 학생들에게 주어진 혜택이지만, 카이스트 교수들과 학생들이 무언의 압력을 받는 이유이다.

신태균 카이스트 겸직교수도 역시 그러한 질문을 던진다. 신 교수는 카이스트의 교육시스템을 업그레이드시키는 일에 기여했다. 삼성에서 오랫동안 그룹연수원을 운영하면서 보이지 않는 곳에서 삼성의 오늘날에 이르기까지 인재양성을 맡았다.

이광형 총장은 카이스트가 좋은 대학에서 위대한 대학으로 발전하려면, 교직원 대상 교육이 기초가 되어야 한다고 생각했다. 부총장 시절 이미 신태균 박사를 만나 대화를 나누었다가, 총장이 되면서 신태균 교수를 영입했다.

신 교수의 저서 『인재의 반격』을 읽고 깊은 인상을 받은 이광형 총장은 "카이스트를 어떻게 초일류 대학으로 만들 수 있을지" 조언을 구했다. 카이스트가 세계적 명성을 지닌 일류 대학임은 틀림없지만, 글로벌 10위권에 드는 대학들과는 아직 차이가 있다. 그 차이를 좁히려면 단순한 직무교육이 아니라 비전 교육과 자기혁신 교육이 필요하다고 조언했다.

그러려면 카이스트 교직원 전체가 한마음 한뜻으로 자신의 내면을 열고 새로운 도전을 받아들이도록 유도하는 '지속적이고 체계적인 교육 프로그램'을 도입해야 한다. 자기 혁신은 개인이 자신의 '박스'를 깨고 나올 때 이뤄진다. '박스 깨기'를 조직문화로 자리 잡게 할 때 비로소 카이스트가 세계 초일류 대학으로 도약할 수 있다고 신 교수는 말했다.

이 과정에서 중요한 것은 단기적 성과에 집착하지 않고, 긴 호흡으로 지속적 성장과 도약을 추구하는 '무한게임'을 추구하는 사고이다.

신 교수는 이건희 회장의 경영 철학과 그가 몸담았던 삼성의 조직문화 혁신 경험을 구체적으로 소개했다. 이건희 회장은 단순한 과실이나 이익이 아니라, "마누라와 자식 빼고 다 바꾸라"는 선언으로 대표되는 철저한 자기 혁신과 변화의 필요성을 설파했다. 이건희 회장의 어록을 정리한 8,600페이지 분량의 회의록은 200페이지 책으로 요약됐다. 삼성그룹 연수원장 시절, 신태균 박사는 이를 한 페이지 표로 정리해 삼성 임직원 교육의 기초 자료로 삼았다.

이 책은 "우리는 왜 변해야 하는가", "우리는 어떻게 변해야 하는가", "우리는 지금 무엇을 해야 하는가", "우리는 무엇을 추구하는가"라는 네 가지 핵심 주제를 담고 있었다. 삼성그룹은 신입사원부터 임원에 이르기까지 전 계층을 대상으로 비전 교육과 자기 혁신 교육을 지속적으로 실시했다.

그는 이 교육이 단순한 직무 교육이나 기능 훈련이 아니라, 개인의 사고의 틀을 깨고 새로운 시야를 열도록 이끄는 '박스를 깨는 교육'이었다고 강조했다. 신 교수는 조직 구성원 각자의 마음속에 자리 잡은 박스를 깨고, 새로운 관점과 도전을 받아들이는 것이야말로 성장을 위한 첫걸음이라고 보았다.

이 과정은 단기간에 끝나는 것이 아니다. 10년, 20년 동안 지속적으로 반복되어야 하며, 그 과정에서 개개인의 인식과 잠재력이 서서히 변화하고 깨어나며 조직의 혁신적 도약을 이끌어 낸다고 설명했다. 그 과정이 단조롭거나 지루하지 않도록, 매번 새로운 비유와 사례, 메시지를 덧붙여 변주하며 전달했다. 그는 이처럼 끊임없는 '박스 깨기'의 강조와 실천이 삼성의 조직문화와 혁신 DNA를 만들었으며, 그로 인해 삼성은 1차, 2차, 3차의 큰 도약을 할 수 있었다고 말했다.

다른 사람이 그 박스를 깨주는 것은 진정한 각성이 아니다. 스스로 깨고 나와야만 의미가 있다. 새가 알을 깨고 부화하는 모습에 비유할 수 있다. 외부에서 알을 깨면 그것은 '죽음'이다. 껍데기를 스스로 깨고 나와야만 '아름다운 새'가 될 수 있다.

박스 깨기 개념은 카이스트와 같은 학문 기관과 국가 조직에도 동일하게 적용되는 보편 원리로 보았다. 초일류를 지향하는 조직이라면, 현재의 성과나 위치에 안주하지 않고 각 구성원이 자기만의 박스를 깨뜨리고 새로운 성장과 도전에 나서야 한다.

동료를 격려하고 세우는 무한 경영이냐 내부경쟁으로 변질되는 유한 경영이냐

조직의 성장과 쇠락을 설명할 때 동원되는 중요한 개념은 '유한 게임'(finite game)과 '무한 게임'(infinite game) 이론이다. '무한 게임'은 위대한 일을 하겠다거나, 인류를 위해 봉사한다거나, 문화산업을 발전시킨다거나, 창조적 인재를 양성한다는 '무한의 목적'을 갖는다.

'유한 게임'은 특정 시점이나 목표를 정하고 그에 도달하는 것을 말하며 이를 목적으로 삼는 조직은 '유한 게임'에 갇히게 된다. 유한 게임의 비극은 그 목적을 달성하는 순간, 조직의 쇠락을 불러오는 시발점이 되기 때문이다.

무한 게임과 유한 게임은 경영철학, 리더십, 전략적 사고 전반에서 중요한 개념이다. 유한 게임은 명확한 규칙, 정해진 시작과 끝, 승자와 패자가 있는 게 임이다. 참가자는 모두 승리 또는 목표 달성을 위해 경쟁한다. 끝나는 시점이 명확하며, 승패나 점수로 결과가 결정되므로, 스포츠 경기나 제한된 시장 점유율 경쟁에서 나타난다.

무한 게임은 끝이 없고 규칙이 유연하며, 승자나 패자를 가리는 것이 목적이 아니다. 지속, 성장, 발전, 영향력 확대가 목적이다. 규칙이나, 참가자, 환경은 끊임없이 변화하며 끝나는 시점이 없는 것처럼 보인다. 인생 자체가 무한 게임이고, 문화 및 가치 창출 활동은 무한 게임의 성격을 갖는다. 비즈니스에서 기업 경영, 시장 경쟁은 무한 게임의 범위에 들어갈 것이다.

철학적 의미로 본다면 유한 게임은 단기적 목표 달성, 승패에 집중하고, 무한 게임은 장기적 지속, 가치 창출, 협력과 경쟁이 공존하는 형태이다.

사이먼 시넥(Simon Sinek)은 『인피니트 게임(The Infinite Game)』이라는 책에서 "무한 게임에서는 경쟁자가 아니라 동반자가 필요하며, 이기는 것이 아니라 게임을 지속하는 것이 핵심이다."라고 강조했다.

그러므로 어떤 조직이 창조적인 가치창출이나 문화창달과 같은 무한 게임을 목표로 삼다가, 유한 게임으로 전환하는 순간부터 기회와 함께 위험에 노출된다.

카이스트는 '초일류 카이스트'라는 방향을 가지고 기본적으로 '도전, 창의'의 정신을 깔고 있다. 총장이 바뀌어도 '도전과 창의'의 두 키워드는 변하지 않았다. 전임 신성철 총장은 '도전, 창의, 배려'를 내세웠고, 이광형 총장은 QAIST를 주장한다.

신 교수는 일류는 잘하는 기업이나 국가, 대학을 의미하며, 초일류는 거기에 위기의식이라는 요소가 더해질 때 가능하다고 보았다. 초일류 대학은 위기의식을 가장 안전한 무기로 삼으며, 영속성과 발전을 지속적으로 이루어가는 기관이다. 카이스트가 객관적 지표로 보아 글로벌 일류 대학임은 분명하지만, 구성원들이 "이 정도면 충분하다"라고 안주하는 태도는 매우 위험하다.

좋은 기업, 오래가는 기업, 계속 성장하는 기업의 특징은 자신의 활동을 무한 게임처럼 인식하고 수행한다. 그들은 끝을 정하지 않으며, 누구와 경쟁하는지를 지나치게 의식하지 않고, 오직 자신들의 길과 성장에만 집중한다. 반대로 단기적 목표와 일정한 시한을 설정하고 그 안에서 성과를 극대화하려는 사고는 유한 게임적 사고이며, 이는 결국 조직 쇠락의 길로 이끈다고 경고했다.

유한 게임, 무한 게임 이론의 차이점은 마이크로소프트 기업 사례에서 잘 드러난다. 빌 게이츠 시절 마이크로소프트는 무한 게임처럼 경영되며 성장했다. 스티브 발머가 CEO에 오른 뒤 단기 목표 중심의 '유한 게임' 전략으로 전환되면서 조직의 혁신과 내부 소통이 약화되고 쇠퇴하기 시작했다.

이후 사티아 나델라 CEO가 부임하며 무한 게임 전략으로 돌아가, 내부 협력과 소통, 팀워크 중심의 평가 체계를 복원하고, 다시 성장 궤도에 올랐다고 분석했다. 사티아 나델라가 부임하면서 달라진 풍토 중의 하나는 직원들이 성과 발표 시 "어느 팀이 자기 팀을 어떻게 도와주었는지"를 반드시 언급하게 했다. 마이크로소프트가 무한 게임 철학으로 회귀한 대표적인 사례이다.

유한 게임의 특징은 내부 총질과 분열을 초래한다는 점이다. 조직 내부는 부서 간, 개인 간 경쟁이 지나치게 심화되고, 이는 시너지 대신 마이너스 효과를 낳는다. "마누라와 자식 빼고 다 바꿔라"라는 상징적 선언은 유한 게임적 사고, 관료주의, 개인·집단 이기주의를 '무한 게임'으로 전환하자는 외침이었다. 이건희 회장은 더 큰 미래를 향해 나아가도록 무한 게임적 사고로 이끌었으며, 이를 통해 삼성이 세계적 기업으로 성장할 수 있었다고 신 교수는 말했다.

무한 게임 전략은 기업이나 학교 또는 단체가 돈이나 이익을 추구하는 것을 넘어 명예, 자존심, 전통, 보람 같은 비물질적 가치를 중시하는 태도이다. 조직이 이러한 철학을 공유할 때 구성원 모두가 동기부여를 받고, 실패를 두려워하지 않으며, 새로운 도전에 나서게 된다. 이는 결국 조직이 성장하고, 그 성과와 과실을 공평히 나누며 모두가 보람을 느끼는 건강한 기업 문화로 이어진다.

카이스트에서 교육을 담당하는 조직은 글로벌리더십센터이다. 신성철 총장 시절 설립한 이 조직은 이광형 총장이 들어서면서 더욱 더 기능이 확대되었고 교육의 내용은 다양하고 깊어졌다.

카이스트가 초일류로 업그레이드되려면 구성원 모두가 절실함, 간절함, 절박함을 품고 두려운 마음으로 노력해야 한다. 신 교수는 전 세계적 흐름인 K-웨이브처럼 카이스트도 교육기관으로서 글로벌 웨이브를 타야 한다고 했다. 카이스트는 그럴 자격과 잠재력이 충분하다. 초일류 대학이 되기 위한 조건으로 팀워크, 애교심, 그리고 개인의 탁월함을 넘어서는 조직적 헌신을 들었다. 뛰어난 교수들이 있다고 해서 반드시 초일류 대학이 되는 것은 아니며, 대학 전체의 정신과 문화가 그에 걸맞게 발전해야 한다.

선배 교수들이 후배 교수들에게 "교수 생활이란 이렇게 하는 것"이라는 본보기를 보인 적이 있는지, 또 후배 교수들이 이를 후속 세대에 자신 있게 전할 수 있는지를 자문해 보길 바란다고 신 교수는 말한다. 교수 생활의 헤리티지를 전승할 수 있는 전략은 무엇인지 점검해야 한다고 강조했다. 지난 4년간 카이스트가 크게 성장한 것은 사실이지만, 이제는 단순히 "굿 카이스트"에서 "그레이트 카이스트", 즉 진정한 초일류 글로벌 대학으로 나아가기 위한 내부적 각성이 필요하다.

교수를 바꿔야 대학이 바뀐다
신임 교수, 승진자, 보직자 직무교육도

신태균 교수는 카이스트 글로벌리더십센터에 합류하면서, 카이스트가 세계 초일류 대학으로 도약하기 위해서는 비전 교육과 자기혁신 교육이 필수적이라는 점을 강조하였다.

그가 가장 먼저 착수한 것은 카이스트 초일류 리더십 아카데미였다. 이 프로그램은 전임 교수 전원을 대상으로 한 교육으로, 총 7차례의 하루짜리 세미나를 열었다. 매 차수마다 단과대별로 진행되었으며, 누적 참가자는 300명 이상이었다. 세미나의 주제는 위기경영, 미래경영, 인재경영, 디자인경영, 창조경영, 마하경영 등으로 다양했다.

신태균 교수는 '무한 게임' 사고를 핵심 철학으로 제시하며, 유한한 목표나 단기성과에 안주하지 않고, 끊임없이 성장과 혁신을 추구하는 자세를 강조하였다. 이 프로그램은 단발성 교육이 아니라 지속적이고 모듈화된 체계적 교육이었다. 강연 내용은 매회 다른 주제로 구성되었으며, 교수들이 반복적으로 참석해도 중복되지 않도록 설계되었다. 총장은 각 차수에 직접 참석해 교육의 의미를 강조했고, 프로그램은 오프라인과 온라인을 병행해 참여도와 수강 이력을 철저히 관리했다.

이 외에도 글로벌리더십센터는 신임 교원과 승진 교원을 대상으로 한 리더십 교육과 공직자 윤리 교육을 강화했다. 신임 교수 오리엔테이션과 승진자 대상 이틀간의 합숙 교육을 통해, 교수들이 단순 연구자에 그치지 않고 카이스트라는 조직의 비전과 가치를 공유하고 이를 실현할 리더로 성장하도록 했다. 학생과 대학원생을 대상으로 인성교육, 글로벌 리더십 훈련 프로그램이 진행되었다. 보직자를 위한 교육에서는 위임과 책임, 협업을 핵심 리더십 덕목으로 강조했다.

글로벌리더십센터는 카이스트 내에서 연수원과 같은 기능을 하며, 교수, 직원, 학생, 보직자 모두를 아우르는 전 계층 통합 리더십 교육의 구심점 역할을 수행하였다. "박스에서 나와라", "알을 스스로 깨라"와 같은 상징적 메시지를 통해 구성원들에게 창의적 사고 전환을 촉구하며, 무한 도전 정신을 심어주는 데 주력했다.

이 프로그램들은 카이스트에 위기의식과 초일류 대학을 향한 열망을 확산시키고, 교수들이 스스로 변화와 혁신의 주체가 되도록 하는 데 기여했다. 글로벌리더십센터를 통해 이러한 교육이 카이스트의 지속 가능한 성장과 발전의 기반으로 자리 잡을 수 있도록 내재화하는 데 힘썼다.

21세기형 이광형 총장의 리더십

조직이 변화하려면 리더십이 중요하다. 개인의 잠재력과 의식을 깨우고 조직화하는 것은 결국 최고 책임자와 리더들의 역할이다. 개인들이 무력감을 느끼며 자신이 노력한다고 큰 도움이 될지 의문을 가지게 되면, 그 잠재적 역량이 집 단적으로 응집되지 못하면서 조직의 성취도 미흡해진다. 리더가 구성원들의 의식과 역량을 깨우고 지속적으로 관리하는 것이 곧 위기경영이다. 이는 위기 상황에서만 필요한 것이 아니라 평소 잘나가고 있을 때 특히 중요하다. 잘나간다고 방심하는 순간, 조직은 쇠락의 길에 접어들기 때문이다.

카이스트가 뉴욕캠퍼스를 포함한 글로벌 네트워크를 구축하는 것에 맞춰 리더십 교육의 방향을 재정립해야 한다. 지식 전달을 넘어 무한 게임적 사고를 바탕으로 한 리더십, 협력, 팀워크, 애교심을 길러야 한다. 이를 통해 카이스트가 초일류 글로벌 대학으로서의 비전을 실현하고, 구성원 모두가 지속 가능한 성장과 도전을 이어갈 수 있다.

이광형 총장은 성악가 조수미를 교수로 영입하고, 지드래곤 같은 K팝 가수와도 협업을 이끌어 냈다. 이같이 과감하고 파격적인 시도는 카이스트 내부와 외부에서 적지 않은 관심을 끌었다. 이러한 혁신적 시도가 가져온 긍정적 파급 효과는 매우 크다. "과거의 경직된 관행을 과감히 버리고 새로운 가능성을 추구하는 태도"는 카이스트가 초일류 대학으로 도약하기 위한 리더십의 모범이다.

신 교수는 훌륭한 리더의 조건으로 인성, 창의, 혁신을 들었다. 많은 리더들이 비전과 열정은 있지만, 개인의 업적이나 욕심에 집착하며 조직보다 자신을 우선시하는 경우가 많다. 이러한 리더들은 유한 게임적 사고에 사로잡혀, 자기 임기 중의 성과만을 추구하고 임기 후에는 관심을 잃는다. 반면 이광형 총장은 개인적 욕심보다 학교와 국가, 조직의 발전에 헌신하며, 현직 여부를 떠나 필요하다면 적극적으로 도우려는 태도를 지녔다.

이광형 총장의 리더십은 한마디로 '21세기가 요구하는 인성을 갖춘 창조 혁신형 리더'라고 신 교수는 정의한다. '깔끔하고 깨끗하며 사심 없는 리더'이다. 겸손하고 절제된 열정, 공감을 부르는 태도가 조직의 협력을 이끌어 낸다.

창조와 혁신 측면에서도 이광형 총장은 현상 유지를 넘어, 끊임없이 새로운 아이디어를 고민하고 수용하며, 조직과 학교 발전을 위한 도전을 멈추지 않는 리더이다. 권위적이지 않으며, 누구나 자유롭게 의견을 제시하고 논의할 수 있는 개방적 리더십을 가졌다. 신 교수는 "이는 21세기와 카이스트가 필요로 하는 리더십의 전형"이라고 말한다.

카이스트가 앞으로도 초일류 대학으로 도약하기 위해서는 열린 철학과 무한 게임적 사고, 그리고 창의적 도전을 멈추지 않는 리더십이 필요하다.

카이스트가 초일류 대학을 향해 나아가기 위해서는 단순히 기존 방식을 유지하거나 개선하는 수준을 넘어, 실패연구소 같은 새로운 시도들을 주저하지 않고 추진해야 한다.

이광형 총장은 카이스트가 단순히 글로벌 일류 대학을 넘어 "위대한 대학(Great University)"으로 점프업하도록 자신이 하나의 엔진이 되었다. 이를 실현하기 위해 이 총장은 '끊임없는 교육과 훈련'을 핵심 전략으로 삼았다. 이를 총괄하는 조직으로 글로벌리더십센터를 새롭게 세팅하고 활성화시켰다.

카이스트 글로벌리더십센터는 '카이스트의 연수원'과 같은 구심점 역할을 한다. 이 시스템은 총장의 강력한 리더십과 철학, 그리고 구성원들과의 공감에 기반했기 때문에 가능한 일이었다. 이광형 총장은 '위임을 통한 창의와 혁신의 장려'에도 성과를 보였다. 보직자들에게 권한을 위임하고, '보고하지 말고 알아서 하라'고 주문한다. 보직자 스스로 책임감을 가지고 미래지향적 사고로 학교를 이끌도록 독려한다.

Part 2.

시야를 넓혀라
– 조직을 바꾸는 철학

평가가 관계가 될 때

행정조직의 문화 실험, 동료 평가와 거꾸로 위원회
실패를 상주는 조직
'나는 오늘도 동료의 거울이다' 대학행정의 새 기준

양재영 행정처장

동료 평가, 낯섦을 넘어선 시도

2023년, 카이스트 행정조직은 조직문화 개선의 일환으로 '동료 평가' 제도를 처음 도입했다. 처음 이 제도가 소개되었을 때, 현장 반응은 혼란스러웠다. 일부 직원들은 "퇴근할 때마다 옆자리에 앉은 사람이 너무 불편하다"라고 말했고, 반대로 "신뢰하고 의지할 수 있는 동료와 함께 있는 것이 직장 생활의 유일한 위안"이라는 이야기도 나왔다.

처음에는 단지 '강점 3개, 약점 3개'를 쓰는 형식이었다. 예를 들어 "기획력 우수", "통계 능력 부족"처럼 평가자가 판단한 동료의 업무 역량을 구체적으로 적는 방식이었다. 실무자끼리도 서로 평가했고, 팀장급은 팀장끼리 서로 평가했다. 하지만 평가 결과는 점수로 반영되지는 않았고, 인사자료의 참고 수준으로만 사용되었다.

어느 날, 한 팀장이 평가표를 받아 든 순간의 반응은 잊을 수 없다. 그는 "차라리 점수를 안 받았으면 괜찮았을 텐데, 전체 평균이 85점인데 내 점수는 80점이더라"라고 털어놨다. 그날 저녁, 팀장들끼리 모인 회식 자리에서는 서로가 받은 평균 점수를 위로하며 나누는 풍경이 펼쳐졌다. "나는 그 정도면 괜찮지 않아?", "아, 내가 좀 더 신경 썼어야 했나?"라는 말들이 오갔고, 충격을 받은 몇몇은 한동안 침묵을 지키기도 했다.

'평가'가 아니라 '문화'를 쌓는 일

이러한 에피소드는 카이스트 조직이 단순히 평가를 위한 평가를 지양하고, 장기적으로 신뢰와 배려의 문화를 형성하기 위해 얼마나 진지하게 접근하고 있는지를 보여준다. 이 제도를 "의미 없다"며 폐지하자는 주장도 있었으나, "계속 해야 한다"라는 목소리가 내부에서 강하게 제기되었다. 이유는 단순했다. 점수를 매기는 것이 목적이 아니라, "서로를 존중하고 조심하며 함께 일하는 문화"를 만들기 위한 기반이라는 신념이었다.

평가 항목은 기획력, 책임감, 도덕성, 윤리성 등 6가지 항목으로 재구성되었고, 숫자 점수를 부여하는 방식으로 개편되었다. 동료 평가 결과는 인사팀에서 관리하며, 부서장이 참고할 수 있도록 제공되었다. 평가 결과는 피드백 형태로 통보되었는데, 예를 들어 팀장이 강점으로 "조율 능력"과 "업무 추진력"을 받았다면, 약점은 노출하지 않고 강점만 공유하는 방식이 시범 적용되었다.

실패를 실패로 남기지 않다 – 챗봇 팀의 교훈

동료 평가 외에도 카이스트 구성원들은 직무현장에서 발생한 문제 상황에 대한 해결책을 모색하고 그 과정에서의 직원역량 향상을 위해 자발적으로 팀을 꾸려 '현장연구 프로젝트'에 참여했다. 이 과정에서 "건설사업 전반에 걸친 건설행정 프로세스 변화에 대한 검토 및 대응", "영어업무 가이드북", "무기계약직 임금체계 개선방안 연구" 등 성공적인 현장연구 결과물이 다수 나왔다. 특히 한 IT 직원 팀이 수행한 민원 챗봇 연구 과제는 기억에 남는 사례였다. 이들은 AI 기술을 활용해 학생들의 장학금 민원 응대를 위한 챗봇을 개발하려 했다. 장학복지팀과 협력하여 시범 챗봇을 제작하고 실수요자인 학생들로부터 피드백을 받았지만, 기술 성숙도와 실효성 문제로 인해 결국 도입은 유보되었다.

그러나 이 팀은 챗봇을 도입하지 않기로 한 결론조차 값진 결과로 환영받았다. 실패를 인정하는 문화가 필요하다는 내부 방침에 따라, 해당 팀에 '실패상'이 수여되었다. "시도조차 하지 않은 실패"가 아니라, "의미 있는 분석과 시도를 했던 실패"였기에 이 팀은 첫 번째 수상자로 선정됐다.

제도화된 수평 조직을 위한 첫걸음

동료 평가를 통해 쌓인 데이터는 향후 인사고과에 반영될 가능성도 있다. 아직 계량화하지 않았지만, 정성적 데이터 축적이 이뤄지고 있다. 장기적으로는 평가와 고과 사이의 연계성을 높이기 위한 기반이 마련되고 있다.

캠퍼스 내 갈등보다는 화합, 경쟁보다는 협업을 지향하려는 문화 혁신의 일환으로, 감사카드 쓰기, 동료 칭찬하기 같은 '행복 문화 실천 프로그램'도 추진되었다. 동료 평가도 단순한 숫자나 평가가 아닌, 구성원의 내면과 관계를 돌아보는 계기로 기능하고 있다.

행정의 본질에 대해 한 간부는 이렇게 말했다.

"행정은 대학이라는 조직에서 공기 같은 존재다. 눈에 띄지 않지만, 없으면 모든 것이 멈춘다."

그는 직원들에게 "너무 열심히 하지 말고, 전임자보다 반 발짝만 앞서면 된다"라고 조언했다. 그렇게 한 걸음씩 나아가는 것이 곧 조직의 진보이며, 국가가 위임한 역할을 충실히 수행하는 길이라 믿었다.

카이스트는 교수 중심의 사회로 구성되어 있어 행정조직은 리더보다는 서포터의 역할에 가깝고, 변화보다는 안정을 추구하는 성향이 강하다. 다양한 직군의 구성으로 인해 이해관계가 복잡하므로, 이를 해결하고 방지하는 기능이 중요하다. 일반직, 비정규직, 학연지원직, 공무직, 연구행정직 등 직군이 세분화되면서 각자의 이해를 대변하려는 목소리가 커지고 있다.

❘ '거꾸로 행정위원회' 상향식 직원 평가제도 도입

카이스트 행정처는 조직 내 젊은 직원들의 참여를 확대하기 위한 시도로 '거꾸로 행정위원회'를 구성했다. 이 위원회는 젊은 세대가 조직 운영에 직접 의견을 제시하고 행정 시스템에 반영하는 것을 목표로 한다. 가장 연차가 낮은 원급 직원이 위원장을 맡고 원급 50%, 선임급 30%, 책임급 20%의 구성비로 운영되었다.

이 위원회는 존중과 배려, 갑질 예방, 협업의 메시지를 담은 'KAIST Work Rules'라는 워크카드를 제작하여 모든 부서에 배포했다. 일부 직원은 이를 책상 앞에 부착하며 실천 지침으로 삼기도 했다. 이러한 문화 개선 시도는 젊은 직원들의 의견을 실질적으로 반영하는 계기로 작용했고, 행정조직 문화에도 긍정적인 변화를 이끌었다.

특히 위원회의 활동 중 하나로 진행된 상향 평가 제도는 조직 내 상당한 반향을 일으켰다. 구성원이 부서장을 평가하고 그 결과를 부서장에게 평균값 형태로 제공하는 방식이었다. 구체적으로는, 부서장이 구성원들로부터 받은 평균 점수와 전체 평균 점수를 함께 통보받도록 하여 객관적인 피드백을 전달했다. 이 제도는 상호 신뢰와 소통을 기반으로 한 조직문화 정착에 기여하였으며, 일부 부서장은 해당 결과에 적지 않은 충격을 받기도 했다.

이 상향 평가 결과는 인사고과에도 20% 반영되며, 팀장 보직 발령 시 주요한 자료로 활용되었다. 구성원 수가 적은 부서의 경우, 관계가 좋지 않은 일부 팀원으로 인해 왜곡된 결과가 나올 한계도 존재했으나, 전반적으로는 객관성을 확보했다는 평을 얻었다.

이 제도의 도입 초기는 낯설고 충격적일 수 있었지만, 시대적 변화에 맞는 조직 운영 방식이라는 인식이 점차 확산되었다. 관리자들은 이를 통해 자기반성과 개선의 기회를 갖게 되었고, 세대 간, 직급 간의 수평적 소통이 강조되는 조직문화가 자리 잡기 시작했다.

양재영 행정처장은 "내부 구성원들 간에는 상호 평가 제도에 대한 다양한 반응이 나왔으며, 특히 본인의 점수가 기대에 못 미칠 경우 상처를 받으며, 배신감을 느끼는 경우도 종종 있었다"라고 말했다. 그러나 그는 이처럼 불편한 피드백의 수용 역시 조직이 더욱 성숙해지고 발전하는 과정에서 받아들여야 할 현실이라고 덧붙였다. "세계적 수준에 도달하고 있는 카이스트의 교육 및 연구와 마찬가지로, 이를 뒷받침하는 행정조직 역시 이에 상응하는 경쟁력을 갖추어야 한다.

행정 효율을 높이는 시스템 구축

카이스트 행정처는 '행정 선진화'를 목표로 삼고, 이를 실현하기 위하여 다양한 혁신과제를 지속적으로 추진해 왔다. '신문화 전략'에 따른 행정혁신도 병행하기 위해 '신문화 혁신위원회'와 하위의 인사공정, 행정효율, 캠퍼스 행복화, 인프라 복지 등 4개 분과위원회를 통해 도출된 행정혁신 방안은 3단계에 걸쳐 체계적으로 진행되었다. 1단계는 위원회 구성과 제도 정비, 2단계는 제도 시행 및 행정발전센터 개편과 통합정보시스템 구축, 3단계는 안정화와 제도 정착을 목표로 삼았다.

2023년 1월 3일부터 시스템구축을 시작하여 2025년 1월 1일부터 운영을 시작한 '클라우드 기반 통합정보시스템은' 모바일 결재, 출장 신청 UI 개선 등의 이용자 편의성이 증대되었으며, 시스템 통합(13개 →1개)으로 데이터 활용 기반 환경이 조성되어 업무 프로세스 안정성과 효율성이 크게 향상되었다.

이와 함께 행정 서비스의 접근성과 응답성을 높이기 위하여 카이스트 행정 통합 민원 봉사실인 "KAI HELP"를 설치하였다. 여러 부서에 흩어져 처리되던 다양하고 복잡한 민원을 해소하고자 설치된 원스탑 민원 처리 시스템이다. 이메일, 전화, 방문, 온라인 플랫폼 등 다양한 방식으로 접수되는 민원을 전담 행정팀이 신속히 확인하고 대응함으로써 행정업무의 일관성과 서비스 품질 향상에 기여하고 있다.

행정업무 수행에 필요한 정보를 체계적으로 축적·공유하기 위하여 교내 메일 및 협업시스템인 'Dooray!'의 위키 기능을 활용한 지식 공유 체계인 "행정 카이피디아"를 구축하였다. 공통 업무가 많은 학과 행정 실무자들이 필요한 정보를 손쉽게 확인하고, 지속적인 업데이트와 개선 과정에 직접 참여함으로써 실무 중심의 행정 지식이 자연스럽게 축적되고 조직 전반으로 확산되는 토대가 형성되었다. 이러한 체계는 행정업무 처리 기준과 절차의 점진적 표준화로 이어지고 있으며, 행정 오류의 예방과 행정 신뢰도 제고, 협업 및 스마트 행정 문화 확산의 기반을 마련해가고 있다.

외부 전문인력 28명 영입

행정인력의 질적 향상을 위해 내부 교육과 외부 인력 채용을 병행했다. 4년간 변호사, 세무사, 회계사, 노무사, 변리사 등 전문인력을 28명 정도 채용했는데, 이탈자는 거의 없었다. 연구 장비 관리, 안전 보안, 미술관 운영, 국제협력 등 카이스트의 특수성을 반영한 인력 보강도 이뤄졌다. 이들은 외부에서 개인 사무소를 운영하는 것보다 카이스트에 소속되어 일하는 데서 오는 안정성과 전문성 존중 등의 이유로 매력을 느낀다. 공공성과 사명감을 중시하는 성향 또한 이들이 선택하게 되는 이유 중 하나였다. 카이스트라는 기관의 기술적, 학문적 사명이 개인의 정체성과 결합되며 일의 보람을 느끼게 한다는 평이 많았다.

카이스트에 합류한 전문인력들 중 다수는 회계법인, 로펌, 기업 등에서 업무를 수행하다가 왔다. 이들은 카이스트에서의 업무 환경과 동료 관계에 매우 만족감을 표시했다. 급여 면에서는 타 기관 대비 특별한 인센티브는 없어도, 자부심과 일에 대한 의미 부여가 강한 동기가 되고 있었다.

필요 역량 강화를 위한 교육 시스템 개선

교육 시스템도 바뀌었다. 2014년에 설립된 행정발전교육센터는 초기에는 교양, 인문, 어학 위주의 직원 교육을 제공해 왔으나, 2022년부터 '행정발전센터'로 명칭을 변경하고 직무 중심의 실무 교육으로 개편되었다. 행정 혁신에 필요한 역량 강화를 위하여 AI, 업무 자동화 등 최신 업무 환경에 부합하는 교육 콘텐츠를 대폭 확충하고, 직원들의 피드백을 교육과정과 운영 정책에 적극 반영했다. 실질적인 수요 기반 교육 설계가 가능해졌으며 폐강률도 눈에 띄게 감소하였다. 2024년에는 직무 관련 교육 비율이 52%에 이르렀고, 2025년에는 68% 이상으로 상승할 전망이다.

대면 교육의 한계를 보완하기 위해 온라인 교육 시스템도 병행 구축하였으며, 다양한 캠퍼스에 근무하는 직원들을 위해 유연한 학습 환경을 제공하는 방향으로 변화하고 있다.

줌과 대면을 병행하는 방식의 강의가 활성화되면서 직원들의 참여율과 만족도가 눈에 띄게 상승했다. 설문조사를 통해 직원들의 피드백을 즉각 반영함으로써 교육 콘텐츠의 질도 향상되었다.

기존 온라인 교육의 한계를 보완하기 위하여 '유데미(Udemy)'도 도입하였다. Udemy Business는 유튜브와 유사한 직무교육 플랫폼으로 30,000개 이상의 실무 중심 강의, AI 기반 맞춤 학습 추천, 모바일을 비롯한 다양한 방식의 학습이 가능하다. 이에 따라 카이스트 직원들이 언제 어디서나 자신의 관심사와 수준에 따라 원하는 강좌를 자유롭게 수강할 수 있는 환경이 마련되었다.

국외 연수 프로그램도 대폭 정비되었다. 글로벌 TOP10 목표 달성을 위한 직원의 전문성과 시야 확대의 필요성이 커졌다. 실무자로서 중추적 역할을 수행하며 경력 성장의 초중반에 있는 30~40대 일반직의 관심과 참여가 저조한 점 역시 제도 개선의 필요성을 높였다.

국외 연수 프로그램은 '보상'이나 '혜택'이 아닌 기관의 역량 강화와 행정조직의 활성화를 위한 "적합자 선발" 방식으로 개편키로 하였다. 연수 유형별 목적과 기대효과를 명확히 하여 업무에 실질적 도움이 되는 지식과 경험을 쌓을 수 있는 구조로 구성하였다. 평가 기준 등 선정과 관련된 정보를 최대한 사전 제공함으로써 합리성과 공정성을 높이고 연수결과보고서 공개로 더욱 충실한 직무연수를 유도하였다.

맞춤형 연구행정 발전전략 마련

2023년 신설된 연구행정 별정직 신입직원 교육도 주목할 만하다. 새로 입사하는 별정직원의 경우 체계적인 교육이나 인수인계를 제대로 받지 못하는 경우가 잦았다. 업무 실수나 심적 부담에 따른 부적응과 퇴사, 짧은 계약기간 등으로 인한 잦은 교체로 당사자뿐만 아니라 교수도 고충을 겪었다. 이에 행정발전센터에서는 연구행정 담당 별정직원의 신속한 업무 파악과 적응을 지원하기 위한 맞춤형 교육 프로그램을 기획했다. 강사진을 구성하는 것이 중요하다. 실무를 잘 알고 있는 선배 직원들이 강사로 참여하는 실무 중심 교육 및 멘토링을 설계했다. 동일 직무를 10년 이상 수행해 온 경험 많은 직원 네 명을 일일이 수소문하고 설득해 강사단을 구성했다. 이들은 평소에도 동료와 후배들에게 기꺼이 노하우를 나누던 인물이었다. 이번에는 자발적으로 뜻을 모아 강의를 공동 운영하였고 그 공로를 인정받아 직원 최초의 팀 단위 표창을 수상했다.

이 교육은 단지 새로운 교육 프로그램을 마련하는 차원을 넘어, 공동체의 발전을 위하여 동료 간 서로 지지하고 성장시키는 긍정적인 조직문화가 실현되는 과정이었다.

프로젝트의 초기에는 강사 구성과 관련 부서들의 참여를 설득하는 일이 가장 큰 과제였다. 만약 대상자가 고민하는 기색을 보이면, 이미 확보해 둔 내부 직원들을 통해 설득하고 격려했다. 팀을 완성하고, 부서의 협조를 확보하는 데까지 약 두 달이 걸렸다. 2023년 여름 무렵에는 드디어 구성이 완료되었다. 이후 빠르게 교육안 마련과 홍보 준비 등 실행 단계로 돌입하였다.

강사로 선정된 직원들에게 인건비를 지원하는 교수들에게는 이 일이 매우 의미 있는 작업임을 알리는 메일을 발송했다. 교육과 실무의 연속성을 유지하기 위해 해당 인력들이 계속 이 문제에 몰입하도록 유도했다. 교육 자료 또한 충실히 준비되었다. 콘텐츠에는 인사, 연구, 회계 등 다양한 주제가 포함되어 있어 관련 부서장들의 협조가 필수적이다. 각 부서의 정책이나 시스템이 조금이라도 변경될 경우, 교육 내용의 정확성을 위해 매월 반드시 실무부서의 검토와 확인을 거쳤다.

교육은 매달 채용 일정에 맞춰 정기적으로 개설되었다. 참여 인원은 2명에서 7명 수준으로 유동적이었다. 장소는 도서관 내 학술정보교육실을 활용했다. 첫 시간은 카이스트 생활 전반을 안내하는 입문 교육으로 구성되었다. 센터장은 17년 차 선배로서 호칭 문화, 조직 구조, 원규, 이메일 작성법, 전화 응대 요령, 행정 시스템 등을 안내하고 실제 샘플을 통해 이해를 도왔다. 이후 선배 직원에 의한 연구행정 실무 교육이 2회에 걸친 강의와 네트워킹을 위한 점심식사, 단톡방과 멘토링을 중심으로 진행되었다.

수강자들은 실질적인 궁금증과 고민이 해소되는 과정에 큰 호응을 보였다. 익명의 피드백에서는 "도움이 되었다"라는 의견이 많았고, 규모는 작지만, 지속적으로 유지되는 점이 의미 있다는 평가도 받았다. 본 교육의 정착은 안정적인 연구행정 서비스 제공으로 이어지며, 연구자들이 보다 온전히 연구에 전념할 수 있는 환경 조성에 기여한다는 점에서 내부적으로도 긍정적인 평가를 받고 있다.

학처별 인사위원회 설치

카이스트는 자율책임 경영체계의 일환으로 학처별 인사위원회를 설치하였다. 기존에는 중앙 인사위원회에서 승진, 포상, 평가 등이 일괄 결정되었으나, 직원 수가 크게 증가함에 따라 실질적인 업무 이해도가 낮은 중앙 조직의 평가에 대한 불만이 제기되었다. 이에 따라 18개 학처별로 1차 인사위원회를 구성하고, 각 학처에서 심사한 뒤 조정소위원회, 중앙 인사위원회를 거쳐 최종 결정하는 구조로 바뀌었다.

이러한 변화로 인해 이의 제기 건수가 대폭 감소했다. 특정 부서가 인사에서 유리하다는 불만도 상당 부분 해소되었다. 제도 운영의 한계는 존재하나, 평가 결과에 대한 전반적인 수용성과 신뢰도는 높아졌다.

한편, 조직 내부 교육에도 변화가 있었다. 다양한 직종의 전문가들이 참여하는 교육 프로그램이 마련되었고, 역량 있는 팀장들과 전문 강사들이 주도하여 구성원들에게 실질적인 도움을 주고 있다. 캠퍼스 내 행복 문화를 조성하기 위한 여러 프로그램이 운영되고 있다.

이 중 대표적인 프로그램은 '팀 박싱 데이(Team Boxing Day)'다. 이 프로그램은 부서 간의 소통을 활성화하기 위한 것으로, 무작위로 편성된 두 개의 팀이 식사, 볼링, 스포츠, 문화 활동, 봉사활동 등을 함께 하며 교류하는 방식이다. 프로그램에는 각자 부서의 역할을 설명하고, 서로의 애로사항을 공유하는 시간도 포함되어 있다.

'팀 박싱 데이'는 단지 친목을 위한 자리가 아니라, 부서 간 협업과 이해를 증진시키는 데 큰 기여를 하고 있다. 다양한 분야에서 근무하는 직원들이 서로 얼굴조차 모르는 상황에서, 이 프로그램은 조직 내 유대감 형성과 업무 협력에 효과적인 장치이다. 이 프로그램은 캠퍼스 행복합위원회의 제안으로 시작된 것이다.

행정발전센터 내부에서는 이런 프로그램을 거의 매일 진행된다. 행정지원 직군과 교수 직군 간의 교류 확대, 평가 시스템의 상호 적용 등으로 발전 가능성이 제시되고 있다.

행정의 변화는 제도적 조치만으로 해결되지 않는다. 구성원 간 신뢰와 상호 존중을 기반으로 한 문화 형성과 프로그램의 유기적 운영이 필요하다. 다양성과 개별성이 강조되는 현대 조직 내에서, 카이스트는 교육기관을 넘어, 지속 가능한 행정 혁신을 위한 실험과 실천을 병행해 나가고 있다.

공공기관 틀을 벗고 글로벌 대학으로 향한 새 걸음

기획재정부에서 과기부로 감독체계 전환
과기부와 발전 방안 마련 및 제도 개선 필요

정성훈 기획팀장

공공기관 지정 해제의 이점

노벨상급 석학의 가치를 매기는 일과 일반 공기업의 인건비를 통제하는 일이 과연 같은 잣대로 묶일 수 있을까? 오랫동안 카이스트의 발목을 잡아 왔던 그 치명적인 모순의 사슬이 마침내 끊어졌다. 4대 과학기술원이 공공기관 지정에서 전격 해제되며, 카이스트는 정부의 획일적인 정규직화나 구조조정의 칼바람에서 벗어나 오직 '연구 역량' 하나만 보고 맞춤형 인재를 품을 수 있는 자유의 날개를 달게 되었다.

정부는 2023년 1월 30일 공공기관운영위원회에서 4대 과기원을 공공기관에서 제외한다는 내용을 담은 '2023년 공공기관 지정안'을 심의·의결했다. 4대 과기원은 카이스트, 광주과학기술원(GIST), 대구경북과학기술원(DGIST), 울산과학기술원(UNIST)이다.

이에 따라 카이스트는 우수 교원 및 연구자에 대해 자체 기준에 따라 채용절차를 진행할 수 있고, 인건비 관련 규제도 비교적 자유로워져 연봉이 높은 해외 석학을 초빙하는 길이 열릴 것으로 보인다.

공공기관 지정 해제로 가장 크게 바뀌는 부분은 인건비를 올릴 수 있는 여지가 생겼다는 점이다. 그간 공공기관이었던 카이스트는 총액 인건비 제도를 따랐다. 총액인건비제도는 정부조직과 공기업, 공공기관이 1년에 사용할 인건비 총액을 두고, 그 안에서 조직의 정원과 보수, 예산을 기관 특성에 맞게 운영하는 제도다. 인건비 예산은 기재부가 결정한다.

이제 인력계획(T/O)의 주무관청이 기획재정부에서 과학기술정보통신부로 바뀌었기 때문에 과기정통부와의 긴밀한 협의를 통해 자유롭게 인력계획(T/O)을 수립하고 시행할 수 있는 여건이 마련되었다.

인건비 지급 제약이 줄어들면 카이스트 인재의 유출을 막고 실력 있는 석학을 초빙할 것으로 기대된다. 정부출연금에 간접비, 발전기금 등을 더해 연봉이 높은 우수 연구자들을 채용할 수도 있다.

공공기관 지정에서 해제되면서 카이스트는 공직 유관 단체로 지정되고, 주무관청은 과학기술정보통신부(과기부)로 바뀌었다고 정성훈 기획팀장은 밝혔다.

공공기관 지정 해제 후에도 유지되는 것

카이스트가 공공기관 지정에서 해제될 당시 가장 큰 우려는 관리 감독에서 벗어나면서 방만한 경영이 발생할 가능성이었다. 하지만 과기부와의 협의를 통해 기존의 의무 사항들을 최대한 유지하면서 방만 경영을 방지하는 방향으로 관리 주체가 기획재정부에서 과기부로 전환되었다.

공공기관 지정의 주요 문제점은 획일적인 정책을 적용한다는 점이다. 예를 들어, 정부의 예산지원이 없는 비정규직의 일괄 정규직화, 전면적 조직 구조조정 및 정원감축 등의 정책은 과학기술특성화 교육·연구기관인 카이스트의 현실을 반영하지 못한 것으로 평가된다.

공공기관 지정에서 해제되었지만 특정 연구기관 육성법과 각종 안전법, 건축법 등 개별법의 규정들이 여전히 적용된다. 그러므로 학교 운영이 완전히 자유로워진 것은 아니다.

카이스트의 평가 체계도 그대로 유효할 전망이다. 카이스트는 기관장이 취임할 때 제출하는 기관 운영 계획서와 5년 주기로 평가받는 연구 사업 계획서가 있다. 기관 운영 계획서는 기관장의 임기 동안의 목표를 명시하며, 연구 사업 계획서는 교육, 연구, 글로벌 창업 등 본연의 미션과 관련된 성과를 평가한다.

카이스트의 연간 예산이 약 1조 2,500억 원으로, 이 중 정부출연금은 약 2,669억 원이다. 나머지는 연구비와 기금, 등록금 등으로 구성된다. 특히 연구비가 예산에서 큰 비중을 차지한다. 이를 확보하기 위해 연구자들이 상당한 노력을 기울이고 있다. PBS(연구비 기반 시스템) 방식이 연구자들을 재정 확보에 과도하게 몰입하게 하는 문제점이 있지만, 최근 정부가 이를 보완하기 위한 지원을 강화하고 있다.

국민들의 지지와 성원을 바탕으로 성장해 온 카이스트는 공공기관 해제를 통해 자유로운 글로벌 경쟁 기반을 마련했지만, 국가 정책적인 목적으로 설립되어 전폭적인 예산 지원을 통해 운영되는 기관으로서 의무도 함께 고려해야 한다고 정성훈 기획팀장은 덧붙였다.

하루에 2억 원,
그 뒤에 숨은 진심

가치를 연결하는 사람, 마음을 잇는 사람

유지영 카이스트 발전재단 기금조성팀장

진심이 기부자를 움직인다

"도대체 어떻게 하루에 2억 원씩 모금액이 쏟아지나요?" 카이스트 발전재단에서 16년을 뛴 유지영 팀장조차 처음엔 두 눈을 의심했다. 기적의 비결은 화려한 프레젠테이션이나 거창한 비전 선포가 아니었다. 기숙사가 낡아 고생하는 학생들을 위해 재계 총수를 찾아가 묵직한 진심을 털어놓고, 200억 원을 쾌척하고 세상을 떠난 기부자의 묘역을 찾아가 흙먼지 속에서 공사 보고를 올리는 '미련할 정도의 진정성'이었다. 오늘도 카이스트의 시계는 차가운 억대의 돈이 아닌, 뜨거운 인생의 철학을 동력 삼아 돌아가고 있다.

이광형 총장은 기부자 한 분 한 분을 진심으로 대한다. 중요한 일정이 있어도 기부자와의 약속이 먼저라면서, 그 일정을 조정하고 직접 찾아간다. 발전재단의 중재 없이도 기업인을 만나 카이스트의 비전을 설명하고, 그 자리에서 약정을 이끌어내기도 한다. 그는 '기부를 요청하는 것'이 아니라 '카이스트의 미래를 함께 만들어 나가자'는 제안을 하기 때문이다.

부영그룹 이중근 회장과의 만남이 바로 그랬다. 학생들이 기숙사 환경이 너무 열악하다고 호소했고, 총장은 이를 듣고 직접 부영그룹 이중근 회장을 찾아갔다. 이광형 총장은 재정을 요청한 것이 아니라, 학생들의 삶과 미래에 대해 진심을 담아 설명했다. 이중근 회장은 결국 마음을 열었고, 기부는 성사되었다. 그 진심의 결과가 학생들의 더 나은 미래를 위한 현재가 된 것이다.

유지영 기금조성팀장은 "이광형 총장은 겸손하면서도 열정적인 분"이라고 말한다. 보통은 큰 비전을 제시하며 사회적 담론을 통해 기부를 이끌어내지만, 이 총장은 그 담론 위에 진정성을 더한다. 기부자와 눈을 마주치고, 그들의 이야기를 들어주며 신뢰를 쌓아간다. 겸손과 열정, 비전과 실천이 절묘하게 어우러져 기부가 이루어지는 것이다.

이광형 총장이 2021년 3월 취임한 지 얼마 되지 않아 장성환 삼성브러쉬 회장은 부인 안하옥 여사와 함께 대전까지 직접 내려왔다. 장회장 부부는 서울 논현동에 위치한 지상 6층, 지하 2층 규모의 건물(약 200억 원 상당)을 기부했다. 카이스트는 이 재원으로 '장성환·안하옥 바이오연구센터'를 2026년에 완공할 예정이다.

1930년 황해도 출생의 장 회장은 18세에 월남하여 고학생으로 대학원까지 진학해 자수성가한 사업가이다. 고학생으로 공부하는 어려움을 누구보다 절실하게 체감했던 장 회장은 자연스럽게 장학사업에 관심을 갖게 되었고, 국가 미래를 위한 투자로 기부처를 카이스트로 정했다.

하지만 장 회장은 생전 큰 기대를 품었던 연구센터 기공식을 보지 못한 채 별세했다. 이광형 총장은 고인에게 직접 설명해 드리려는 마음으로 묘역을 찾아 공사 계획을 상세히 보고드렸고, 이 연구센터를 미래 의과학 분야를 선도하는 공간으로 조성하겠다고 약속했다.

기부는 단순히 금전적인 후원이 아니다. 신뢰와 존경을 바탕으로 가치를 발견하고, 사람과 사람을 잇는 과정이다.

1953년생의 한 여사는 남편이 사망한 뒤 상속 재산을 어떻게 쓸지 고민하다가 연락을 해왔다. 여러 기부처를 검토하다가, 카이스트를 직접 방문했고, "여긴 믿을 수 있다"라고 말하며 약정했다. 그 여사는 이후에도 추가로 기부하겠다는 뜻을 밝혔다.

어떤 기부자는 매달 200만 원씩 정기적으로 기부한다. 한 번도 직접 만나보진 못했지만 그 꾸준함과 신뢰는 그 어떤 고액 기부자 못지않은 감동을 준다.

5억 원을 기부한 어느 기부자는 "집 살 때 말고는 이렇게 큰돈을 써본 적이 없어요. 하지만 제 인생에서 가장 보람된 선택이었습니다"라고 말했다. 그 기부자로서는 평생 모은 돈을 카이스트에 기부하는 결단을 내린 것이다. '마음이 부자인 사람'이란 이런 사람을 말하는 것이 아닐까.

학부모나 동문들의 기부도 깊은 울림을 준다. 어떤 학부모는 자녀가 카이스트에 입학하자 너무 자랑스럽다며 매달 소액 기부를 시작했다. 어떤 동문은 졸업 후 사회에 나와 보니 카이스트에서 받았던 혜택이 너무 컸다며 그 빚을 갚고 싶다고 하며 매달 몇만 원씩 자동이체를 걸어놓고, 정기적으로 기부한다. 어떤 기부자는 1천 원, 어떤 기부자는 1만 원. 금액의 크기가 중요한 게 아니라, 그 마음이 소중한 것이다.

정문술 회장 부부의 515억 원 기부는 카이스트 기부 역사의 시작이었다. 일부는 건물 설립에 사용되었고, 나머지는 원금을 유지한 채 이자만 활용하는 방식의 장기 기금으로 남아있다. 이는 기부자의 뜻을 최대한 존중하면서, 학교의 자율성과 지속 가능성을 함께 고려한 결과이다.

이처럼 다양한 기부자들을 만나 나눈 이야기 하나하나가 유 팀장 인생의 중요한 기록이 되었다. 기부란 그저 재정을 보태는 일이 아니라, 한 사람의 철학이 담긴 선택이고, 대학의 존재 가치를 사회 속에 다시 퍼뜨리는 일이기도 하다.

NYU 동문들이 카이스트의 뉴욕캠퍼스를 위해 기부할 때는 이 총장과 린다 밀스 NYU 총장도 그 자리에 참석했다.

유지영 기금조성팀장은 "기부를 단순한 숫자 경쟁으로 보지 않는다. 그것은 결국 사람과 사람 사이의 관계를 만드는 일이고, 한 사람의 삶과 철학을 기억하는 과정"이라고 설명한다. 기부는 장학금 지원, 연구 인프라 구축, 새로운 건물 건립 등 다양한 형태가 있지만, 본질은 하나다. 기부자가 바라는 '변화'를 실현하는 것. 그것이야말로 기부의 진짜 목적이며, 현재를 넘어 미래를 준비하는 씨앗이다.

카이스트의 미래는 이처럼 눈에 보이지 않는 수많은 손길과 마음의 축적에서 시작된다. 그리고 발전재단은 그 마음들을 기억하고, 연결하고, 지켜나가는 조용한 실천을 이어가고 있다.

비수도권의 기적,
카이스트의 전략과 정신

교수진과 학생들의 강한 헌신
과학기술로 사회를 바꾸는 영재들의 캠퍼스

전효리 센터장/서용석 건설본부장

더 나은 학교생활을 위한 시설 건설

1992년, 붉은 벽돌 건물 몇 채가 전부였던 대전의 캠퍼스는 지난 30여 년간 쉼 없이 외형을 확장해 왔다. 지어진 것은 화려한 연구실 뿐만이 아니다. 밤낮없는 학업 스트레스와 태어나 처음 겪는 좌절감에 힘겨워하는 영재들을 위해, 학교는 새벽 2시에도 불을 밝히는 풋살장과 체육관을 조용히 지어 올렸다.

서용석 건설본부장은 지난 33년 동안 주로 건설과 시설 관련 업무에 종사해 왔다. 대표적인 건물은 도서관과 미술관을 짓는 일이었다.

그는 서울캠퍼스와 대전캠퍼스를 모두 경험했다. 서울캠퍼스는 박정희 정권 시절에 건축된 건물들이 많아 자재가 양질이었고, 구조적으로도 튼튼하게 설계되어 리모델링과 증축이 수월하다.

카이스트는 건물을 지을 때 학생들의 생활환경 개선에 큰 관심을 기울인다. 영재들이 모인 카이스트에서는 학업 및 연구에 따른 스트레스가 심각한 문제로 드러났다. 고등학생 때까지 줄곧 상위권에 있던 학생들이 막상 대학에 와서 상위권에 들지 못하는 상황을 받아들이기 어려워한다.

스트레스 해소를 위해 카이스트는 체육시설 확충에 힘썼다. 인조잔디와 조명 시설이 갖추어진 운동장을 조성하고, 학생들이 새벽 2~3시까지 운동할 수 있도록 했다. 풋살장 2개를 신설해 큰 인기를 끌었으며, 각 기숙사에 피트니스 센터를 도입하고, 수영장과 실내체육관도 2곳 마련했다.

글로벌로 나아가는 카이스트를 만드는 구성원

카이스트는 2024년에 기존 경영전략팀을 확대 개편하여 전략센터를 신설했다. 초대 센터장인 전효리 박사는 한국전자통신연구원(ETRI)에서 기획업무를 맡다가 2013년에 카이스트로 합류했다.

신성철 전 총장과 이광형 현 총장은 모두 수월성을 중시하는 연구중심대학으로 카이스트를 성장시키려는 비전을 공유하지만, 신 전 총장은 영재성을 강조하는 편이고, 이 총장은 좀 더 폭넓고 글로벌한 시야를 강조한다. 어떤 면에서 카이스트는 대학이라기보다는 국가기관에 가까운 연구중심대학이다.

이광형 총장은 지역 및 국가, 나아가 글로벌과의 협력을 강조하는 넓은 전략적 비전을 가진 인물로 평가된다. 전임 신성철 총장이 수월성을 강조하며 상위 소수의 엘리트 전략을 추구한 반면, 이광형 총장은 그 기반을 유지하면서도 저변을 넓히는 방향으로 카이스트를 이끌고 있다.

서남표 총장은 카이스트에 혁신적인 영어 교육 시스템과 실습 기반의 수업, 기부금 활성화 등 많은 변화를 도입했으나 소통 부족이라는 비판도 받았다. 강성모 총장은 변화를 유지하며 조용한 리너십을 보여주었고, 이 시기에는 학내 안정과 제도적 기반이 마련되었다. 이광형 총장은 그 기반 위에서 다시금 활발한 전략을 펼치고 있다.

카이스트 내에서 구성원의 다양성은 매우 중요하다. 교수, 학생, 직원 간의 요구와 성향 차이가 뚜렷하다. 전공별 성향도 다양하여 체계화를 이루는 데 어려움이 있지만, 그 다양성 속에서 창의성이 발휘되기도 한다. 전효리 전략센터장은 "카이스트 학생들이 단순히 성적만 뛰어난 것이 아니라, 과학기술로 사회문제를 해결하고자 하는 사명감을 지닌 경우가 많다"라고 평가했다. 학생들은 학점을 넘어서 사회 기여 의식을 갖고 있으며, 이들을 위한 공간 확충에도 많은 노력이 들어갔다. 성남 킹스타워에 위치한 AI대학원은 초기 협소한 공간 문제로 인해 큰 어려움을 겪었으나, 관련 부서의 빠른 대응으로 공간이 확보되었고, 지방자치단체의 적극적인 협력이 뒷받침되었다.

카이스트 교수들은 국립대 교수들에 비해 적극적인 태도를 보인다. 국립대학에 비해 행정조직은 자율성이 높고, 업무 추진 동기가 강한 편이다. 카이스트 교수들은 테뉴어(정년보장) 전후에도 열정적으로 연구와 교육에 몰두하며, 새벽에도 이메일을 주고받는 등 높은 수준의 헌신을 보이고 있다.

서울대와 카이스트가 다른 면을 보면, 서울대는 대기업의 지원을 자연스럽게 받고, 건물과 연구비가 알아서 유입되는 구조이다. 카이스트는 지역 기반의 한계를 극복하며 비수도권에서 세계적 수준의 연구중심대학으로 자리 잡았다. 이광형 총장은 "비수도권에서 살아남은 대학의 기적"이라 표현한다. 전효리 전략센터장은 "카이스트 교수들은 서울대 교수들과 동등한 역량에 더해 일에 대한 열정과 애국심까지 갖춘 인재들"이라고 말했다.

평택에서 오송까지
카이스트는 어디까지 가는가

지자체와 함께 가는 카이스트 확장 전략부지 출연
지자체 협력 등 활발 출연형 대학
카이스트의 자율과 공공성을 위한 실험

기획실/지역협력팀

자율성과 공공성 사이 카이스트의 특별함

텅 비어있던 14만 평의 평택 브레인시티 부지와 유휴 상태로 먼지만 쌓여가던 충남 내포의 지식산업센터에 마침내 생기가 돌기 시작했다. 반도체(평택), 바이오(오송), 모빌리티(내포) 등 대한민국을 먹여 살릴 미래 전략 산업들이 카이스트라는 강력한 엔진을 달고 지역 곳곳에 거대한 산학연 클러스터로 피어나고 있다.

카이스트는 그동안 자체적으로 부동산을 확보할 수 있는 재정적 여력이 부족했다. 국비 출연기관으로 시작한 만큼, 정부출연금 외의 자산 확보는 법적으로도 제한이 있었다. 하지만 최근 과학기술원법 개정을 통해, 지자체로부터의 행정자산 출연이 가능해졌다.

서울대학교와 같은 국립대들은 지자체의 지원을 받을 수 있었지만, 카이스트는 법적으로 그 길이 막혀 있었다. 결과적으로 각 지자체는 카이스트에 땅, 건물, 연구비, 프로그램 운영비 등 다양한 형태로 지원할 수 있게 되었다. 이로써 지역과의 협력사업이 활발해질 수 있는 기반이 마련됐다.

카이스트는 현재 공공기관으로 분류되지는 않지만, 국가로부터 출연금을 받는 만큼 유사한 의무를 따른다. 과학기술정보통신부로부터 매년 약 2,000억 원 이상의 출연금을 받아 운영된다. 따라서 공공기관에 준하는 규정을 지속적으로 준수하고, 국가의 세금으로 운영되는 기관으로서 책임을 무겁게 인식하고 있다. 법적 지위는 '특정 연구기관'이며, 이는 일반적인 국책 연구기관과는 다소 차이가 있다. 일반적으로 '정부출연연구기관'은 국책연구기관법에 의해 운영되며, 카이스트와는 별개의 출연형 법체계를 갖는다.

"카이스트는 과기부 산하의 특정 연구기관으로서, 출연형 대학이라는 고유한 법적 위치를 갖고 있다"라고 서 본부장은 설명했다. 이는 자율성과 공공성 사이에서 카이스트가 지닌 독특한 균형을 보여준다. 실제로도 정부의 지원 속에서 학문과 연구의 자율성을 지키는 구조가 중요하게 작동한다.

카이스트는 과학기술원법에 따라 '특정 연구기관'으로 규정되어 있으며, 이는 공공기관과도, 일반 대학과도 구별되는 독특한 법적 지위를 갖는다. 이러한 배경 아래 카이스트는 정부의 출연금을 기반으로 한 고도의 자율성을 유지하면서도, 공공적 책임 역시 함께 수행하고 있다. 이를 통해 국가 과학기술 발전에 기여함은 물론, 교육과 연구 양 측면에서 독립성과 창의성을 보장받는다.

지자체와 함께하는 카이스트

카이스트의 재정은 출연금과 외부 수주 사업, 연구소 운영 등 다양한 경로에서 조달된다. 민간이나 지자체로부터의 협력사업 확대는 최근 들어 더욱 활발해지고 있다. 이는 카이스트의 학문적 성과와 기술력에 대한 외부의 신뢰가 기반이 되었기에 가능한 일이다. 그는 "예전에는 단순히 국가 재정에 의존했지만, 이제는 지자체와의 연계를 통해 지속 가능성을 모색하고 있다"라고 설명했다.

이와 함께 카이스트는 대전이라는 지역사회와의 협력을 매우 중요한 가치로 삼고 있다. 카이스트 타운 조성이나 혁신 생태계 구축, 기업·지자체·주민과의 연계 등은 지역 발전과 직결된다. 서 본부장은 "지자체로부터 땅과 건물을 출연받는다는 것은 단순한 자산 확보가 아니라, 지역과 함께 성장하겠다는 약속"이라고 말했다.

대전시와의 협력은 전략적 파트너십에 가까우며, 공동연구, 창업지원, 청년인재 육성 등 다양한 방식으로 확장되고 있다. 최근 몇 년간, 대전시로부터 지원받은 부지나 자산은 카이스트의 캠퍼스 확장 및 R&D센터 설립에 크게 기여하고 있다.

카이스트가 지역사회와의 협력에 중점을 두는 배경에는, 공공적 책무에 대한 분명한 인식이 자리하고 있다. 과학기술 인재를 양성하고, 국가 연구개발을 선도하는 기관으로서 카이스트는 단순히 대학의 틀에 갇혀 있을 수 없다. 행정자산의 출연뿐 아니라, 지역 청년들을 위한 교육·연구 인프라 제공, 공동 기술개발 등의 형태로 지자체와 긴밀한 관계를 유지하고 있다.

대전 이외의 지역에서도 카이스트와 협력을 희망하는 사례가 늘면서, 전국적인 확장 가능성을 시사한다. 서 본부장은 "지역의 미래를 함께 고민하는 것이야말로 카이스트의 공공성을 실현하는 길"이라고 말했다. 그는 대학이 사회적 책임을 다할 때 비로소 진정한 신뢰를 얻는다고 믿는다. 이러한 철학은 단지 지역균형발전이라는 행정적 목적을 넘어서, 카이스트가 과학기술을 통해 사회에 봉사해야 한다는 신념으로 이어진다. 여러 지자체와의 MOU 체결, 공동 프로젝트 추진은 이 철학을 제도화하는 방식이라 할 수 있다.

카이스트 입장에서 외부 협력은 단지 외연 확대만을 의미하지 않는다. 이는 내부 구성원들에게도 새로운 도전과 기회를 제공한다. 교수들은 보다 다양한 현장 기반 연구를 수행할 수 있게 되며, 학생들은 연구 이외의 사회적 맥락을 이해하는 훈련을 받는다. 이는 교육과 연구의 경계를 허무는 매우 중요한 학습 구조이기도 하다. 서 본부장은 "캠퍼스 안의 연구가 아니라, 세상 속의 문제를 연구해야 한다"라고 강조했다.

실제로 최근 카이스트는 지역 공공문제 해결을 위한 데이터 기반 연구, 청년 주거 문제에 대한 기술적 접근 등 다양한 방식의 지역 맞춤형 R&D를 시도하고 있다. 이는 과학기술이 추상적인 담론에 머무르지 않고, 구체적인 현장성과를 낼 수 있다는 것을 입증하는 사례로 평가받는다. "과학은 사람을 위해 존재하는 것"이라는 철학이 점차 위력을 발휘한다.

출연기관으로서의 정체성을 유지하면서, 민간과 지역과의 협력을 통해 보다 자율적이고 유연한 기관으로 거듭나려면 제도 개선과 조직문화 변화가 필수적이다. 행정 시스템의 디지털 전환, 협업 구조의 유연화, 평가 기준의 다변화 등은 카이스트가 미래형 교육기관으로 발돋움하는 데 있어 중요한 과제다.

서 본부장은 "이제는 과학기술을 잘 아는 관리자, 교육철학을 이해하는 행정가가 필요한 시대"라고 강조했다. 과학기술 중심 조직일수록 사람 중심의 운영이 더욱 중요하다. 연구와 행정, 교육과 지역, 이 모든 요소들을 유기적으로 연결하는 리더십이 카이스트에 절실하다.

카이스트는 대전 본원을 중심으로 전국 각지에 특화된 캠퍼스를 조성하여 국가 전략산업을 선도한다. 평택, 오송, 충남(내포), 분당 캠퍼스는 각각 반도체, 바이오, 모빌리티, 인공지능 분야에 중점을 두고, 지역과의 협력을 통해 산학연 생태계를 구축하고 있다.

카이스트 평택캠퍼스
: 반도체 중심의 미래기술 융합 연구 허브

카이스트 평택캠퍼스 추진의 배경은 용산 미군기지의 평택 이전이다. 평택시는 산업단지와 대학 캠퍼스를 유치하려 했지만, 수도권의 기존 대학들도 지방 대학들도 입주가 어려운 상황이었다. 평택시는 14만 평 규모의 부지를 확보해 놓고도 대학 유치에 번번이 실패했다. 결국 평택시는 카이스트에 캠퍼스 유치를 제안하게 된다.

평택에 삼성 반도체 캠퍼스가 있기 때문에, 카이스트가 반도체 인력

양성에 특화된 프로그램으로 연계하면 좋겠다는 취지였다. 카이스트는 전자 및 전산분야의 강점을 살려, 반도체 산업에 필요한 인력 공급 거점으로 캠퍼스를 계획하고 있다. 평택캠퍼스는 지역과 산업이 주도하는 대학 유치의 대표적인 사례이며, 지자체와의 협력 모델로도 주목받는다.

경기도 평택시 브레인시티에 조성 중인 카이스트 평택캠퍼스는 2028년 개교를 목표로 삼아, 1단계로 학부생 300명 규모의 교육과정을 운영할 예정이다. 이후 2036년까지 3단계에 걸쳐 미래기술 융합연구를 위한 개방형 연구 플랫폼과 글로벌 산학클러스터 허브를 구축할 계획이다.

카이스트 오송캠퍼스
: 바이오메디컬 혁신의 중심지

오송캠퍼스는 카이스트가 추진하는 가장 전략적인 바이오 기반 캠퍼스이다. 충북도는 오송 식약처 인근에 있는 핵심 부지를 대학과 연구기관 용도로 보존해 오다, 카이스트 유치를 제안했다. 초기에 1만 평 부지를 제안했으나, 카이스트 측은 30만 평이 필요하다고 응답했다. 이시종 전 도지사의 결단으로 국가산단 개발 계획과 연계되며 규모가 확대되었다.

서 본부장은 "오송캠퍼스는 단순한 대학원이 아니라, 충북도와 중앙정부, 대통령 공약까지 연결된 종합 전략"이라고 설명했다. 현재는

PFV 방식이 아닌 국비사업 추진이 신중하게 검토되고 있다.

오송캠퍼스는 K-바이오 스퀘어의 핵심사업으로, 바이오메디컬 분야의 인재 양성과 연구개발을 목표로 한다. 2037년까지 의사 과학자 3,000명과 연구자 1만 명이 상주하는 세계 최대 바이오 클러스터로 조성될 예정이다.

카이스트 충남(내포)캠퍼스
: 모빌리티 융합 인재 양성의 요람

충남 내포에는 카이스트 모빌리티 연구소가 문을 열었다. 이 연구소는 충남도와 긴밀한 협력 아래 설립되었으며, 김태흠 충남지사가 적극적으로 추진한 결과물이다. MOU 체결부터 개소까지 6개월도 채 걸리지 않았다. 충남 지역의 자동차 산업과 연계된 연구와 창업 육성이 이뤄지고 있다.

충남도 내부 지식산업센터는 유휴 상태였는데, 카이스트에 공간을 제공하면서 창업기업과 연구소를 유치해 살아있는 공간으로 바뀌고 있다. 카이스트 교수진이 기업 문제 해결에 직접 참여하며, 모빌리티 특화 생태계가 형성되고 있다. 지식산업센터 외벽에 '카이스트 모빌리티 연구소' 간판이 붙어 있다.

충남 홍성군 내포신도시에 설립 예정인 카이스트 영재학교 내포캠퍼스는 반도체 및 첨단 모빌리티 분야의 핵심 인재를 양성하기 위한 교육기관이다. 2029년 개교를 목표로 하며, 이후 모빌리티연구원과 대학원까지 설립하여 전주기 융합 교육 중심의 혁신 생태계를 조성할 계획이다.

카이스트 분당(성남)캠퍼스
: AI 중심의 수도권 거점

분당·성남 지역에서는 카이스트 AI대학원이 이미 교육을 일부 진행하고 있다. 향후 성남 지역이 카이스트의 인공지능 교육·연구의 또 다른 중심이 될 가능성은 여전히 존재한다.

경기도 성남시 분당구 판교동에 조성 중인 AI교육원은 인공지능 분야의 국내 최고 인재 양성을 목표로 한다. 지하 1층, 지상 8층 규모로, 문화·지원시설, 창업기업 공간, AI 분야 산학연관 융합연구실 및 기술이전센터 등을 갖출 예정이며, 2028년 개원이 목표이다.

카이스트의 5대 지역 확장 전략
: 영재학교와 전략산업 중심

카이스트는 지역 기반으로 영재학교와 전략산업 중심의 캠퍼스를 구축하고 있다. 현재 논의 중인 5개 주요 프로젝트는 다음과 같다.

- 성남 – AI 기반 영재학교
- 오송 – 바이오 및 백신 기반 대학원 및 영재고
- 충남 – 모빌리티 기반 연구소 및 향후 영재교육
- 평택 – 반도체 산업 중심 학사 · 석사 캠퍼스
- 경남 – 항공우주 분야의 영재학교 논의 중

기억과 비전
: 정문술의 유산 위에 세우는 미래

글로벌 캠퍼스 확장과 교수 확충
MIT를 넘으려는 도전과 기억

이도헌 교수

| 캠퍼스 확장으로 경쟁력 강화

"정문술 회장님, 감사합니다." 얼굴 한 번 본 적 없는 기부자의 이름을, 카이스트 대학원생들은 자신의 인생이 걸린 가장 중요한 논문 심사 마지막 장에 조용히 새겨 넣는다. 25년 전, 평생을 바친 전 재산을 내어놓으며 "내가 나를 이겼다"고 고백했던 한 거인의 숭고한 결단이, 오늘날 하버드 의대 교수를 배출하고 수많은 청년의 가슴을 뛰게 하는 살아 숨 쉬는 심장이 되었다.

카이스트는 글로벌 경쟁력을 갖춘 대학으로 도약하기 위해 교수진 규모를 현재 약 730명 수준에서 MIT 수준인 1,200명까지 확대하는 것을 목표로 한다.

이광형 총장은 "이는 단순히 숫자 확대를 넘어 연구역량 강화를 위한 필수적인 규모"라고 강조한다. 축구 경기로 비유하자면, 11명이 뛰는 팀에 7명으로 맞서는 격이다.

하지만 교수를 늘리려면 실험실과 연구 공간이 부족해 신임 교수 유치에 어려움이 뒤따른다. 지하 공간 확장이나 연못 매립 같은 내부 공간 확장도 논의되고 있으나, 근본적인 해결책은 외부 캠퍼스 확장이다.

카이스트는 다양한 지역에서 캠퍼스 확장을 추진 중이다. 대전 이외에도 평택, 세종, 오송, 충남, 분당, 서울 강남 등 여러 지자체가 무상으로 부지를 제공하고 건물까지 지어주겠다는 제안한다.

해외 확장도 진행 중으로, 뉴욕의 NYU와 공동캠퍼스를 조성했고, 실리콘밸리에서는 아이디스(IDIS)의 협조로 센터를 확보했다.

아이디스 센터는 창업을 꿈꾸는 학생들이 활동할 수 있는 공간으로 활용될 예정이다. 아이디스 김영달 대표는 카이스트 학생 시절 실리콘밸리에 인턴으로 6개월 정도 가 있을 때, 벤처기업을 창업하겠다는 꿈을 꾸었다. 모범생 스타일인 김영달 아이디스 대표가 실리콘밸리에서 잠깐이나마 인턴 생활을 하지 않았다면 오직 교수가 되는 것만 생각했을 것이다.

그러므로 아이디스 실리콘센터는 대를 이어 스승과 제자의 창업 의지가 실현되는 살아있는 증거이다.

아이디스는 디지털 비디오 레코더(DVR) 분야의 선두 주자로서, 현재는 30여 개의 법인을 보유한 중견기업이다. 본사가 대전을 떠나지 않는 김 대표의 철학은 지역사회로부터도 높은 평가를 받고 있다. 아이디스는 카이스트 학생들이 실리콘밸리 센터에서 꿈을 펼칠 수 있도록 공간과 재정적 지원을 제공할 예정이다.

평택캠퍼스는 삼성전자 반도체 공장과 연계되어 총 14만 평의 부지가 확보되었다. 이는 카이스트의 반도체 연구 및 교육과 연계되어 지역 산업과의 시너지를 기대할 수 있다. 오송캠퍼스는 바이오 특화 지역인 오송의 특성과 충북도의 마스터플랜에 따라 바이오 및 AI 융합 연구의 거점으로 추진되고 있다.

700명의 교수진에 33만 평이 필요했다면, 1,200명 체제를 위한 최소 부지는 20만 평 이상이 추가로 필요하다. 단순한 부지확보를 넘어, 지리적으로 분산된 캠퍼스 간의 유기적 연계를 위한 운영 체계와 문화적 연대성 확보도 과제로 제시된다.

기존 학과 체계가 일정 규모에 도달하면 정체되는 현상도 문제로 지적된다. 학과 내 구성원이 많아지면 교수 충원이나 새로운 분야 개척에 대한 의견이 나뉘며, 외부 자원의 분배 문제로 인해 확장이 쉽지 않다. 이에 대한 해결책으로 카이스트는 기존 학과 울타리를 넘어서는 융합형 대학원 체계를 구축했다.

대표적인 예로 공학생물학대학원, 녹색성장 지속 가능 대학원, 양자대학원 등이 있다. 이러한 대학원은 특정 학과 소속이 아닌 단과대학 직속으로 설립되어, 학문 간 융합과 새로운 분야 개척을 보다 유연하게 추진하도록 설계되었다. 이는 카이스트가 지닌 도전정신과 혁신 의지를 반영한 것이다.

양자대학원과 공학생물학대학원은 외부의 유치와 학생들의 높은 지원율 덕분에 빠르게 성장하고 있다. 하지만 초기 설립 단계에서는 기존 학과의 보수적 시선과 반대에 부딪히기도 했다. 이러한 난관에도 불구하고 이광형 총장은 설명과 기다림을 통해 설득하는 방식으로 새로운 체계를 정착시켰고, 이는 그의 리더십을 보여주는 중요한 변화 중 하나로 평가된다.

바이오 관련 학과인 생물학과, 생명과학과, 생명화학공학과, 바이오 및뇌공학과 등 여러 학과가 협력하여 공동으로 공학생물학대학원을 만들었다. 특정 학과의 부속 개념이 아닌, 여러 학과가 파트너십을 맺고 참여하는 방식이었다. 물리학과, 수학과, 화학과 등의 교수들도 이 새로운 체계에 자발적으로 참여하고 있다.

양자대학원은 물리학과와 전기및전자공학과가 함께 참여했으며, 녹색성장대학원은 관련성 있는 10개 학과가 참여한다. 협력 학과의 수가 많을수록 구성원들이 책임감을 가지고 활발히 참여하는 경향이 있다는 점도 주목할 만하다.

정문술 회장이 남긴 기술과 인재 개발의 싹

카이스트에는 '카이 누리'라는 학생 동아리가 있다. 이 동아리 학생들은 초중고 학생들의 캠퍼스 투어를 도우며, 정문술 빌딩과 양문순 빌딩 앞을 지날 때 기부자들의 이야기를 진지하게 전달한다. 25년 전 바이오와 IT 융합이라는 개념조차 생소하던 시절, 이 분야에 과감히 투자한 정문술 회장의 기부가 지금의 커다란 학과로 성장했고, 이를 통해 하버드 의대 교수와 같은 인재들이 배출되었다는 이야기는 청소년들에게 큰 감동을 준다.

정문술 회장의 기부는 총 515억 원에 이른다. 당시 학과장이었던 이도헌 교수도 기부 약정식에 함께 참석했다. 정 회장은 리츠칼튼 호텔에서 열린 행사에서 "내가 나를 이겼다"라는 말로 기부 결정을 설명했으며, 인간적 갈등을 극복하고 가치 있는 일에 동참한 것에 깊은 기쁨을 느낀다고 밝혔다.

이도헌 교수는 "그 말을 듣는 순간 가슴이 뛰며 전율이 느껴졌다"라고 말한다. 이 교수는 그 말을 지금까지 기억하고 있다. 정문술 회장의 기부는 단순한 건물로 남는 것이 아니라 젊은 세대의 마음속에 깊은 유산으로 새겨지고 있다는 점에서 더욱 뜻깊다.

하버드 의대 부교수이자 보스턴 아동병원(BCH) 소속의 이은정 교수와 매사추세츠 종합병원(MGH) 소속의 이필현 교수는 바이오 및 뇌공학과의 초기 졸업생으로 둘 다 이도헌 교수랩 출신이다. 두 사람은 학과 설립 초기의 불확실성과 도전을 이겨내고 뛰어난 연구자로 성장했다. 그들은 처음부터 뚜렷한 꿈과 열정을 지녔으며, 신설 학과에 입학함으로써 인생의 큰 모험을 감행했던 인물들이다. 이들의 성취는 새로운 시도가 실질적인 성과로 이어졌음을 잘 보여준다.

카이스트는 정문술 회장의 기부에 대한 정신적 유산을 이어가기 위해 다양한 방식으로 기념 사업을 추진한다. 정문술 빌딩 1층에는 정문술 회장의 실제 크기로 만든 동상을 세우고, 표지석이나 관련 동영상을 틀어준다. 정문술 회장이 세상을 떠난 이후, 새로운 메시지를 추가로 삽입하는 방안이 논의되었다.

이도헌 교수가 지도하는 바이오정보시스템 연구실 대학원 학생들은 논문 심사 때 마지막 슬라이드에 지도교수와 연구 동료들에게 대한 감사와 함께 "정문술 회장님 감사합니다"라는 문구를 덧붙이는 전통을 이어가고 있다. 선배들이 그렇게 하니까 당연히 후배들도 그렇게 하면서 학생들 사이에 자연스럽게 자발적으로 계승되었다. 회장을 직접 만나본 적이 없는 후배들조차 이 전통을 이어간다. 정문술 회장이 남긴 정신은 여전히 살아있다.

정문술 회장의 기부가 처음 도착했을 때, 이광형 교수는 동료 및 후배교수들에게 "이 기부금으로는 밥을 먹지 말자"는 의미심장한 말을 남겼다. 이 말은 이도헌 교수 마음속에도 깊이 각인되었고, 기부문화가 정착되기 이전 시대에 이런 결정을 내린 정 회장의 용기와 결단력에 큰 존경심을 품게 되었다.

정문술 회장은 큰 파란을 겪으며 인생을 살면서 자신만의 신념과 철학을 구축해 왔다. 이러한 삶의 궤적은 단순한 금전적 기부를 넘어서 후대에 전할 만한 가치로 남았다. 이를 학생들에게 전달하기 위해서는 교수들이 먼저 그 정신을 체화해야 한다.

지금의 주니어 교수들은 정문술 회장이 기부할 당시의 카이스트를 직접 겪지 못했기에 그 감정을 동일하게 공유하기는 어려울 수 있다. 이도헌 교수는 정문술 회장이 남긴 "내가 나를 이겼다"라는 말을 삶의 깊은 통찰을 담은 고백으로 받아들였다. 그러면서 과연 나는 그런 선택을 할 수 있을지 되묻게 되었다고 회고했다.

혁신의 영토를 넓힌 리더

열정과 결단으로 이룬 공든 탑

이은우 감사

카이스트 본관 2층의 한쪽 끝에 총장실이 자리 잡고 있고, 그곳에서 수십 m 떨어진 2층에 감사실이 자리 잡고 있다. 이은우 감사는 뜻밖에도 화분에서 잎을 하나 떼어내어 둘둘 말아서 소리를 냈다. 잎사귀 하나를 입에 물고 풀피리를 불었다. 초록색 풀잎이 입술 사이에서 떨리며 내는 그 원초적인 소리는, 최첨단 과학기술의 산실인 카이스트의 풍경과 묘한 대조를 이루었다.

그는 인터뷰어가 가지고 간 무선 녹음기를 만지작거리며, 급변하는 기술의 시대를 이야기했다. "세월이 참 희한하다."

녹음기 하나, 마이크 하나가 무선으로 연결되는 세상. 그는 자신이 어린 시절 불던 풀피리의 감성을 간직한 채, 생성형 AI가 지배하는 지금의 시대를 응시하고 있었다.

챗GPT와 제미나이가 인간의 지적 노동을 대체하는 시대, 스마트폰에서 세계적인 관현악단의 음악을 무선으로 듣는 대신, 카이스트 감사는 아무 도구도 없이 음악소리를 낸다.

마치 이런 질문을 던지는 것 같았다.

"지식조차 내 것이 아닌 세상에서, 과연 인간이란 무엇인가?"

조물주가 아담에게 "네가 어디 있느냐"라고 물었던 것처럼, AI는 인간에게 스스로의 존재 가치를 묻게 만드는 도구일지도 모른다.

감시자가 아닌 동반자 역할 맡아

그는 2022년 9월, 이광형 총장보다 늦게 카이스트에 합류했다. 흔히 감사를 기관장과 대립각을 세우는 '저승사자'로 여기지만, 그의 철학은 달랐다. 감사는 CEO가 일을 잘할 수 있도록 돕는 '동반자'이자 '조력자'여야 한다고 믿었다. 그러나 그 동반의 길은 무조건적인 칭찬이 아니라, 잘못된 길을 바로잡는 쓴소리에서 시작되었다.

그가 부임했을 당시 카이스트의 일상 감사 절차는 전임 감사 공석 기간 동안 운영 방식이 일부 변경되어 있었다. 그는 대안을 제시하며 시스템을 원상 복구시켰다. 다행히 이광형 총장은 합리적인 지적을 즉각 수용했다. 잘못을 인정하고 시스템을 고치는 유연함, 그것은 이 총장의 장점이었다.

빛이 강하면 그림자도 짙은 법이다. 이은우 감사는 이광형 총장의 리더십을 '과학기술의 영토를 확장한 리더'라고 평가하면서도, 그 과정에서 발생한 개선점들을 놓치지 않고 지적했다.

이 총장은 과학기술을 넘어 문화, 예술, 인문학으로 카이스트의 외연을 넓혔다. 조수미를 초빙하고, 미술관을 짓고, 실패연구소를 만들었다. 이 감사는 이것이 융합의 시대에 필요한 시너지라고 보았지만, 내부의 시선은 달랐다. 핵심인 과학기술 연구에 집중하기에도 벅찬데 왜 한눈을 파느냐는 비판이 거셌다. 여기서 그는 "반대하는 사람들의 우려를 충분히 살피고, 이 방향의 필요성을 차분히 설명하며 공감대를 넓혀 가는 과정이 상대적으로 제한적이었던 것으로 보였다.

이은우 감사는 과학계 사정을 잘 아는 행정가이며 기계공학 박사인 과학자이다. 과학기술부 국제협력국장을 거쳐, 국립중앙과학관 관장, 과학기술연합대학원대학교 총장, 과총 사무총장 등을 역임했다.

이광형 총장은 시간이 없었던 것일까. 총장은 포용하여 함께 가는 리더십보다는, 때로는 자신의 뜻대로 밀고 나가는 과단성 있는 지도자의 방식을 택했다.

아슬아슬한 속도전

이광형 총장의 리더십은 '빠르다'. 아침 뉴스에서 본 아이디어를 새벽에 문자로 지시할 정도로 기민하다.

대표적인 사례가 'AI대학원' 설립 당시였다. 정부가 지원 사업을 내걸었을 때, 카이스트 내부, 특히 전산과 교수들의 반대는 심했다. 그러나 이 총장은(당시 교학부총장 및 주도 세력은) 일단 사업을 따내는 데 집중했다. 카이스트가 하지 않으면 다른 대학으로 넘어갈 것이라는 위기감 때문이었지만, 그 과정에서 내부 구성원과 소통이 조금 부족하지는 않았는지 아쉬움이 있다.

이 감사는 "기회를 놓치는 것보다는 일단 기회를 잡고 시행과정에서 여러 의견들을 적극 수렴해 수정·보완해 나간다면 최선의 결과를 얻을 수 있을 것이다"라며 웃었다.

뉴욕에 카이스트 캠퍼스를 설치하겠다는 공약은 우여곡절을 겪으면서 학교 안팎에서 건넨 여러 사람의 도움 덕분에 뉴욕대(NYU)와 공동 캠퍼스를 마련하는 것으로 귀결되었다. 그 이후 양측간의 협력 프로그램이 많이 늘어나면서 공동 캠퍼스의 면모를 갖추어 나가고 있다.

이 총장은 '내부 직원'과의 소통도 꾸준히 노력해 왔지만, 조금 더 개선의 여지는 있어 보였다. 이 총장이 보여줬던 학생들과 춤추고 식당에서 함께 밥을 먹는 파격적인 소통의 모습을 행정 직원들과 더 자주 했다면 어땠을까?

국제 협력에 있어서도 조금의 아쉬움은 남는다. 미국이나 독일(머크사)과 대만(포모사)의 협력은 훌륭했지만, 중동, 아프리카, 구소련 국가 등 제3세계로의 확장은 상대적으로 더뎠다. 카이스트가 진정한 글로벌 리더가 되기 위해서는 더 공격적으로 낯선 땅을 개척해 나가면 좋겠다. 그래도 다행인 것은 카자흐스탄과 UAE 협력이 시작 단계에 있다는 점이다.

이은우 감사는 12월 11일 이사회를 끝으로 임기를 마친다. 이광형 총장보다 늦게 왔지만 먼저 떠나는 길. 그는 이 총장을 "역대 어느 총장보다 열심히 발로 뛰며 펀드레이징(기금 모금)에 헌신한 분"이라고 치켜세웠다. 자다가도 벌떡 일어나 나갈 정도의 열정은 인정해야 한다고 했다. 그리고 마지막으로 이광형 총장은 모든 분야에서 열정과 결단으로 공든 탑을 이루어 왔다고 말했다.

밥 한 끼가 만든 수백억 연구비

잡담에서 시작된 혁신이 생태계 바꿔

바이오 발전시키려 농지법도 개정

조병관 교수의 융합 이야기

조병관 공학생물대학원 교수

머크사와의 협력이 이끈 성과

정부의 연구개발(R&D) 예산이 반토막 나고, 연구실마다 인건비 걱정에 숨이 막히던 절체절명의 시기. 모두가 굳은 얼굴로 비상 대책을 짤 때, 카이스트 연구처장은 아주 기막힌 묘수를 던졌다. "교수님들, 모여서 밥 먹고 잡담이나 하세요. 밥값은 학교가 내겠습니다." 예산 폭탄을 맞은 전시(戰時) 상황에 '잡담 지원금'이라니. 하지만 이 엉뚱하고 발칙한 역발상은 굳어있던 교수들의 입을 열게 했고, 밥상머리에서 터져 나온 아이디어들은 수십억 원짜리 글로벌 대형 프로젝트로 진화했다.

조병관 교수가 연구처장을 하는 동안 우리나라 과학기술 커뮤니티는 큰 시련을 겪는다. 코로나19의 역경을 지나는 것도 벅찬 일인데, 정부는 과학기술 관련 연구개발 예산을 대폭 삭감했다. 이공계 대학마다 연구 인력을 줄이고, 프로젝트가 중단되면서 석박사 과정 학생 양성에 빨간불이 켜졌다.

이 같은 시기에 이광형 총장에게 '조자룡'이라는 별명을 붙여줄 만큼 꾀가 많고 유쾌하고 사회성이 좋은 조병관 교수가 연구처장을 한 것은 행운이었을 것이다. 조병관 교수는 단순한 실험실 연구를 넘어, 산업 현장과의 실질적인 협력에도 깊이 관여해 왔다. 우선 그는 머크(Merck)와의 공동 프로젝트를 이끌면서 단순한 MOU 체결을 넘어 실질적 협력 모델을 정립하는 데 주도적인 역할을 했다. 당시 그는 카이스트가 글로벌 바이오 연구 분야에서 약세를 보이고 있다는 점을 인식하고, 이를 극복하기 위한 전략으로 머크와의 협력을 이끌었다.

"한국에서야 우리가 1등이지만, 세계적으로 보면 아직 갈 길이 멉니다. AI나 나노는 KAIST가 강하지만, 바이오와 화학 분야는 아직 보완이 필요합니다."

그는 이광형 총장이 다보스포럼에서 머크사 대표를 만나 카이스트의 인재 풀과 인프라를 기반으로 협력을 제안했다는 소식을 들었다. 그는 단순히 명분이 아닌 실익 중심의 협력 체계를 구상했다. 첫 단계로 바이오 및 신소재 분야를 중심으로 연간 20억 원의 예산이 투입되는 공동연구과제가 마련되었고, 매년 8개 이상의 프로젝트가 가동되었다.

조 교수는 단순히 연구비 수주에 만족하지 않았다. 그는 머크 측에 대학원생 장학금도 함께 요청했다. "우리 대학원생들이 연 3만 유로, 거의 5천만 원 가까이 장학금을 받게 되었어요." 머크 프로세서 제도라는 이름으로 교수들에게도 소정의 연구비가 지원되었고, 매년 세 명의 교수와 세 명의 대학원생이 선발되었다.

"조금씩 많이 주기보단, 빡세게 심사해서 크게 주자"는 그의 원칙은 장학금 집행 방식에도 반영되었다. 그 결과 머크-카이스트 협력연구센터가 설립되었고, 양 기관은 매년 두 차례 공동 발표회와 회동을 이어가며 지속 가능한 협력 구조를 갖추게 되었다. 프로젝트 진행 과정에서 미국 보스턴 버링턴에 위치한 머크 캠퍼스(시그마밀리포어) 방문도 병행되었으며 국제 교류도 확장되었다. 그는 이를 두고 "머크와의 MOU는 단순한 사진 찍기용이 아니라, 실질적으로 '돈'과 '성과'가 따르는 성공적 모델"이라 자부했다.

조병관 교수는 머크와의 협약을 추진하던 과정에서 이광형 총장과 함께 여러 차례 공식 미팅에 나섰다. 그는 특히 한 번 있었던 에피소드를 떠올리며 웃음을 터뜨렸다. 그날은 머크 본사 고위 임원과의 중요한 회의가 예정되어 있었고, 모두가 단정한 복장으로 준비를 마친 상태였다.

그는 이렇게 회상했다. "이광형 총장님을 비롯한 모든 참석 인원이 모두 멋진 정장을 빼입고 참석하셨어요. 근데 총장님이 오셔서 한마디 하셨어요. '왜 다들 이렇게 빼입었어?' 그래서 제가 '오늘은 대통령도 아니고 머크가 오니까 다들 한껏 멋 부렸죠'라고 말했죠. 뒤이어 'KAIST가 세계 10위권 이내로 발전을 해야 하는데 그 위대한 일을 머크와 함께하고 싶다. 어때요?'라고 말했죠. 모두 박수치며 웃음바다가 되었습니다. 그 이후의 모든 일은 그냥 이루어졌어요."

그 유쾌한 일화는 조병관 교수가 얼마나 현장의 긴장과 유머를 동시에 포착하는지를 보여주는 장면이었다. 그는 총장과의 그날의 대화를 통해 과학적 성과를 위한 회의조차도 인간적인 유대와 여유 속에서 이루어질 수 있음을 실감했다고 말했다.

예산 삭감에서 떠오른 아이디어, 잡담 프로그램

머크와의 협력은 커뮤니티 기반의 조직으로 발전되었다. 양측에서 총 8명의 인원이 커뮤니티를 구성했고, 카이스트 측에서는 교학부총 장, 연구부총장, KI원장과 조병관 교수 등이 참여했다. 각기 다른 배 경을 가진 교수들이 함께 고민하고 결정하는 구조를 구축했으며, 이 구조는 단순한 회의체를 넘어 신뢰 기반의 실질적 운영 기제로 작동했 다.

하지만 그 즈음 대학은 전반적인 연구비 삭감이라는 현실적 위기를 맞이하고 있었다. 한 해 예산이 최대 90%까지 잘린 교수도 있었고, 평 균 20% 이상 감소된 상황에서 학생 20명을 둔 연구실은 인건비를 감 당하지 못할 정도였다. 그는 그때의 스트레스를 "정말 지우고 싶은 기 억"이라 표현했다.

"연구실 학생이 20명이면 한 명당 200만 원씩만 줘도 4,000만 원이 에요. 근데 연구비가 확 줄었죠. 정말 무서웠고, 엄청난 스트레스였어 요."

이 난국을 해결하기 위해 새로운 아이디어가 필요했다. 대형 과제를 따기 위해선 과제기획이 필요했지만, 교수들은 각자 바빴고 서로 협력 하는 일은 드물었다. 그때 그는 '잡담 프로그램'을 고안했다. 교수들이

다섯 명씩 모여 그냥 밥을 먹으며 이야기만 해도, 학교에서 200만 원을 지원하는 프로그램이었다. 명칭은 '적당히 모여서 잡담하세요'라는 콘셉트에서 시작되었고, 처음 공고를 냈을 때 30분 만에 10팀이 마감되었다.

"총장님과 이야기를 나누다가 생긴 아이디어예요. 그냥 밥 먹는 거예요. 잡담이에요. 그런데 그 안에서 아이디어가 생기면 그걸로 연구가 시작될 수 있을 거라고 생각했어요."

프로그램의 호응은 폭발적이었다. 15팀으로 확대되었고, 심지어 신청 메일을 늦게 본 교수들이 "이건 반칙"이라고 항의하기도 했다. 이후 이 프로그램은 추첨제로 바뀌었으며, 2024년에는 경쟁률이 너무 높아 5분 만에 마감되기도 했다. 그는 이를 통해 실제로 아이디어가 연구로 이어지고, 결과적으로 카이스트의 연구비가 전국 평균보다 훨씬 적게 감소했다고 설명했다.

"다른 학교가 평균 20%씩 줄었을 때, 우리 학교는 1.4%만 감소했어요. 전 그렇게 믿어요. 밥 먹다가 생긴 아이디어도 큰 역할을 했을 거라고요."

'잡담 프로그램'은 예상을 뛰어넘는 인기를 끌며 카이스트 내에서 작은 파장을 일으켰다. 초기에는 단 5분 만에 신청이 마감될 정도였고, 이로 인해 공정성 논란까지 빚어졌다. 일부 학과에서는 "이건 추첨으로 해야 한다"고 항의가 들어왔고, 그는 그 상황을 "학과장에게 혼쭐이 났다"고 웃으며 회상했다.

"그해는 그냥 선착순이었는데, 뒤늦게 본 교수님들이 '이건 반칙'이라면서 항의했어요. 그때부터 반은 선착순, 반은 추첨제로 바꿨어요. 하하."

잡담회 아이디어는 단지 회식 자금을 주는 것이 아니라, 소통에서 연구의 가능성을 발견하려는 철학에서 비롯되었다. 실제로 이 프로그램을 통해 나온 아이디어 중 하나가 보스턴 협력안이었다. 그 아이디어는 이후 과학기술정보통신부와 보건복지부가 지원하는 연간 30억 원 규모의 대형 프로젝트로 발전했다.

"사람의 마음을 움직이는 건 예산이 아니라 진심입니다."

연구실을 자유롭게 이동하는 융합형 대학원 설계

그는 이광형 총장의 철학에서 깊은 인상을 받았다고 밝혔다. 특히 총장이 신설 대학원을 설계하며 보여준 '학생 중심' 시각은 그에게 큰 울림을 주었다. 총장은 학과 간 벽을 허물고 학생이 원하는 방향대로 학업을 설계할 수 있는 구조를 만들고자 했다. 예를 들어, 생명과학을 공부하고 싶어도 입학은 화학과로 했던 학생이 쉽게 전공을 바꿀 수 있도록 하자는 것이었다.

조병관 교수는 이러한 철학을 기반으로 융합형 대학원 설계에 참여했고, 생명과학과, 생명화학공학과, 바이오및뇌공학과 교수 등과 한국생명공학연구원의 책임연구원이 겸임교수로 참여하여 바이오, AI, 로봇공학 등이 융합된 공학생물학대학원을 개설했다. 이 학과는 개설 직후 경쟁률 3:1을 기록하며 큰 반향을 불러일으켰다. 이 대학원은 합성생물학, AI, 로봇공학, 화학 등 여러 전공을 넘나드는 내용으로 구성되었고, 과학기술정보통신부의 전략적 지원 대상이 되었다. 그는 이를 통해 력양성사업으로 향후 5년간 100억 원이 투입되는 성과를 얻었다.

조병관 교수는 이광형 총장의 철학대로 학생들이 자유롭게 융합 연구를 수행할 수 있는 환경을 구축하기 위해 끊임없이 구조적 장벽을 허물었다. 기존의 학과 중심적 접근이 아닌, 주제 기반의 연구 설계를 도입하며 학생 주도성을 강조했다. 그는 "MIT나 하버드처럼, 학생이 관심 있는 주제를 중심으로 연구실을 오갈 수 있어야 한다"고 주장했다.

하지만 현실은 녹록지 않았다. 한국생명공학연구원과 물리적 장벽이 있었고, 이는 단순한 조직 간의 협업 문제를 넘어 보안 문제와 행정 규제로 이어졌다. "문 하나만 뚫어도 보안 문제로 난리가 납니다." 그는 실제로 학생들이 연구를 위해 KAIST와 한국생명공학연구원을 자유롭게 오갈 수 있도록 담장을 허물고, 출입 시스템을 바꾸는 작업까지 직접 나섰다. 그가 나섰던 이유는 단 하나였다. 학생들이 '편하게 밥 먹으러 갈 수 있는' 구조를 만들기 위함이었다. 그는 당시 상황을 이렇게 회상했다.

"이광형 총장님과 생명연 김장성 원장님께 담장을 허물고 소통의 길을 만들자고 요청 드렸어요. 총장님과 원장님께서 의기투합하셨고 멋진 길을 만들었습니다. 밥 한 끼 먹기 위해 신분증을 바꾸고 돌아다니는 구조는 말이 안 되죠."

그러한 물리적 장벽이 제거되자, 학생과 교수들이 자유롭게 드나들 수 있는 융합 연구 환경이 마련되었다. 학생들은 KAIST와 한국생명공학연구원 내의 첨단장비를 활용해 연구를 시작했고 KAIST뿐만 아니라 한국생명공학연구원 내에 학과사무실도 만들었다. 이와 같은 연구 공간은 이광형 총장의 교육철학과 밀접히 연결되어 있었다. 그는 "교육은 학생 중심이어야 한다. 그래야 연구도 발전한다"고 강조했다.

결과는 숫자로도 명확히 드러났다. 공학생물학대학원에는 2년 반 만에 100여 명의 학생이 입학했고, 총연구비는 400억 원 이상으로 증가했다. 그는 단호하게 말했다.

"홍보기간도 부족했는데 첫해에 3:1의 경쟁률로 35명 넘게 들어왔어요. 연구비도 수백 억으로 늘어났죠. 의미 있는 시도였습니다. 최근에는 농림축산식품부와 KAIST 협력으로 공학생물학대학원 내에 첨단 농축산업연구를 위한 디지털 그린바이오 트랙이 추진되고 있습니다. 좋은 시도는 확산되기 마련이죠. 이광형 총장님의 철학이 빛이 나는 순간입니다."

첨단 농업 연구의 길을 열다

사실 농림축산식품부와의 인연은 다른 일로 시작되었다. 원래 KAIST는 농지를 소유할 수 없었다. 이는 기부받은 농지조차 제대로 등록할 수 없는 구조였다. 이광형 총장, 김경수 부총장, 이도헌 기획처장과 함께 그는 '농지법' 개정 추진에 나섰다. 관련 법을 새로 제정하여, 기부받은 농지를 대학이 활용할 수 있도록 기반을 마련한 것이다. 그는 그 과정을 두고 "시간도 오래 걸리고 힘든 일도 많았지만 기어이

법을 만들어냈다”고 토로했다.

“KAIST는 그전까진 농지를 소유할 수 없었어요. 기부를 받아도 받을 수가 없었죠. 결국, 법을 고쳐서 가능하게 했습니다.”

그는 농지법 개정이 단순한 행정이 아니라, 연구와 교육의 지평을 넓히는 시도였다고 확신했다. 바이오전공 교수님을 모아 기획팀을 구성하고 KAIST가 첨단농업연구를 얼마나 잘 할 수 있는지 보고서를 작성해 농림축산식품부를 설득했다.

인터뷰의 끝자락에서 조병관 교수는 농지법 개정 과정을 다시 언급하며 “스펙타클한 이야기”라며 웃음을 터뜨렸다. 단순한 법률 제정이 아니라, 농지 소유와 기부 문제를 풀어내기 위한 고군분투였기 때문이다. 그는 그 과정을 회상하며 “기획처, 연구처, 바이오전공 교수님이 한 팀을 이루고 모두 함께 피똥 싸면서도 해냈다”는 말을 덧붙였고, 그만큼 어렵고도 의미 있는 여정이었다는 사실이 전해졌다.

그는 인터뷰 내내 이광형 총장의 철학을 공유하며 연구와 정책, 제도와 사람 사이에서 다리를 놓으려는 실천가의 면모를 드러냈다. 단순히 연구를 하는 교수가 아니라, 제도를 움직이고 조직을 혁신하며 사회의 문턱을 낮추는 과학자였다. 그의 말에는 현실에 대한 냉철한 인식과, 동시에 사람을 향한 따뜻한 배려가 배어 있었다.

마지막 인사에서는 “이야기를 너무 재밌게 해서 시간 가는 줄 몰랐다”며 인터뷰어의 웃음이 흘러나왔다. 그는 정제된 사건의 나열이 아니라, 살아있는 경험과 고민, 실천이 묻어나는 이야기로 자신을 설명하는 사람이다.

"이런 인터뷰는 오랜만이에요."

조병관 교수의 한마디 한마디는 연구실을 넘어 현장과 제도, 정책과 교육을 잇는 생생한 통찰이었다. 그는 자신의 일에 스스로 열광하는, 동시에 그것이 사회에 미치는 영향을 늘 고민하는 사람이었다.

포용과 비전의 리더십,
카이스트를 이끈 조용한 전략가

송대광 총장실장

이광형 총장을 누구보다 가까이에서 오래 지켜본 사람은 송대광 총장실장일 것이다. 송대광 총장실장은 2019년 3월, 이광형 교수가 교학부총장으로 임용되었을 때 교무팀 실무자로 일했다. 교무처는 교원 인사와 학생 관련 업무를 담당하던 부서였고, 부총장과는 업무적으로 자주 만나는 입장이었다. 그렇게 따지면 그가 총장과 함께한 시간이 7년쯤 된다.

그는 서남표, 강성모, 신성철 총장에 이어 이광형 총장까지 4명의 카이스트 총장을 가까이에서 경험했다. 카이스트 총장은 단순한 교육자가 아닌 CEO에 가까운 자리로 보였다.

사람의 온기로 학교 발전을 추진하는 능력

과거에는 정부출연금이나 산업체 R&D 자금으로 학교를 운영할 수 있었지만, 지금은 새로운 재원을 끌어오는 것이 총장의 핵심 역할이다. 총장은 단순한 행정가가 아닌, 학교를 끌고 갈 리더이자 전략가여야 한다는 생각이 강하게 들었다. 그런 맥락에서 볼 때, 송 실장은 현 총장이 그 자리를 위해 오래 준비해 온 사람이라고 확신한다.

"총장이 되려고 하셨는지 모르겠지만, 분명 준비를 많이 하셨다고 느꼈습니다. 교학부총장 시절부터 카이스트를 어떻게 이끌어야 할지 깊이 고민하신 것 같아요."

카이스트 내에서 제도 개선안을 두고 구성원 간에 의견차가 있었을 때, 총장은 여러 차례 직접 찾아가 설명하고 대화하며 설득했다. 그래서인지 반대 의견이 있었던 사람들도 나중엔 '그래, 총장님이 말한 것도 일리가 있지' 하면서 마음을 열었다.

그는 총장의 리더십을 한마디로 "포용과 비전의 결합"이라고 정의했다. 사람을 품을 줄 알고, 동시에 미래를 내다보며 나아가는 리더십이다.

리더의 평가를 숫자로 하려 들지만, 송 실장은 "학교에 남긴 온기와 방향, 그게 가장 큰 이광형 총장의 유산이라고 생각한다"라고 말했다.

총장실장은 기부자들을 가까이에서 목격하기 마련이다. 특히 고(故) 장성환 회장의 기부는 기억에 깊이 남아 있다.

"장성환 회장님은 이전부터 이야기가 오가긴 했지만, 총장님 시절에 200억 상당의 논현동 건물을 기부하셨죠." 이후에도 기부는 계속 이어졌다. 부영그룹 이중근 회장은 기숙사 건립을 위해 200억을 기부했고, 김재철 회장도 500억 규모의 약속에 더해 44억을 추가로 기부했다. 평택캠퍼스 기부는 전임 총장 시절부터 논의가 있었지만, 이광형 총장 임기 중에 급속도로 진전됐다. 오송, 충남, 성남 등 여러 지자체들이 땅과 건물을 제공하고 운영비까지 지원하겠다는 제안을 해왔다.

그는 총장의 겸손과 겸양을 가장 인상 깊게 보여준 순간으로 '유퀴즈 출연'을 꼽았다.

"2021년 5~6월쯤 유퀴즈 제작진이 카이스트 50주년 특집으로 인터뷰 제안을 해 왔어요. 그런데 총장님은 유퀴즈가 뭔지도 잘 모르셨죠. '유재석? 조세호? 어디서 많이 들어본 것 같긴 한데…' 하셨던 기억이 납니다."

처음엔 다소 낯설어하셨지만, '50년을 꾸준히 이어온 기관'으로서 카이스트가 지닌 상징성과 미래 비전을 소개할 좋은 기회라고 판단하고 출연을 결심했다. "그런 방송은 보통 사전 시나리오가 있잖아요? 그런데 총장님은 시나리오도 안 보시고 그냥 나오셨어요. 완전히 '날것' 그대로."

총장은 비전과 추진력이 탁월했다. 캠퍼스 확장을 위해 지방자치단체들과 정기적으로 소통하고 협상했으며, 각종 국책과제를 끌어오는데 주도적이었다.

기존의 틀을 깨는 이광형 총장의 리더십

그는 총장과 함께한 시간 동안 카이스트가 안고 있는 구조적 한계와 그것을 넘어서려는 시도들을 가까이에서 지켜보았다. 특히 그는 "틀을 넘는 생각"을 강조하는 총장의 철학을 인상 깊게 기억하고 있었다.

해보지도 않고, 대안도 고민해 보지 않은 채, 단지 '그동안 그렇게 해왔기 때문에 안 된다'는 식의 반응을 들으면 총장은 답답해했고 때로는 언짢아했다.

그 철학이 실제로 드러난 장면 중 하나는 '첫화사' 행사였다. 이 행사는 매월 첫 번째 화요일 오후 4시에 진행되며, 총장이 직접 학생들과 대화를 나누는 자리였다. 초기에는 오프라인으로 시작했지만, 코로나19 이후 온라인으로 전환되었고, 무려 4년 동안 단 한 번도 빠지지 않고 지속되었다.

"어느 첫화사에서 한 학생이 질문을 했어요. 자기가 창업을 하고 싶은데 학교의 휴학 기간 제한 때문에 어려움을 겪고 있다고요."

이에 대해 총장은 "그래요? 한번 알아보겠습니다"라고 응답하고, 바로 실무부서에 검토를 요청했다. 그러나 실무부서는 "규정상 어렵다", "학칙에 정해져 있어 어렵다"라는 입장이었다.

그때 총장은 질문을 던졌다. "그렇다면 왜 휴학 기간을 제한했죠?" 이 질문에 누구도 명확한 답을 하지 못했다. "단지 이전부터 그렇게 해왔기 때문"이라는 식의 답변은 총장을 납득시키지 못했다. 총장은 그 자리에서 실무자들과 자신의 판단을 공유했다.

"예전엔 학적 관리를 수기로 하다 보니 기록이 유실될 위험이 있었고, 북한 관련 안보 문제 때문에 장기 휴학을 제한했던 걸로 압니다. 하지만 지금은 전산화돼 있고, 그런 사유도 해당되지 않죠."

결국 카이스트는 해당 정책을 완화했고, 현재는 장기 휴학에 대한 제약이 대폭 줄어든 상태다. 지금은 1년 단위로 재승인을 받긴 하지만, 원칙적으로 '몇 년까지 휴학 불가'라는 조항은 없다. 창업하고 휴학한 다음 50~60세에 복학하는 경우도 가능해졌다.

입학식 당시 총장은 특유의 유머와 철학이 섞인 메시지로 학생들에게 강한 인상을 남겼다. "카이스트에 들어오면, 여러분은 이미 창업가입니다."라는 말에 이어, 그는 다음과 같이 말했다.

"카이스트는 여러분이 입학하자마자 휴학해도 괜찮습니다. 창업이나 연구하러 떠나세요. 그리고 50년, 60년 뒤에 다시 돌아오셔도, 우리는 받아들일 준비가 되어 있습니다."

학생의 인생 여정을 학교의 시간표에 가두지 않겠다는 선언이자, 실험과 실패, 그리고 재도전을 제도적으로 수용하겠다는 리더십의 철학적 표현이었다. 이 장면은 입학식 직후 3~4분 분량의 쇼츠 영상으로도 제작돼 공개되었고, 당시 학생들뿐 아니라 외부인들에게도 카이스트의 철학과 분위기를 인상 깊게 전달했다. 창업하고 나서 50년 뒤에 돌아와도 괜찮다는 그 유연함이, 학교가 미래를 어떻게 바라보는지를 보여주는 말이었다.

'황당포럼'이라는 독특한 기획 행사도 빼놓을 수 없다. 상상력에서 출발한 것으로, 말 그대로 '황당한 상상'을 해보자는 취지였다. 카이스트의 미래를 진지하게, 그러나 유쾌하게 논의할 수 있는 장이었다. 그 포럼에서는 정해진 형식도, 결론도 없이 다양한 아이디어가 쏟아졌고, 총장은 모든 발언을 끝까지 경청하며, 기성 제도 밖에서 나오는 창의적 제안들을 기꺼이 받아들였다.

교수들 사이에서는 '이런 포럼이 과연 무슨 효과가 있냐'는 반응도 있었지만, 총장은 '창의성은 결과보다 과정에서 시작된다'고 늘 말했다. 그런 태도는 실제로 카이스트 내부 문화에 변화를 불러왔고, 교수진과 학생, 직원들 사이에서 더 많은 '실험적 제안'이 시도되는 계기가 되었다.

총장의 리더십을 가장 객관적으로 증명하는 수치 중 하나로, 임기 동안 유치한 막대한 기부금 규모를 꼽을 수 있다. 공식적인 집계에 따르면, 이광형 총장 재임 중 유치한 기부금이 25년 6월 말 현재 총 2,888억 원에 이른다. 일일 평균으로 따지면 거의 하루에 2억 원 수준에 가까운 규모이다.

이 기부는 단지 '돈을 모았다'는 의미가 아니었다. 카이스트라는 조직이 미래를 향해 어떻게 말하고 행동하느냐에 대한 외부의 응답이었다. 모금은 돈의 문제가 아니라 신뢰의 문제이다. 사람들은 총장을 통해 카이스트라는 미래에 마음을 열었다.

송 실장은 단지 기부를 받는 것으로 끝나는 인물이 아니었음을 강조했다. "총장님은 기일에 기부금을 내신 분들의 묘소를 직접 찾아가셨어요. 정문술 회장님, 손창근 회장님, 장성환 회장님 등 작고하신 분들의 묘소에 조용히 다녀오셨어요. 가족분들에게도 알리지 않고, 혼자 조용히 인사드리고 오셨어요." 기부자의 묘소를 방문하는 것은 아무도 요구하지 않는 일이었다. 기부를 '관계'로 받아들였고, 기부자들의 마음을 기억하고 존중해야 한다'는 신념을 가졌다. 그러한 진심은 유족들에게도 전해졌고, 기부자 가족들 역시 카이스트를 신뢰와 온정의 공동체로 기억하게 되는 계기가 되었다.

글로벌 사회에서 카이스트 총장의 위상

해외 손님들이 카이스트를 찾을 때면, 공식 협력의 기술적 논의는 해당 교수들이 맡는다. 그러나 손님들의 인상을 좌우하는 것은 대부분 총장의 첫인사와 맞이하는 방식이다. 총장이 남다른 아이디어와 유머감각, 그리고 겸손하고 친화력 있는 성품이 드러난다.

카이스트가 국제적으로 외연을 넓히는 데 있어서 다보스 포럼은 중요한 역할을 한다. 다보스 포럼에 참석하기 전에 카이스트와 함께 하고 싶은 국가나 기업과의 접촉이 이뤄진다. 2023년 다보스 포럼에서 이광형 총장은 UAE를 비롯해서 독일 머크와 면담 일자가 잡혔다.

사실 카이스트와 머크는 아무런 연결고리가 없었다. 머크 측에서 "총장을 꼭 만나고 싶다"라고 전해와 일정을 잡았다. 그렇게 다보스에서의 만남이 이뤄졌고, 이후 머크 회장이 카이스트를 직접 방문하게 된다.

이때 이광형 총장은 섬세한 배려를 준비했다. 다보스에서 머크 회장과 함께 찍었던 사진을 응접실에 인화해 걸어둔 것이다. 회장이 카이스트에 도착해 그 사진을 보자마자 웃음을 머금으며 "잊지 않고 기억해 준다는 것이 중요한 것 같다."라고 말했다.

다보스 포럼에서 UAE 교육부 장관도 카이스트 총장을 만나고 싶다고 직접 요청해 왔다. 그 후 UAE 장관은 한국 성남에서 열린 방위산업 전시를 참관하고 있었다. 장관 측이 다시 연락해서, 결국 두 사람은 성남에서 재회했다. UAE는 카이스트에 매우 특별한 제안을 한다.

"UAE에 카이스트 같은 학교를 하나 만들어 주실 수 있겠습니까?"

이러한 요청은 UAE만이 아니었다. 카자흐스탄, 인도네시아, 그리고 특히 사우디아라비아도 카이스트에 지속적인 관심을 보였다. 카이스트는 단순한 대한민국의 과학기술대학이 아니라, 세계가 모델로 삼고 싶어 하는 '표준'이 되었다. 사우디와는 대통령실과 연결되어 구체적인 논의가 오가고 있다. 이광형 총장은 단순한 학교 총장 이상의 존재로 인식되는 것이다.

이러한 흐름 속에서 그는 대한민국에서 카이스트 총장이 어떤 위상이어야 하는가에 대해 늘 고민해 왔다. "저는 카이스트 총장이란 자리가 단순한 학교 관리자나 행정가가 아니라, 글로벌 과학 외교를 이끌 수 있는 사람이어야 한다고 생각합니다." 그는 이 역할을 단지 '업무'가 아니라 '사명'으로 여겨왔다.

뉴욕대학교(NYU)의 린다 총장이 카이스트를 방문했을 때도 비슷한 정성이 있었다. 총장은 린다 총장을 환영하기 위해 카이스트 기계공학과 박해원 교수가 개발한 로봇이 꽃을 들고 린다 총장에게 다가가도록 준비했다. 그 장면은 카이스트의 기술력을 보여주면서도 따뜻한 환대를 담고 있어 큰 인상을 남겼다. 반대로 이광형 총장이 NYU를 방문했을 때는 NYU 학생들이 들어와 공연을 펼치며 환영했다. 그는 "상호방문이 단순한 외교를 넘어, 인간적인 교감으로 이어졌던 것 같습니다"라고 회상했다.

대만의 포모사 그룹 샌디 왕 회장과의 만남도 인상적이었다. 총장은 대만을 방문했을 때 샌디 왕 회장을 카이스트로 초청했다. 단순한 초청을 넘어서 총장은 샌디 왕 회장이 작고한 자기 아버지에 대한 강연을 학생들에게 해달라고 요청했다. 왕 회장은 그 제안을 흔쾌히 수락했다.

강연이 있던 날, 카이스트 학생들은 샌디 왕을 위해 대만 노래를 연주하며 맞이했다. 샌디 왕 회장이 강연하는 장소는 학생과 교직원으로 가득 찼다. 강연회 이후 총장 공관에서의 저녁 식사 자리는 분위기가 한층 부드러워졌다. 그 자리에서 샌디 왕은 기분이 좋아졌는지 이광형 총장을 향해 한국어로 "오빠~ 놀러 와"라며 유쾌하게 말했다.

카이스트 총장의 임기는 기본적으로 4년이다. 4년 임기가 끝나면 다시 총장 선임절차에 들어간다. 다시 총장을 하고 싶으면 다른 모든 지원자들과 함께 총장 선임 절차를 밟아야 한다. 연임 여부는 카이스트 이사회의 판단에 달려 있다. 연임을 하려면 총장의 성과와 리더십, 비전 등이 종합적으로 고려된다. 다만 지금까지 연임된 총장은 거의 없었다는 것이 현실이다. 서남표 총장이 이례적으로 연임되었으나, 2번째 임기는 채우지 못하고 중도하차했다. 연임은 가능하긴 하지만, 실제로 이루어지는 경우는 드물다.

이광형 총장의 임기는 2025년 2월 22일 끝났다. 그러나 윤석열 대통령이 계엄을 선포한 이후 발생한 탄핵 정국에서 후임 총장을 임명하기 위한 이사회는 열리지 않았다. 연임을 신청한 이광형 총장도 3명의 최종 후보에 들었지만, 이 사회가 열리지 않는 바람에 계속 총장직을 수행하고 있다.

　예전에는 과학기술 관련 기관장의 임기가 끝나면 후임이 정해지지 않아도 자리를 떠나는 것이 관례였다. 그러나 기관장이 공석으로 업무 공백이 생기는 것 우려한 과기부가 규정을 고치는 바람에 후임 기관장이 임명될 때까지 현 기관장이 계속 자리를 지킨다. 이광형 총장도 바로 그러한 케이스가 되었다.

총장에게 '다음 달'은 없었다

포닥 500명, AI 칼리지, 실리콘밸리 진출까지
1개월씩 임기 연장되는 순간에 쏟아부어
폭풍 속의 선장, 인간 본성을 경영하다
관용과 칼의 미학으로 일궈낸 의식의 대전환,
그리고 세계 1등을 향한 '초격차' 전략

이광형 총장

뉴노멀이 된 '한 달', 그리고 혁명적인 변화들

어느덧 1년이 훌쩍 지났다. 카이스트 총장 첫 번째 임기(2021. 2. ~ 2025. 2.)가 마무리될 즈음, 이광형 총장을 비롯해서 40여 명의 카이스트 교직원 인터뷰를 가졌다. 어떤 변화가 있었는지 경험을 나누고 싶었다. 카이스트 이사회가 후임 총장을 선임하기 전에 마치고 싶었다. 이광형 총장과 2명의 쟁쟁한 교수가 최종 후보로 올랐다. 그런데 돌발 변수가 벌어졌다. 계엄정국 이후, 후임 선출을 위한 이사회 회의는 열리지 않았다.

보통 이사회 소집 안건은 한 달 전에 올라온다. 아직 이사회 소집 안건이 올라오지 않았다면, 최소한 1개월의 임기는 보장된 것과 마찬가지이다.

2026년 1월 초, 2번째 만남에서 이광형 총장은 자신의 임기가 "또 1개월 연장됐다"라고 말하며 껄껄 웃었다. 그는 여전히 그 자리에 있다. 임시 이사회가 소집되지 않았다는 것은 그의 임기가 '한 달' 더 연장되었다는 무언의 신호다.

"이게 면역이 돼서 뉴노멀(New Normal)이 됐어요. 불안정한(Unstable) 상태가 오히려 일상이 된 거죠."

이 총장은 이 불확실한 상황을 담담하게, 아니 오히려 즐기는 듯 받아들이고 있었다. 그 덕분에 매달 주어지는 '한 달짜리' 시간 속에서 장기적인 과업들을 묵묵히, 그리고 치열하게 완수해내고 있다. 누군가는 장기 계획을 세우기 어렵지 않느냐고 묻지만, 그는 "마지막 순간까지 최선을 다하는 것이 양심에 맞는 일"이라며 긴 호흡의 프로젝트들을 멈추지 않고 있다.

그렇게 덤으로 얻은 지난 1년, 그는 카이스트에 세 가지 혁명적인 변화를 뿌리내렸다.

첫 번째 혁명: 포닥(Post-Doc) 중심의 연구 생태계 구축

이 총장이 가장 자부심을 느끼는 성과는 단연 '포닥(박사 후 연구원) 시스템'의 안착이다. 그는 취임 초기부터 "미국의 일류 대학처럼 우리도 포닥 중심의 연구 체계로 가야 한다"라고 줄기차게 주장해 왔다. 하지만 현실의 벽은 높았다. 연봉 4천만 원 수준으로는 우수한 박사급 인재를 붙잡을 수 없었다.

그런데 기회가 왔다. 국가적으로 '인재 유출'이 심각한 이슈로 떠오르자, 정부가 카이스트의 오랜 요청에 귀를 기울이기 시작한 것이다.

기적 같은 일이 일어났다. 포닥의 연봉이 4천만 원에서 8~9천만 원으로 2배가량 껑충 뛰었다. 연간 예산이 500억 원이나 늘어났고, 이는 일회성이 아닌 지속적인 예산으로 확정되었다. 덕분에 2025년에 200명, 2026년에 300명을 추가 선발하여 '상시 500명 포닥 시스템'을 구축하게 되었다.

효과는 즉각적이었다. 연봉이 국제적 경쟁력을 갖추자 해외에서 인재들이 몰려오기 시작했다. 작년에 선발한 인원의 40%가 미국, 유럽, 일본 등 해외에서 온 연구자들이다. 이 총장은 "카이스트가 설립 초기에는 우수 학생을 빨아들였다면, 이제는 전 세계의 우수 박사들을 빨아들이는 단계로 진화했다"라고 평가했다.

두 번째 혁명: 전공의 벽을 허무는 융합 연구의 실마리

이 총장이 카이스트를 분석하며 발견한 또 하나의 아쉬움은 '융합 연구'의 부족이었다. 미국 일류 대학에서는 전자과 학생이 화학과 교수를 지도교수로 삼는 것이 자유롭다. 서로 다른 배경을 가진 학생과 교수가 만나면 자연스럽게 새로운 아이디어가 폭발한다.

그는 카이스트에도 이 제도를 도입하려 했지만, 학과 간의 보이지 않는 장벽에 부딪혔다. "우리 학과 정원으로 뽑은 학생이 남의 과로 간다니?" 교수들의 본능적인 거부감은 학생들의 자유로운 이동을 가로막았다.

그런데 인터뷰 도중, 이 총장의 눈이 반짝였다. "대화하다가 너무 좋은 아이디어가 생각났네요!"

이번에 신설되는 'AI 칼리지'가 그 돌파구였다. 정부로부터 AI 칼리지용으로 받은 150명의 추가 정원(T.O). 이 정원은 기존 학과의 이해관계에 얽매이지 않는 '무색무취'의 정원이다. "이 학생들은 소속 학과 없이 그냥 선발해서, 원하는 교수에게 보내면 되겠다! 기존 거를 건드리면 저항이 있지만, 이건 새로 추가로 온 거니까. 와, 이거 너무 좋은데? 이것도 하나의 혁명이다."

이 총장은 마치 보물을 발견한 아이처럼 기뻐했다. '한 달짜리' 임기 속에 있지만, 그의 머릿속은 벌써 새로운 혁명을 위한 두 달짜리 계획을 설계하고 있었다.

세 번째 혁명: 실리콘밸리에 꽂은 깃발

세 번째 성과는 카이스트의 영토 확장이다. 바로 '실리콘밸리 캠퍼스'의 탄생이다. 아이디스 김영달 대표가 실리콘밸리에 건물을 매입하고 기부했다. 그 이름하여 '아이디스 실리콘밸리 센터'.

이제 카이스트 학생들은 막연한 꿈이 아니라, 실제 물리적 거점을 통해 실리콘밸리에서 창업하고, 인턴십을 하며 글로벌 무대를 누빌 수 있게 되었다. 카이스트의 오랜 꿈이 실현된 것이다.

불안정한 '한 달'의 반복 속에서도 이광형 총장은 카이스트를 포닥의 요람으로, 융합의 용광로로, 그리고 세계로 뻗어가는 기지로 탈바꿈시키고 있었다. 그의 말대로, 그가 멈추지 않는 한 카이스트의 혁신 시계는 계속 돌아가고 있었다.

의식의 대전환에서 미래 교육의 길을 묻다

이광형 총장이 처음 카이스트의 키를 잡았을 때, 그가 가장 먼저, 그리고 간절하게 꿈꾸었던 것은 거창한 건물이 아니었다. 그것은 바로 '사람'의 변화였다. 구성원들이 자신감을 가지고 역동적으로 무언가를 시도하는 문화, 그는 그 '의식'과 '문화'가 학교를 지탱하는 가장 본질적인 기둥이라 믿었다.

"사람들이 무언가를 시도할 때 긍정적이고 역동적으로 임하면 결국 다 이루어집니다. 그래서 저는 눈에 보이는 어떤 결과물을 만들겠다는 약속보다, 우리 안의 의식을 변화시키는 것이 무엇보다 중요하다고 생각했습니다. 그래서 제가 시도한 QAIST 전략을 신문화전략이라 불렀고, 이를 의식혁명을 위한 것이라 말했습니다."

총장 취임 전인 5년 전만 해도 학교에는 묘한 정체감이 감돌았다. 대체로 현실에 만족하고, '이만하면 됐다, 많이 했다'라며 안주하는 분위기가 지배적이었다. 잘 움직이려 하지 않는 거대한 관성. 이 총장은 바로 그 지점을 파고들었다. 모든 변화는 관념에서 출발한다. 의식이 바뀌면 행동이 바뀌고, 행동이 바뀌면 비로소 결과가 나온다는 확고한 신념이 있었기 때문이다.

지난 4~5년 동안 그는 끊임없이 메시지를 던졌다. 세미나를 열고, 매달 서신을 띄우며 구성원들의 마음을 두드렸다. 글로벌리더십센터를 통해 지속적인 교육 프로그램을 가동한 것도 그 이유였다. 매주 종교 시설을 찾아 마음을 다잡듯, 혁신의 의지도 계속해서 '리테인(Retain)' 하지 않으면 사라져 버린다. 뜻을 세우고 믿음을 바탕으로 앞장서서 행동하면 이루어진다는 것을 그는 스스로 증명해 보였다. "꿈을 세우지 않으면 이룰 수 없다"라는 격언 액자를 벽에 걸어놓은 것도 이즈음이었다.

이 과정에서 그는 김재철 회장이 전해준 '선장의 얼굴' 이야기를 가슴 깊이 새겼다. "망망대해에서 배가 거대한 폭풍을 만났을 때, 수십 미터의 파도가 덮쳐오면 선원들은 공포에 질립니다. 그때 선원들이 바라보는 것은 밀려오는 파도가 아닙니다. 바로 선장의 얼굴입니다. 선장이 중심을 잡고 자신감에 차 있으면 선원들은 그 위기를 일심협력 헤쳐 나갑니다. 하지만 선장이 두려움에 떨면 그 배는 무너지는 겁니다."

이 총장이 확신을 가지고 "우리는 할 수 있다"라고 외치자, 거짓말처럼 구성원들의 눈빛이 달라졌다. 뉴욕대학(NYU)에 KAIST–NYU 공동캠퍼스와 AI대학원 설립 추진 당시 "우리가 하면 된다. 우리가 안 하면 할 사람이 없다. 이것은 국가적인 소명이다"라는 그의 믿음은 흔들리지 않았다.

지금 카이스트를 바라보는 외부의 시선은 완전히 달라졌다. '카이스트가 무언가 하고 있다', '역동적으로 바뀌었다'는 평가가 주를 이룬다. 이는 막연한 느낌이 아니다. 이 총장은 학교를 평가하는 '3대 지수'를 통해 그 변화를 설명했다.

첫째, 교육의 질을 대변하는 '입시 지원율',

둘째, 연구 역량을 보여주는 '연구비 수주액',

셋째, 외부의 신뢰를 상징하는 '기부금'.

놀랍게도 이 세 가지 지표는 지난 몇 년간 기대 이상으로 급증했다. 학부생 입시 지원자는 연평균 25%씩 증가하여 3년 사이에 약 2배로 증가하고, 대학원생 지원자도 매년 9.5%씩 증가했다. 연구비 수주액은 작년에는 24%가 증가했다. 기부금도 재임 기간 중 하루 평균 1.9억씩 모였다.

교수, 학생, 직원들이 "우리가 하면 세상을 바꿀 수 있다"라는 자신감을 가지자 연구비가 모이고, 인재가 몰려들고, 기부금이 쇄도한 것이다.

그 변화의 열기를 가장 생생하게 느낄 수 있었던 것은 2025년 가을에 열린 '오픈 카이스트(Open KAIST)' 행사였다. 2년마다 연구실을 개방하는 이 행사는 과거에는 손님이 뜸해 썰렁하기까지 했다. 그러나 이번엔 달랐다. 예상을 뛰어넘는 인파가 몰려들어 안전사고를 걱정해야 할 지경이었고, 너무 많은 사람이 대기하다 돌아가는 일까지 벌어졌다. 오픈 카이스트 행사 당일 브랜드 샵의 하루 매출이 2,500만 원을 기록할 정도였다.

매일 관광버스 4~5대가 들어와 학생들을 내려놓는다. 부모들은 자녀의 손을 잡고 "여기가 네가 와야 할 곳"이라며 꿈을 심어준다. 특별한 홍보 없이도 폭발적으로 늘어난 방문객은 카이스트에 대한 국민적 관심이 임계점을 넘었음을 보여준다. 사람들이 카이스트에 열광하고 찾아오는 것, 그것은 "카이스트에 가면 무언가 있다"라는 믿음이 싹텄다는 증거였다.

이러한 국민의 인식 변화에서도 나타났다. 한국경제신문은 대학브랜드 인식조사 결과를 발표했다(2025년 10월 1일), 인식 조사는 한경 INUE 웹 플랫폼 회원 5,000명을 대상으로 이루어졌다. 응답자 중에 학생들은 카이스트를 한국의 가장 우수대학으로 꼽았다. 또한 10~50

대는 우수 대학으로 카이스트를 선택했고, 60대 이상은 S대학을 꼽았다. 기사는 대학 브랜드는 이성적 가치(품질)와 감성적 가치(이미지)의 결합이라 정의했다.

더 먼 미래, '교육의 대전환'을 향해

"AI 시대입니다. AI가 지식의 모든 것을 가르쳐주는 세상이 되었습니다. 지금도 이런데 10년 후에는 오죽하겠습니까? 그때 캠퍼스에 있을 학생들은 AI 시대의 신인류로 살아가야 합니다. 지금처럼 가르쳐서는 안 됩니다. 무조건 바꿔야 합니다."

그는 2071년, 카이스트 개교 100주년을 내다본다. "50년 후, 100주년이 되었을 때 카이스트는 어떤 학교가 되어야 하는가? 그때 우리는 교실에서 어떻게 수업하고 있을까?" 그는 이 질문의 답을 찾기 위해 교직원들과 워크숍을 하고, 외부의 자문까지 구하며 '미래의 카이스트'를 그리고 있다. 확실한 것은 지금과는 완전히 다를 것이라는 점이다. 전통적인 수업은 줄어들지 몰라도 학점과 졸업장의 가치는 유지되어야 하기에, 그는 파격적인 학사 제도를 도입하고 있다. 수업을 듣는 것만이 공부가 아니다. 창업을 해도 학점을 주고, 인턴십을 해도, 회사나 연구소에서 일하거나 해외 연수를 다녀와도 학점을 인정해 주는 방식이다. 질문을 하고 문제를 정의하는 능력을 길러야 하는 AI 시대에는 교실보다 현장이 더욱 효율적이라는 생각이다.

또 하나의 큰 걸음을 내디뎠다. 2016년 1월에 AI 철학연구센터를 출범시킨 것이다. AI가 인간 지능과 비슷하거나 뛰어나게 되는 세상에서 인간과 AI는 어떤 관계를 맺고 살아야 할 것인가. 인간과 AI(로봇)가 공존하기 위해서는 어떠한 사상적인 체계를 마련해야 할 것인지 연구와 준비가 필요하다. 이 총장은 이러한 새로운 질서를 휴머니즘 2.0이라 부른다. 과학기술 연구개발의 최전선에서 인류문명을 개척해 나가고 있는 카이스트가 이러한 문제의식을 가지고 준비해야 한다는 생각이다.

이광형 총장의 결론은 명확하다. 카이스트가 먼저 고민하고, 먼저 바꿔야 한다. 카이스트가 실험하고 정착시키면 다른 대학들이 따르고, 결국 대한민국이 바뀐다. "우리가 하는 일은 결국 대한민국을 바꾸는 일입니다."

이광형 총장의 시곗바늘은 남들보다 빠르게, 그리고 치열하게 돌아간다. 그는 지금 학교 밖으로 시선을 돌리고 있다. 학생이 학교에 등록만 해두고 실제로는 회사에 가서 현장 경험을 쌓으며 일하는 파격적인 제도. 교실 안에서 배우는 것보다 현장에서 부딪히며 배우는 것이 비교할 수 없을 만큼 거대하다는 확신 때문이다.

이러한 혁신을 추진하는 과정에서 그의 절박함은 '속도'로 나타났다. 그는 교무처장을 급히 호출했다. 위원회를 열어 회의를 해야 한다는 보고에 "빨리 잡으세요. 우리에게 다음 달은 없습니다." 주문한다.

이 총장의 시선은 '고령화 시대'라는 인류의 거대한 변화와도 맞닿아 있다. 수명이 획기적으로 늘어나는 시대, 평생 연구실을 지키다 퇴직하는 과학자들에게는 당장 눈앞에 닥친 현실이다. 현역 시절의 고단함을 위로받는 것도 잠시, 지적 욕구가 여전히 왕성한 그들에게 은퇴 후의 삶은 막막하기만 하다.

"교육이 젊은이들만의 전유물이어야 합니까? 평생을 과학에 바친 고경력 연구자들에게 다시 기회를 주고, 그들을 '국민 교육'이라는 복지 차원에서 끌어안아야 합니다." 그는 카이스트가 이들을 위한 플랫폼이 되어야 한다고 믿는다. 이미 고경력 연구자 활용 방안을 실험적으로 도입했지만, 앞으로는 그들을 봉사와 교육의 주체로 다시 세우려 한다.

과학기술 교육은 카이스트 학생을 넘어 모든 국민들에게 필요하다. 어떻게 과학 국민교육을 시행할 것인가에 대한 고민은 치열하다. 그는 '리버스 사이언스 프로그램(Reverse Science Program, RSP)'이라는 독창적인 아이디어를 제시했다. 이미 만들어져서 일상에서 사용하는 자동차, 스마트폰, 선박, 로켓, 냉장고 같은 과학기술의 결정체들을 교육의 재료로 삼는 것이다. 이를 확장하여 연구단지의 성과물을 한데 모은 거대한 '사이언스 플레이 파크(국민과학교육 체험장)'를 만드는 꿈도 꾸고 있다. 순천만에 연간 수백만 명이 찾듯, 엄청난 규모의 부지에 전 세계인이 찾아와 즐길 수 있는 교육 체험장을 만든다면, 대한민국을 넘어 세계적인 명소가 될 것이라는 구상이다.

'봉사'에 대한 그의 철학은 담장 밖, 군대로까지 확장되었다. "군 복무를 하는 젊은이들에게 인공지능(AI)을 가르치자"는 그의 캠페인은 이제 거대한 물결이 되었다. 2023년 160명으로 시작해 24년 930명, 25년에는 1,000명이 심화 과정까지 수료하고 있다.

그의 목표는 여기서 멈추지 않는다. "연간 20만 명의 입대 장병 중

절반인 10만 명에게 AI를 가르칩시다. 이들이 제대 후 사회에 나가면 취업도 잘 되고, 국가 전체의 기술 수준이 올라가지 않겠습니까? 이것이야말로 진정한 나라 발전이자 봉사입니다."

이광형 총장이 바라보는 궁극의 지향점은 수치 너머에 있다. 그는 2071년, 카이스트 100주년의 모습을 그리며 '존경받는 학교'라는 화두를 던진다. 과거 목표가 '세계 10위권 진입'이었다면, 이제는 차원이 달라져야 한다. "데이터도 중요합니다. 하지만 국민들의 지지와 신뢰를 받고, 인류 사회에 공헌하며, '카이스트 출신은 공부만 잘하는 게 아니라 훌륭한 사람이야'라는 인식을 심어주는 것. 그것이 가장 바람직한 미래입니다."

카이스트 교직원은 설립 당시 초심을 돌아볼 때는 개교 당시의 '터먼 보고서'를 떠올린다. 그 어려운 시절, 국민들이 학교를 세워준 이유는 명확했다. 과학기술로 나라를 일으켜 달라는 간절함이었다. 보고서 말미에 적힌 "2000년이 되면 카이스트는 대한민국 국민이 자랑스러워하는 학교가 되어 있을 것이다"라는 문구처럼, 카이스트는 이제 '자랑'을 넘어 '존경'의 단계로 나아가려 한다.

창업생태계의 변화 또한 드라마틱하다. 배현민 창업원장이 이끄는 창업원에는 이제 벤처캐피털(VC)들이 줄을 선다. 과거에는 투자를 받기 위해 교수와 학생들이 서울로 올라가 읍소해야 했지만, 이제는 상황이 역전되었다. VC들이 카이스트의 유망한 스타트업을 남들보다 먼저 보기 위해 일정한 연회비를 내고 회원으로 가입한다. 이 금액이 14억 원에 달했다.

성공한 선배 창업가들이 길을 닦아놓았기에, 투자자들은 카이스트 창업 기업의 성공 가능성을 믿고 돈을 싸 들고 찾아오는 것이다.

100주년이라는 먼 미래가 아닌, 10년, 20년 뒤의 중간 목표는 무엇일까? 이 총장의 전략은 '선택과 집중'이다. 모든 분야를 다 잘할 수는 없다. 그는 "5개 분야에서 세계 최고가 되면, 카이스트는 저절로 세계 일류가 된다"라고 확신한다. 현재 반도체 설계 분야는 논문 실적 등에서 이미 세계 1등이며, AI 분야 역시 글로벌 톱 수준에 근접했다. 여기에 더해 미래의 먹거리인 '양자(Quantum)'와 '뇌 과학' 분야를 선점하려 한다. "이런 핵심 분야에는 교수를 100명씩 압도적으로 배치해서 키워야 합니다."

이광형 총장의 머릿속에는 쉼표가 없다. 의식의 개혁에서 시작해, 군 장병 교육과 고령화 시대의 해법, 그리고 세계 최고의 기술력을 향한 질주까지. 그는 오늘도 국민에게 사랑받고 세계로부터 존경받는 100년 대학을 향해 거침없이 나아가고 있다.

경계를 지우는 대학, 한계를 모르는 도전
교수 100명 학과, 다국적 캠퍼스, 그리고…

이광형 총장의 셈법은 기존의 대학 경영 상식을 아득히 뛰어넘는다. 현재 카이스트 반도체 설계 분야의 교수는 50명이다. 일반 대학의 기준에서 보면 이미 막강한 규모다. 현재 50명으로도 ISSCC(국제고체회

로학회) 논문 실적 세계 1위를 달성하고 있다. 그러나 이 총장은 만족하지 않는다. "반도체 설계처럼 국가의 명운이 걸린 핵심 분야라면, 교수가 100명은 되어야 합니다. 한 분야에 100명의 교수가 포진해 있다면, 전 세계 어느 나라도 감히 따라올 수 없는 압도적인 격차, 즉 '초격차'를 만들 수 있습니다."

그는 뇌과학(Brain Science) 담당 학과장은 교수 50명 규모의 학과를 만드는 것도 대단한 혁명이라 생각하며 현재까지 20명의 교수를 채용했지만, 이 총장의 생각은 달랐다.

"왜 이렇게 느립니까? 50명으로는 부족합니다. 100명을 목표로 하십시오." 담당 교수는 충격을 받았다고 실토했다. 전 세계 어디에도 뇌과학 분야 교수만 100명인 학과는 없다. 학교 재정을 걱정하는 목소리도 있지만, 이 총장은 단호하다. 우수한 교수는 스스로 연구비를 따오고 밥값을 한다. 우리가 할 일은 그들을 모으는 것뿐이다.

연구비와 인력을 확보하기 위해 한국이라는 좁은 울타리에 머물러서는 안 된다. 그는 카이스트가 '다국적 대학'이 되어야 한다고 선언한다. 다국적 기업이 전 세계를 무대로 활동하듯, 대학 또한 그래야 한다는 것이다.

이미 지도가 그려지고 있다. 뉴욕대(NYU)와의 조인트 캠퍼스, 실리콘밸리의 독자 캠퍼스, 완공된 케냐 캠퍼스에 이어, 카자흐스탄 아스타나에 들어설 캠퍼스 설립 합의는 이미 마무리되었다. 카이스트가 카자흐스탄 정부보다 더 서두르고 있다. "건물 공사가 다 끝날 때까지 기다릴 시간이 없습니다. 일단 학생부터 뽑읍시다. 올 9월부터 당장 임시 건물에서 수업을 시작하고, 공사는 그 뒤에 계속하면 됩니다.”

이 총장은 실무를 맡은 한승원 교수에게 이렇게 지시했다. 카자흐스탄 정부가 재정을 대고 건물을 짓지만, 운영은 카이스트가 맡는다. 이곳은 ‘듀얼 캠퍼스’로 운영될 예정이다. 학생들이 현지에서 2년, 한국에서 2년을 공부하는 방식이다. 이를 위해 한국 내 공간 부족 문제를 해결할 대안으로 평택 캠퍼스가 유력하게 검토되고 있다. 한국에서 입학하든, 카자흐스탄이나 뉴욕에서 입학하든 상관없이 졸업장은 하나다.

아시아 인재를 위해서는 창원에 카이스트가 운영하는 ‘아세안대학원’을 설립하는 방안이 논의되고 있다. 이 총장은 이것이 지역사회를 위한 좋은 봉사활동이 될 것이라 생각한다. 동남아시아의 우수한 대졸 인력을 선발해 창원에서 카이스트 교육 시스템으로 가르치는 대학원을 만드는 구상이다. 이들에게 장학금을 주고 카이스트 브랜드로 교육해 지역 산업체에 인력을 공급하겠다는 복안이다. 전 세계의 인재를 흡수하고 재정까지 확보하는 진정한 의미의 ‘다국적 대학’이 탄생하는 것이다.

해외뿐만이 아니다. 국내에서의 확장 전략도 치밀하다. 그는 제조업의 위기를 겪고 있는 창원과 전주와 손을 잡았다. 두 곳에서 ‘제조업 피지컬 AI’ 연구를 추진한다. 영남(창원)과 호남(전주)의 균형을 맞추며, 국가 제조업 전체를 AI로 업그레이드하겠다는 거대한 그림이다. “중국의 추격으로 우리 제조업의 경쟁력이 떨어지는 것을 막을 방법은 오직 AI뿐입니다. 지금 정부가 AI 육성에 적극적이니, 이것은 천재일우의 기회입니다.”

하지만 팽창하는 조직에는 긴장감이 필수다. 이 총장은 조직 관리의 핵심으로 '칼의 미학'을 언급한다. "칼이 있다는 것을 보여줘야 조직이 썩지 않습니다. 교수 평가에서 1년에 1명 정도는 탈락해서 내보내야 합니다. 칼을 쓰지 않고 녹슬게 두면, 사람의 본성상 조직은 안주하게 됩니다. 매년 1명씩 내보내는 경고를 줘야 평균 역량이 올라갑니다." 그는 인사위원회에 전권을 일임했다. 결과를 보고받지도 않는다. 총장이 직접 개입하기보다 시스템에 의해 탈락자가 결정되어야 탈락의 불만이 시스템으로 향하기 때문이다. 작년에는 한 명도 탈락자가 없었다는 소식에 그는 내심 아쉬움을 삼켰지만, '칼은 항상 쓰는 게 아니라 살짝 보여줄 때 더 무섭다'는 원칙을 되새긴다.

총장의 서재, 마음을 지탱하는 세 개의 기둥

이광형 총장의 집무실, 혹은 그의 마음속 깊은 곳에는 언제나 그를 지탱하는 세 권의 책이 놓여 있다. 그는 이 책들을 단순한 독서 목록이 아닌, 인생과 조직 경영의 나침반이자 '바이블'이라 부른다.

첫 번째 책은 로버트 그린의 『인간 본성의 법칙』이다. 조직을 이끌다 보면 대의명분이나 국가의 발전 같은 거창한 목표보다, 시기, 질투, 이기심 같은 인간의 원초적인 감정이 더 크게 작용하는 순간들을 마주하게 된다. 이 총장은 이 책에 담긴 18가지 법칙을 통해 인간의 본성을 있는 그대로 직시한다. "인간의 본성을 무시하고 억누르려 하면 조직은 움직이지 않는다. 그 본성을 미리 헤아리고, 피할 것은 피하고 어루만질 것은 어루만져 보상해 줄 때 비로소 사람은 움직인다." 이것이 그가 사람을 다루는 첫 번째 원칙이다.

두 번째 책은 예일대학교 에이미 추아 교수의 『제국의 미래』이다. 이 책이 그에게 심어준 화두는 바로 '관용'이다. "관용이 강함을 이긴다." 나와 다른 의견, 심지어 나를 반대하는 사람까지도 배척하지 않고 흡수할 때, 조직은 비로소 거대해지고 리더인 '나' 자신도 커진다는 깨달음이다. 다양성을 품어내는 힘이야말로 카이스트라는 거대한 배를 이끄는 동력이 되었다.

마지막 세 번째 책은 시바 료타로의 대하소설 『료마가 간다』이다. '사카모토 료마'는 일본의 메이지 유신을 성공시켰으나 자신은 일체 아무런 직책도 맡지 않았다. 심지어 33세에 자객에게 살해되어 요절한 인물을 묘사한 책이다. 이 책은 그에게 '공(公)'과 '사(私)'의 경계를 명확히 가르쳤다. 사사로운 이익을 좇으면 생명은 짧지만, 공적인 일을 하면 영원히 산다는 것이다. 이 총장은 "공적인 헌신만이 영원한 생명을 얻는다"라는 믿음을 가슴에 새기고 있다.

인간의 본성을 꿰뚫어 보고(인간 본성의 법칙), 반대편까지 끌어안는 관용을 베풀며(제국의 미래), 사사로움 없이 공적인 대의를 향해 나아가는 것(료마가 간다). 이 세 가지 이야기는 이광형 총장이 흔들림 없이 혁신을 밀고 나가는 단단한 뿌리가 되어주고 있다.

KAIST
NEW YORK UNIVERSITY

Part 3.

글로벌로 뚫다
– 카이스트의 세계 전략

뉴욕캠퍼스를 말하다

공학, 예술, 상상력의 융합카이스트의
글로벌 도전 한미과학기술 동맹의 씨앗

여현덕 KAIST G-School 원장

뉴욕캠퍼스의 시작

1997년, 젊고 패기 넘치던 40대 교수는 "실리콘밸리에 카이스트 캠퍼스를 세우자"는 당돌한 보고서를 올렸다가 선배들의 단칼에 거절당했다. 그로부터 25년 뒤, 총장이 된 그는 막연했던 그 꿈을 세계 경제와 문화의 심장, 뉴욕 맨해튼 한복판에 기어코 꽂아 넣었다. 천문학적인 자본도, 허허벌판의 텅 빈 땅도 필요 없었다. 건물을 짓는 대신 뉴욕대(NYU)의 심장부로 곧장 뚫고 들어간 역발상의 승리였다. 한 편의 영화처럼 완성된 카이스트 뉴욕캠퍼스, 그 뒤에서 보이지 않는 판을 짰던 여현덕 교수의 숨막히는 전략과 짜릿한 막후 스토리를 공개한다.

여현덕 교수(KAIST G-School 원장)는 카이스트가 뉴욕대학과 공동캠퍼스를 조성하는 데 숨은 기획자로서 새로운 개념의 캠퍼스가 빛을 볼 때까지 직접 관여한 인물이다.

이광형 총장이 "뉴욕캠퍼스를 만들자"는 구상을 밝혔을 때 누구보다 반긴 사람이 여 교수이다. 왜냐하면 많은 노하우와 성공 전략을 간직하고 있었기 때문이다. 미국 캠퍼스에 대한 이 총장의 오랜 꿈은 여 교수의 치밀한 기획과 전략적 접근, 능숙한 밀당, 그리고 서울-뉴욕-런던을 오가는 엄청난 에너지와 인맥이 합쳐지면서 성사되었다.

해외 캠퍼스 구상은 1997년경 이광형 총장이 40대 젊은 교수였던 시절, 실리콘밸리에 카이스트 해외 캠퍼스를 설립하자는 보고서를 만들면서 시작되었다. 이 보고서는 아쉽게도 선배 교수들에게 단칼에 잘려 좌절되었지만 말이다.

뉴욕캠퍼스를 처음 구상하고 방법론을 모색하고 있었을 때, 해외에서 교포들이 제안하는 기부나 아이디어는 매우 소중하다. 기부자들이 의사 표시를 하면, 학교는 그 뜻을 존중하여 진행하는 게 일반적이었다. 하지만 기부자의 의사를 그대로 따라가면 학교의 의도와는 무관하게 엉뚱한 방향으로 흘러가는 경우도 많다. 여러 가지 예상치 못한 리스크가 따를 수 있다. 비즈니스 이해관계가 뒤따랐을 것이고, 천문학적 추가 자금이 필요했을 것이고, 지루한 인가 절차를 기다리면서, 인가 당국이나 커뮤니티의 지지 여부 등 여러 문제점이 계속 생겨났을 것이다. 그런 이유로, 해외의 독지가들이 어떤 제안을 하면, 학교 측은 캠퍼스 설립에 필요한 여러 요소와 자원을 검토하면서 우선순위를 설정했다.

여 교수는 어떤 일을 추진할 때, 종래의 익숙한 절차를 뒤집어 보곤 한다. 대학 설립의 4대 요소(교지, 교사, 교원, 수익용 자산)를 본질적으로 리뷰해 보았다. 그러면서 본질적인 질문을 무수히 던졌다. "캠퍼스란 무엇인가? 캠퍼스 설립 이후에 필요한 것은 무엇인가?" 스스로 묻고 답하면서 핵심을 잡아냈다.

결국 교육, 연구, 창업 등과 같은 본질적인 요소와 교지, 교사와 같은 도구적 요소를 추려내고 본질에 집중하기로 마음먹었다. 지나고 나면 길이 보이지만, 당시에는 잘 안 보이는 법이다. 결국 본질적인 방향에서 답을 찾은 것이다. 물리적인 캠퍼스를 건설하지 말고, 뉴욕에 있는 공신력 있는 건물을 그대로 사용하자는 아이디어는 카이스트의 전략적 기획에서 출발했다. 콘셉트가 옳더라도 실행에 옮길 때는 또 다른 어려움이 뒤따르곤 한다.

"카이스트에 천재들이 많지요. 그런데 정말로 보이지 않는 것의 중요성을 놓치면 안 됩니다. 정말로 중요한 보물은 숨겨져 있어서 보이지 않는 법입니다. 현상은 화려하나 허당인 경우가 많고, 본질은 숨겨져 있으나 찾아내면 보물이 되는 것입니다. 여기에서 성공 요인을 찾아내는 것입니다."

왜 뉴욕대학인가?

뉴욕캠퍼스를 본격적으로 논의하기 전, 첫 번째 후보지는 실리콘밸리였다. 얼핏 보면 실리콘밸리는 장점이 많고 매우 매력적인 곳처럼 보였지만, 여 교수는 카이스트 입장에서는 뉴욕이 훨씬 더 나은 선택이라 판단했다.

"얼핏 실리콘밸리는 중요해 보이지만, 거기에는 이미 카이스트를 대체할 만한 다른 대학들이 있기 때문에 차별화된 모델을 구축하기가 어렵습니다. 대신 뉴욕은 카이스트를 필요로 하는 도시입니다."

그는 뉴욕이라는 장소를 택한 것이 지금 돌아봐도 잘한 결정이었다고 믿고 있다. 당시 뉴욕대학교의 총장은 영국인이었고, 영국 인맥이 중요한 역할을 했다. 카이스트가 어떤 대학인지 잘 모르고 있을 때, 영국의 신뢰할 만한 리더가 카이스트의 가치와 존재에 대하여 알게 해주는 것이 중요했다. 여기에 12년 동안 뉴욕대 총장을 역임한 존 섹스톤 박사의 멘토링 역할이 리더십에 대한 믿음을 더해주었다. 영국 옥스퍼드 교수협의회 의장과 존 섹스톤 박사와 연결이 성공적으로 이뤄졌다.

여 교수는 "한국에서 직접 뉴욕대학과 연결되기 전에 이미, 국제적 연결과 신뢰 속에 진행된 일이었다."라고 말한다.

여 교수는 과거 영국 대학의 교수로 일했던 경험이 있었고, 스위스 소재 세계경제포럼(World Economic Forum) 등 국제적으로 연관된 인맥들이 있었다. 하지만 그런 인맥으로만 행운이 찾아오는 것은 아니다. "모든 일에는 기획과 세렌디피티(serendipity)의 만남이 중요하다. 기획이 아무리 좋아도 세렌디피티와 같은 계기와 만나지 않으면 기획 그대로 성공하기 어렵다"라는 것이 그의 설명이다.

그는 뉴욕대에서 멘토를 만나 이 일이 어떻게 진행돼야 할지에 대하여 사전에 충분한 방향을 논의했고, 단번에 지도부를 공략할 전략과 아이디어까지 구체적으로 준비했다. 그 전략을 그대로 적용하여 NYU

리더십 및 이사회까지 연결되었다. 물밑에서 충분히 준비된 이상 그다음부터는 모든 일이 짧은 시간 안에 추진되었다. 여 교수는 "1년 안에 전방위적으로 확 밀어붙였다"라고 설명했다.

"성공의 중요한 요소는 리더의 꿈과 열정입니다. 이것이 없었으면 아무리 좋은 구상도 동력을 잃고 맙니다."

카이스트는 뉴욕대학 캠퍼스를 통해서 카이스트가 가진 공학의 경쟁력을 인문학, 상상력, 창의성, 창업 정신과 결합시켜야 한다는 철학을 갖고 있었다. MIT에 뒤지지 않을 정도로 우수한 카이스트 학생들에게 꿈의 무대를 키워줘야 한다. 이런 점에서 NYU와의 결합은 궁합이 잘 맞았다.

NYU는 예술적 상상력, 비즈니스 감각이 뛰어난 학교였다. 노벨상을 36개나 배출한 명문이었다. 공과대학이 없다는 점을 제외하면 탄탄한 구조의 대학이었다. 그래서 "카이스트가 가진 응용공학과 산업에 적용하는 힘, 그리고 NYU의 기초과학, 인문학, 경영학이 이들과 궁합이 잘 맞는다. 이는 나중에 일이 성사되고 난 뒤 NYU 총장의 언급에도 그래도 드러난다. "카이스트와 뉴욕대학교의 파트너십은 스타트업 생태계에 있어선 '천상의 결혼(marriage made in heaven)'인 셈입니다"(앤드류 해밀턴 뉴욕대 총장).

뉴욕대학은 뉴욕시 맨해튼 한 중심에 약 250개 이상의 건물을 보유하고 있었다. 뉴욕대는 도시 전체를 품은 구조로 발전해 왔다. 처음부터 담장이 있는 울타리형 캠퍼스가 아니라, 도시형 대학 캠퍼스 모델을 택한 것이다. 하나하나의 건물이 도심 속에 흩어져 있으며, 이들이 도시 전체를 이루는 듯한 모습이다. 이러한 '도시형 대학'은 도시의 건물 자체가 대학이 되는 독특한 유형이다.

건물마다 기능이 다르고, 각각의 위치에서 제 역할을 하며 도시와 상생하는 구조를 갖고 있었다. 그래서 뉴욕대의 캠퍼스는 사실상 뉴욕 시내 전체와 결을 같이 한다. 130년 이상의 역사를 자랑하는 이 학교는, 뉴욕이라는 도시의 정체성을 함께 만들어 왔다.

뉴욕이 금융 도시이자 예술과 문화의 중심지라는 사실은 잘 알려져 있다. NYU는 그 예술과 문화의 꽃을 피운 주체이기도 하다. 인문학과 철학 역시 강세이고, 정치적 이슈보다는 실천적 가치를 중시한다. 파리나 런던 등 세계 주요 도시에도 거점을 두고 있다. 이처럼 뉴욕대는 잘 짜인 글로벌 네트워크를 갖춘 학교다. 건물이 많았기에 공간 활용의 유연성도 컸다.

이곳에 공동 캠퍼스를 조성하기 위해 NYU 측은 건물을 무상으로 사용하도록 허락했다. 법적 절차도 밟았고, 여러 규정들을 조율했다. 그 결과 시간과 돈, 그리고 리스크를 모두 절감하면서도 공식적으로 건물 사용이 허가되었고, 현판식을 통해서 독특한 캠퍼스의 모습을 갖추게 되었다. NYU는 함께 혁신을 만들었다는 점에서 카이스트와의 관계는 특별하다.

카이스트는 단번에 글로벌 비즈니스의 중심 도시 뉴욕의 핵심부로 들어간 것이다. 차곡차곡 단계를 밟아서 글로벌로 나간다고 반드시 성공하리라는 보장도 없다. 한국의 대학이 뉴욕에 진출한 것은 매우 이례적이며 사실상 유일한 사례였다. 한편 미국 대학이 외국에 캠퍼스를 세우는 일은 종종 있지만, 외국 대학을 자기 안마당으로 들이는 일은 매우 드문 사례다. 사실상 거의 유일한 사례일 것이다. "이런 모델은 만들기는 어렵지만, 성공하면 해외 진출에 새로운, 성공적인 롤 모델이 될 것이라고 생각했어요."라고 여 교수는 말한다.

이 점은 매우 중요하다. 싱가포르만 해도 10개 넘는 미국 대학 캠퍼스가 존재하지만, 미국 대학이 자기 앞마당에 외국 대학을 받아들인 전례는 거의 없다. 카이스트는 그 전례를 깼고, 뉴욕대 내부에 외국 대학과 조인트 캠퍼스를 만든 첫 사례로 자리 잡은 셈이었다.

"게임 때문에 한국행"
– 린다 총장의 좌충우돌 게임방 유학기

린다 밀스 총장이 뉴욕캠퍼스 구상의 파트너가 된 것은 큰 행운이라고 할 만하다. 린다 총장의 아들은 어릴 때부터 진심으로 게임을 사랑했다. 학교 숙제보다 퀘스트 수행을 더 중요하게 여겼고, 아침에 일어나 눈 뜨자마자 손에 쥐는 건 칫솔이 아니라 게임패드였다.

그 모습을 보던 린다 총장은 아들을 위해 한국으로 게임 유학을 왔다. 어머니는 중학생 아들을 데리고 한국에 와서 '게임방 체험학습' 유학을 했다.

하루 일과의 중심은 학원이 아니라 PC방이었다. 아들은 한국 게임 문화에 눈이 번쩍 뜨였고, 린다는 시간이 날 때 한국 드라마에 빠져들었다.

이 게임 유학은 단순한 취미 체험을 넘어, 한국 문화와 교육, 그리고 부모와 자식 사이의 색다른 교감의 시간이었다.

KAIST-NYU 교수진과 연구 시스템

현재 KAIST-NYU 융합 캠퍼스에는 총 140명의 교수가 참여하고 있다. 처음에는 카이스트 소속 교수는 약 40명, NYU 측의 교수는 60명으로 NYU 교수가 카이스트 교수진으로 참여하는 비중이 높았다. 그런데, 2025년에는 카이스트 교수진이 NYU 겸직 교수진으로 참여하는 인원이 더 많아졌다. 이 교수진들은 '조인트 교수(Joint Professor)' 형태로 활동하고 있다. 조인트 교수란, 본래 소속은 카이스트지만 NYU와 공동으로 연구·강의를 수행하는 방식이다.

NYU에서 전공 분야별 강점을 가진 교수와 카이스트에서 분야별 강점을 가진 전문인력이 결합된 구조다. 교수들은 현재 15개의 영국식 연구 그룹(Research Groups)으로 조직되어 활동하고 있다.

이 15개 그룹은 모두 정식 소속을 갖고 있으며, 전용 웹사이트에서도 확인 가능하다. 교수들은 각 그룹에 소속되어 수시로 연구와 강의를 병행한다. 고정된 시간표로 움직이기보다는, 자율적 운영과 결과 중심의 성과 체계를 따른다.

이 구조에서 대학원 교육은 자연스럽게 융합 중심으로 전환되는 것이다. 학부 학생들의 경우는 본부 차원에서 상호 부전공을 인정하는 방향을 설정하고 운영되지만, 대학원 과정은 각 연구 그룹 내 교수들의 자율성과 책임에 기반해 움직인다. 연구팀은 잘 짜인 구조 안에서 협업하고 있으며, 그룹별 조정도 유연하게 이뤄지고 있다. 2023년 기준으로 등록된 학생 수는 매년 소폭씩 증가하고 있다.

모든 전공은 AI(인공지능) 기반으로 하여 산업별, 도메인별 전문 분야를 결합한 것으로 구성된다. 바이오AI, 브레인 AI, 디지털 AI, 메디컬 AI, 로보틱스 AI, 그린 AI, 와이어리스 AI 등 다양한 세부 분야가 독립적이면서도 융합적으로 설계되어 있다. 이 프로그램은 카이스트가 뉴욕 현장에서 추진하는 가장 실험적이며 선도적인 융합 캠퍼스 운영 모델이다.

카이스트 뉴욕캠퍼스, 다섯 가지 글로벌 목표와 한미 기술동맹의 출발점

카이스트 뉴욕캠퍼스는 단순한 해외 분교가 아니다. 그것은 암과 치매의 정복, 역노화, 줄기세포, 유전자 가위, 오가노이드 같은 인류의 불치병을 치료할 혁신적인 방법을 찾아내는 Innovation Center이자 건강과 공학이 교차하는 난제를 해결하기 위한 거점이다.

이러한 도전 과제들을 풀어내는 것이 첫 번째 목표다. 그다음으로는 AI 분야에서의 세계적 선도가 목표로 자리 잡고 있다.

후일 역사적인 사실로 기록될 중요한 것은 여기에서 한미 과학기술 동맹이라는 개념이 탄생했다는 점이다. 기존의 한미 동맹이 안보 중심이었다면, "한미 과학기술 동맹"은 새로운 개념이었다. 그 용어를 처음 만든 이는 여현덕 교수이다. 여 교수는 미국 현지에서 카이스트의 입장을 설명하며 백악관과 NYU 리더십에 이 개념을 수립하고 발전시키도록 제안했다. 이 아이디어는 긍정적으로 받아들여졌고, 백악관 홈페이지 등 양국 차원에서 '과학기술 동맹'이라는 개념이 포함되었다. 그리하여 한미 동맹 70년 역사에서 처음으로 과학기술·연구 동맹이 명문화되었다.

이처럼 카이스트의 글로벌 전략은 단순한 기술 교류를 넘어서 초인류 난제 해결, AI 선도, 한미 기술동맹, 글로벌 사회책임을 핵심 축으로 삼고 있다.

카이스트는 뉴욕이라는 글로벌 무대에서 연구, 교육, 산업 협력을 통해 세계적 명성과 경쟁력을 높이고, 최우수 인재 발굴 및 양성, 과학기술 역량의 세계화를 실현한다는 것이다.

뉴욕은 세계 경제와 문화의 수문장 역할을 하는 도시이며, 금융, 미디어, 비즈니스의 글로벌 허브이다. 그러나 아이러니하게도 월스트리트에는 테크 기반이 약하다. 실리콘밸리는 테크 중심 도시지만, 월스트리트는 테크가 없는 금융도시다. 금융과 비즈니스의 중심지 뉴욕은 카이스트를 만나서 '테크 없는 월스트리트'에서 '테크 있는 뉴욕'으로 새로운 실험을 시작한 것이다.

카자흐스탄에 세워지는
또 하나의 카이스트

MIT 대신 카이스트: 젊은 부부의 꿈이 현실로
국가를 움직인 한 여학생의 유학
중앙아시아에 뿌리내리는 STEM 교육의 씨앗

한승현/김소영 교수

유학생의 선택으로 설립된 대학

카자흐스탄의 한 여학생이 카자흐스탄 정부 장학금을 받아서 카이스트로 유학을 왔다. 애초에 이 학생에게 한국은 유학하고 싶은 국가는 아니었다. 그러나 남편인 카자흐스탄 청년이 그녀에게 한국 유학을 권고했다. 한양대에서 유학했던 이 청년은 한국을 아주 좋아했으며, 한국에서 공부하는 동안 카이스트에 큰 호감을 가지고 있었기 때문이다.

여학생이 한국 유학을 하는 기간은 좋은 시기가 아니었다. 코로나19가 기승을 부렸기 때문이다. 그러거나 말거나, 여학생은 논문을 써서 국제적으로 인정받는 저널에 발표했다.

이 여학생이 카자흐스탄으로 귀국했을 때, 논문으로 실력을 증명했다. 다른 나라로 유학을 간 어느 학생의 논문에 뒤지지 않는 뛰어난 논문을 발표했다.

그 논문과 여학생의 영향력으로 카자흐스탄 정부 및 주요기업에서 카이스트에 대한 인식이 엄청나게 높아졌다. 인구성장과 함께 이공계 교육기관 설립에 진심인 카자흐스탄 기업은 카이스트 대학 모델을 수입하기로 했다.

카이스트 대학 모델은 전 세계적으로 빠르게 확산되고 있다. 중앙아시아의 카자흐스탄은 그중에서도 가장 빠르게 진전을 보인다. 카자흐스탄의 영어 표기는 여전히 'Kazakhstan'이지만, 자국 내에서는 2018년부터 'Qazaqstan'이라는 로마자 표기를 더 선호한다. 이에 따라 카자흐스탄에 설립되는 카이스트 모델 기반의 과학기술 특성화 대학은 'QAIST(Qazaqstan Advanced Institute of Science and Technology)', 약칭 'Kaz-AIST'로 명명되었다.

이 대학 설립의 출발점은 2020년 팬데믹 시기였다. 당시 카이스트에서 석사학위를 취득한 다나 말다쿨로바(Dana Moldakulova)가 설립 프로젝트의 핵심 매니저로 활약했다. 카이스트에 '카자흐스탄 내 과학기술대학 설립'을 처음 제안한 인물은 다니야르 아누아룰리(Daniyar Anuaruly)로, 이들의 제안은 이후 본격적인 논의로 발전했다. 2024년 6월, 카자흐스탄 과학고등교육부와 카이스트 간에 양해각서(MOU)가 체결되었고, QAIST 설립을 위한 협의가 본격화되었다.

2025년 상반기에는 카이스트 교수진이 알마티 인근 캠퍼스 부지에서 전자공학, 신소재공학, 기계공학, 인공지능(AI)과 전산학, 및 기술경영 분야의 타당성 조사를 수행 중이다. 알마티 테크노밸리 인근에

캠퍼스 부지를 확정하고, 총 3천만 달러(한화 약 400억 원) 규모의 예산으로 조성 및 운영계획이 수립되었다. 첫 신입생은 2026년에 입학 예정이며, 약 500명 규모로 시작된다. 커리큘럼은 공학, 신소재, 컴퓨터과학 중심으로 구성되며, QAIST는 비영리 공립대학이 아닌 민간자본 기반(private-invested)의 형태로 운영될 예정이다.

이 프로젝트의 중심에 있는 다나 말다쿨로바는 카자흐스탄 정부가 운영하는 국가장학프로그램 '볼라샥(Bolashak)'의 장학생으로 카이스트에 진학했다. 이 프로그램은 우수 인재를 해외에 파견해 첨단 지식과 기술을 습득하도록 지원하는 장학제도이며, 대부분의 학생들이 미국이나 유럽으로 진학한다. 그러나 그녀는 MIT 대신 카이스트를 선택했고, 그 결정에는 한국에서 유학 경험이 있던 남편의 영향이 컸다. 남편은 한양대학교에서 2년간 학부과정을 수학한 바 있으며, 한국어도 유창했다.

남편은 아내가 볼라샥 장학생으로 선발되자 카이스트 진학을 적극 추천했다. 그는 한양대 재학 시절부터 자신의 조국에 카이스트와 같은 대학을 세우고 싶다는 꿈을 키워왔다. 그가 재직 중이던 회사에 다나가 채용 지원을 했을 때, 그는 그녀의 역량을 알아보고 한국 유학을 추천하게 되었다. 이후 두 사람은 결혼했고, 경제적으로도 안정된 상황에서 조국을 위해 무엇을 해야 할지를 고민한 끝에, 교육을 통한 국가 발전에 기여하고자 결심하게 된다.

카자흐스탄은 현재 인구 증가와 함께 교육에 대한 국가적 관심이 매우 높은 시기이며, 새로운 대통령 또한 교육에 큰 관심을 두고 있다.

이러한 국가 분위기 속에서 두 사람은 '이제야말로 카이스트 모델을 도입할 때'라는 확신을 갖게 되었다.

코로나19 시기인 2020년, 다나는 카이스트 온라인 수업을 먼저 수강하며 학업을 시작했다. 한승헌 교수(현 국제개발사업단장)는 "다나 말다쿨로바의 성실함과 총명함을 일찌감치 알아보았다"라고 말했다. 이후 여러 우여곡절 끝에 한국에 입국했고, 다섯 학기 만에 졸업했다. 마지막 학기에는 가족과 함께 대전에 체류하며 자녀를 카이스트 유치원에 보낼 정도로 카이스트 시스템에 깊은 신뢰를 보였다.

그녀의 석사 논문은 수준 높은 연구 결과로 평가받으며 국제 저널에 게재되었다. 이는 MIT나 다른 유럽권 학교로 간 다른 볼라샥 장학생들과 비교했을 때도 두드러진 성과였다. 카이스트에서는 석사 과정 중에도 교수 및 박사과정 연구원들의 체계적인 지도를 받을 수 있었고, 이 점이 큰 차이를 만들었다. 졸업 후에는 박사과정 진학을 계획했지만 여러 사정으로 인해 귀국해서, 카자흐스탄의 KIMEP 대학에서 박사과정을 시작했다.

KIMEP은 카자흐스탄 내 경영학 분야에서 최고 수준의 대학으로 평가된다. 다나는 2023년 여름부터 본격적으로 카자흐스탄 정부를 설득하기 시작했다. 이 시점은 마침 국가 차원에서 해외 대학 유치에 큰 관심을 기울이던 시기와 맞물렸다. 과학고등교육기술부 장관은 세계 여러 대학들과 협력 논의를 진행 중이었으며, 카이스트가 제안되었을 때 큰 관심을 보이며 '이것이 바로 우리가 찾던 모델'이라며 긍정적으로 반응했다.

결과적으로 다나는 카이스트 측과 카자흐스탄 정부 사이의 실질적 연결고리 역할을 하고 있다. 그녀의 존재는 한국과 카자흐스탄 간 소통을 훨씬 원활하게 만들었으며, 다른 국가들과의 협력에 비해 카자흐스탄과의 프로젝트는 훨씬 빠르게 진전될 수 있었다. 그 결과, 2024년 3월에는 카자흐스탄 대사가 카이스트를 직접 방문하는 등 양국 간 협력은 더욱 구체화되고 있다.

카자흐스탄과 카이스트의 눈부신 협력

QAIST 설립 프로젝트는 2024년 중반 이후 더욱 빠르게 진전되기 시작했다. 카자흐스탄 측의 강한 추진력과 카이스트의 전략적 대응이 맞물리면서 구체적인 예산 논의와 외교적 연계가 본격화되었다. 카이스트와 카자흐스탄 과학고등교육부는 볼라샥 장학재단과 함께 선제적으로 MOU를 체결했고, 이는 정식 대학 설립 이전에 이루어진 핵심 협력의 시작점이 되었다.

2024년 8월 한국 교육부 주관 박람회에서는 카자흐스탄 과학기술부 장관이 직접 방한하였다. 이 자리에는 '쿠스토 컨스트럭션(Kusto Construction)'과 '프리덤 파이낸스(Freedom Finance)'를 비롯한 주요 사기업 대표들이 동행하였다. 이들은 QAIST 프로젝트에 대한 금융 투자 및 건설 협력을 약속했다, 프리덤 파이낸스는 나스닥 상장사로서 프로젝트에 대한 국제적 신뢰를 강화하는 역할을 맡게 되었다. '쿠스토 그룹(Kusto Group)'도 참여 의사를 표명하며 민간 주도의 대학 설립 모델이 구체화되었다.

카자흐스탄은 전반적으로 민간 자본의 선투자를 기반으로 한 교육 인프라 구축 방식을 선호한다. 고등학교 및 대학 등 교육 시설에 민간이 먼저 투자하고, 정부가 1인당 수업료 형태로 지원하는 구조가 일반적이다. 이는 신속한 교육기관 설립과 운영에 최적화된 모델로 평가받는다. QAIST 역시 이러한 방식으로 운영될 계획이며, 2025년 1월부터 6개월간 타당성 조사가 진행됐다.

카이스트는 자문 기관 이상의 역할을 수행하기 위해 실질적인 의결권 확보 및 컨트롤 구조를 모색하고 있다. 카이스트 총장은 QAIST가 단순한 해외 캠퍼스가 아닌, 카자흐스탄 내 최고 수준의 대학으로 자리 잡을 수 있도록 최고 교수진 확보, 장학금 보장, 장기적 재정 투입을 전제로 할 것을 강조했다. 이는 단순한 협력의 차원을 넘어서, 카이스트의 명예와 교육철학을 유지하기 위한 최소 조건으로 간주된다.

카자흐스탄 정부 또한 카이스트의 참여를 매우 상징적인 의미로 받아들이고 있다. 대통령은 교육 혁신을 핵심 국정과제로 삼고 있으며, 교육부와 과기부는 국제협력 대학 설립을 국가 차원의 우선 사업으로 추진 중이다.

QAIST의 초기 학제는 카이스트와 협의하여 5개 학과 체제로 구성될 예정이며, 이집트 카이스트 캠퍼스와 유사한 모델이 될 가능성이 높다. 또한 2+2 공동 학위 프로그램이 제안되었는데, 이는 카자흐스탄 현지에서 2년, 카이스트 본교에서 2년을 수학하는 방식이다. 교수진의 현지 파견은 아직 확정되지 않았지만, 카자흐스탄 측은 카이스트 교수가 직접 강의하거나 연구지도를 하는 형태를 선호하고 있다.

2024년 말 기준으로, 카이스트 대표단은 알마티 현지를 방문하여 캠퍼스 예정지를 시찰했다. 해당 부지는 공항에서 약 20분 거리에 있으며, 시내 접근성과 확장 가능성 모두 뛰어난 입지 조건을 갖추고 있다. 개발자는 데이터센터 부지와 연계된 광활한 부지를 제공하겠다는 입장을 밝혔다.

카이스트는 QAIST 프로젝트를 단순한 해외 진출이 아니라, 중앙아시아 교육의 패러다임을 바꾸는 전환점으로 인식하고 있다. 향후 QAIST는 과학고와의 연계를 통해 인재를 조기 발굴하고, 카자흐스탄 내 STEM 분야의 미래를 이끌 중추 기관으로 성장할 전망이다.

QAIST 설립 프로젝트는 카자흐스탄 내에서 교육에 대한 민간과 정부의 열망이 결합되며 확장되고 있다. 쿠스토 그룹 회장은 "이제는 사회에 환원할 때"라는 강한 사명감을 표명하며 QAIST 외에도 영재고등학교 설립과 같은 교육 인프라 확충에 관심을 드러냈다.

카이스트 관계자들은 QAIST가 학생과 교수 간의 긴밀한 상호작용이 가능한 대학이 되기를 기대하고 있다. 이는 타 대학과 차별점을 둔 카이스트만의 교육철학으로, 특히 석사 과정 학생들에 대한 밀착형 지도를 통해 MIT와의 차별성을 보여주고자 한다.

다른 국가들과의 협력 추진 상황도 대비된다. 어떤 국가에서는 먼저 카이스트에 제안했지만, 후속 대응이 느렸고 협력 의지가 일관되지 않았다. 반면 카자흐스탄은 내부에 프로젝트를 이끌 챔피언 역할을 할 인물이 존재했고, 다나 말다쿨로바가 카이스트와 현지 정부를 연결하는 핵심 역할을 수행하고 있다. 카이스트 설립 당시 정근모 박사가 미국에서 돌아와 한국 내 고등과학기술 교육에 헌신했던 것처럼, 말다쿨로바는 카자흐스탄형 카이스트를 위한 중심축이 되고 있다.

케냐와 에티오피아 등의 경우는 개도국 차관 기반으로 움직이기 때문에, 국가의 주도적 투자 의지가 부족하고 프로젝트 속도도 상대적으로 느리다. 건물 건설 등 인프라 부담이 크며, 행정 절차도 복잡하다. 반면 카자흐스탄은 민간이 선도적으로 투자하고, 카이스트는 프로그램과 학제 설계에 집중하는 구조를 갖춰 빠른 진전을 보이고 있다.

카이스트의 개발협력 프로그램 중 하나인 글로벌디지털대학원(GDI)은 2006년부터 개도국 공무원들을 대상으로 석·박사 교육을 실시하고 있다. 현재까지 73개국에서 약 250명의 졸업생을 배출하였으며, 서울대와 공동으로 운영하는 시스터 프로그램과 함께 매년 500명 규모의 국제 포럼도 개최하고 있다. 이 프로그램은 IITP를 통해 과학기술정보통신부의 지원을 받아 장학금, 생활비, 항공료 등을 제공하고 있으며, 카자흐스탄과 같은 국가에서 파견된 공무원들도 참여하고 있다.

GDI의 책임자는 2019년부터 프로그램을 이끌고 있으며, 카이스트 교수진이 해외 교육부 및 연구기관과의 협업을 통해 실제 과제 및 프로젝트를 수행하고 있다. 스페인, 에티오피아 등 여러 졸업생들이 자국 정부의 고위직에 진출하며 카이스트 프로그램의 성과를 입증하고 있으며, 이들은 자국에서 카이스트 교수진을 VIP로 예우하며 실질적 정책 협력의 창구로 활용되고 있다.

카이스트는 QAIST와 같은 글로벌 교육 협력 모델을 통해 개도국 과학기술 교육의 수준을 끌어올리고 있다. 단순한 기술이전이 아닌 교육 주권과 자생적 연구 생태계 확립이라는 목표를 실현해 가고 있다. 카자흐스탄은 이를 받아들일 준비가 되어 있고, 카이스트는 이러한 국가와의 협력을 통해 미래형 국제 고등교육의 새로운 전범을 만들어 가고 있다.

정착에서 귀화까지
다문화 캠퍼스 구축기

패스트트랙 비자 제도
외국인 유학생의 장기 체류 및 정착 지원
실버라이닝, 푸드페스티벌… 외국 학생 뿌리내리기 유도
110개국 학생과 함께 만드는 다문화 캠퍼스

이주영 팀장

▎유학 생활의 가장 큰 걸림돌, 비자 해결에 손을 뻗다

2021년 10월경, 박범계 당시 법무부 장관이 카이스트를 방문하여 외국인 구성원들과의 간담회를 가진 일이 있었다. 이는 한국 사회 전반의 인구 감소 문제와 이공계 인재 부족 문제에 대응하기 위한 정책적 관심에서 비롯된 자리였다. 간담회에서는 외국인 구성원이 비자 발급과 관련하여 겪는 주요 불편 사항이 제기되었다. 예를 들어, 대전 중구에 위치한 외국인 관할 사무소가 접근성이 떨어지고 대기시간이 길다는 점, 졸업 후 곧바로 취업하지 않으면 구직비자조차 얻기 어렵다는 현실 등이 지적되었다.

이러한 문제 인식에 따라 법무부는 카이스트를 포함한 대전 유성구 대학 및 기관(연구소 등) 인재들을 대상으로 특화된 비자 민원 창구 운영을 위한 출장소 개설을 검토했다. 카이스트 국제비자센터는 그렇게 시작되었으나, 정부 조직 개편과 인력 충원의 어려움으로 인해 현재는 축소된 형태로 유지되고 있다. 법무부에서 파견된 인력 1인과 카이스트 소속 직원 1인이 운영을 담당하고 있으며, 초기에는 특화 프로그램 도입 시도도 있었지만 여건상 확산이 더딘 상황이다.

이 팀장이 특히 주목한 제도는 카이스트가 도입한 F-2-7S비자, 즉 거주 비자였다. 이는 기존 비자제도의 점수제 틀을 벗어나, 총장의 추천서만 있으면 석·박사 과정 졸업 예정자가 소득이나 취업 여부와 무관하게 최대 5년간 체류할 수 있도록 허용하는 제도다. 해당 제도는 프랑스, 미국, UST 등의 이공계 대학 출신 외국인 유학생에게 적용되며, 기존의 비자 체계에서는 보기 드문 파격적인 조치로 평가받고 있다.

법무부는 이 제도를 "패스트트랙"으로 명명하였고, 이 비자를 통해 거주 → 영주 → 귀화로 이어지는 이민 경로를 일반적인 절차보다 훨씬 단축시킬 수 있도록 설계했다. 학생들에게 한국에 잔류할 수 있는 실질적인 동기를 부여함으로써, 국내 이공계 인재 풀을 강화하려는 목적을 담고 있다.

2025년까지 F-2-7S비자 추천서 발급은 총 152건이었고, 비자 승인 건수는 132건에 이르렀다. 일부는 추천서를 받았음에도 불구하고 개인 사정으로 비자를 신청하지 않은 경우였다.

이주영 팀장은 외국인 교원 및 학생을 위한 지원업무를 담당하는 국제교원 및 학생지원팀의 책임자로서, 카이스트 글로벌인재비자센터의 운영을 담당하고 있다.

이 팀장은 지도교수의 추천과 함께 총 3장의 추천서를 기준으로 심사를 진행했으며, 졸업 예정자 중에서 신청 자격이 주어졌다고 설명했다.

F-2-7S비자 제도는 외국인 석박사 과정 학생이 총장의 추천서를 통해 소득이나 취업 조건 없이 최대 5년간 한국 체류가 가능하도록 하는 제도다. 이 제도를 통해 학생들은 기존보다 훨씬 빠른 시간 내에 영주권과 국적까지 취득할 수 있으며, 실제 법무부 보도자료에 따르면 최단 3년 안에 귀화가 가능한 경우도 있다. 한 사례로 트리니다드 토바고 출신의 한 여학생이 기계공학과 석사 과정을 마친 뒤 해당 비자를 발급받았고, 현재 카이스트 박사과정에서 학업을 이어가고 있다.

이주영 팀장은 행정 시스템과 비자정책이 단지 규제 차원의 제도가 아니라, 국가의 인재 유치 전략의 핵심 도구라고 강조한다. 특히 F-2-7S비자와 같은 제도가 외국인 인재에게 실질적인 기회를 제공하고 있으며, 카이스트는 이를 통해 "기술 강국 한국"의 미래 기반을 다지고 있다고 생각한다.

언어와 비자의 이중 장벽

카이스트 외국인 유학생들은 입학 시 한국어 능력 요건이 없기 때문에 대부분 영어 강의로 학업을 수행한다. 하지만 이 팀장은 "외국인 학생들에게 있어 한국 사회에 정착하는 데에는 언어 장벽이 매우 크다"라고 지적한다. 단순한 학업을 넘어, 일상생활과 사회 적응, 취업, 체류 등에서 한국어 능력은 매우 중요하다. 카이스트는 이런 문제를 인식하고 2025년부터 한국어 교육을 더욱 강화하기로 했다. 총장 주도의 정책이 추진되고 있으며, 단순히 영어만으로 해결되지 않는 정주성 확보의 기반을 마련하려는 시도다.

카이스트에는 현재 약 150명의 외국인 교원 및 연구진이 재직 중이다. 전임 교수 외에도 조빙연구교수, 연구원, 박사후 연구원(Postdoc) 등이 포함된다.

카이스트의 외국인 유학생 수는 지난 10년 사이 크게 증가했다. 2015년 약 960명이었던 외국인 학생 수는 2024년 가을 학기 기준 1,370명으로 늘었고, 국적 수도 90개국에서 110개국으로 확장되었다. 대표적으로 인도네시아, 베트남, 태국, 미국, 프랑스, 파키스탄 등 전통적으로 많은 학생들이 유입되는 국가 외에도, 아이티, 베네수엘라, 부르키나파소, 아제르바이잔 등 잘 알려지지 않은 국가 출신들도 다수 포함된다. 이 팀장은 "국제 학생들의 출신 국가 중 일부는 처음 듣는 나라인 점을 보며 카이스트의 국제화 수준이 상당하다는 것을 체감한다"라고 말했다.

졸업 후 진로와 비자 유지 추적

F-2-7S비자를 발급받은 외국인 학생들의 진로 추적은 다소 어려움이 따른다. 졸업 후의 진로 현황 파악은 관련 법률에 따라 학교에서

취급하기 어려운 부분이다. 다만, 2023년 하반기 과학기술정보통신부의 요청으로 일부 졸업생의 현황을 조사한 결과, 상당수가 국내 기업에 취업한 사례로 파악되었다. 일부는 해외 기업으로 이직하거나 자발적으로 출국한 경우도 있었다.

이주영 팀장은 카이스트에서 만난 한 외국인 학생의 사례를 들어, 외국인 유학생들의 변화된 진로 경향을 설명했다. 이 학생은 복수학위 프로그램을 통해 유럽의 한 대학과 카이스트 양쪽에서 석사학위를 받았으며, 이후 카이스트 박사 과정에 진학했다. 그는 한국에서 정착할 의지가 강했고, 카이스트의 창업 지원 시스템을 활용해 직접 창업에 도전하고, 경진대회에서 우수한 성과를 거두기도 했다.

이 팀장은 "복수학위 학생들은 대체로 학위를 마치면 본국으로 돌아가는 경향이 있지만, 이 학생은 예외적으로 한국에 정착하겠다는 강한 의지를 보였고, 실제로 F-2-7S비자를 통해 장기 체류 자격을 얻었다"라고 설명했다.

유학생들의 경제적 자립 지원

카이스트는 외국인 학생들이 체류 중 겪는 경제적 어려움을 완화하기 위해 교내 근로장학생 제도를 적극 도입하였다. 유학생들은 유학(D-2) 비자 특성상 외부 취업이 제한되고, 시간제 근로 허가도 복잡하여 경제활동에 제약이 많다.

이에 카이스트는 총장 주도로 외국인 학생들의 교내 근로 참여 기회를 늘리기 시작했다. 예전에는 언어 문제로 인해 외국인 학생들이 교내 부서에서 근로하기 어려웠지만, 언어 의존도가 다소 낮은 업무를 중심으로 교내근로 유형을 다변화하였고 그 결과 외국인 학생의 교내 근로 참여율은 8%에서 25%로 크게 증가하였다.

외국인 유학생이 창설한 동아리 '실버라이닝'

파키스탄 출신 학부 유학생 아딜(Adil)이 창설한 동아리 '실버라이닝(Silver Lining)'은 외국인 유학생 활동의 인상적인 사례 중 하나이다. 이 동아리는 과학을 활용한 재능기부형 교육 봉사단체로, 소외 계층 아동들을 대상으로 영어·과학 교육을 제공하고 있다. 실버라이닝은 한국인과 외국인 학생이 1:1 비율로 구성된 카이스트 내 첫 국제 봉사 동아리로, 2022년 봄에 시작되었다. 주된 목적은 문화 간 교류를 활성화하고, 함께 지역사회를 돕는 봉사활동을 펼치기 위함이다.

처음 아딜을 포함한 4인이 동아리를 창립하여, 현재 약 50명의 회원이 활동하는 공식 등록 동아리로 성장시켰다. 동아리 내에는 외국인 학생뿐 아니라 한국인 학생도 다수 참여하고 있으며, 동아리 대표도 한국인과 외국인이 번갈아 가며 맡고 있다.

이 팀장은 "외국인 학생이 만든 동아리임에도 불구하고 한국인 학생들의 자발적 참여가 이어지고 있고, 정식 카이스트 등록 동아리로서 절차를 모두 마쳐 활동한다는 점에서 매우 고무적"이라고 평가했다.

문화를 공유하는 푸드 페스티벌 & 스포츠 데이

카이스트 국제교원 및 학생지원팀은 매년 정기적으로 국제학생 주도의 대형 행사를 운영하고 있다. 하나는 봄에 열리는 푸드 페스티벌로, 국제학생들이 직접 자국 음식을 만들어 나누는 행사이다. 처음에는 국제 학생 중심의 행사로 인식되었지만, 최근 몇 년 사이 한국인 학생과 교직원의 참여가 크게 늘어났다. 이 팀장은 "한 해 약 800명이 참가하며, 한국 학생들도 세계 음식을 즐기는 소중한 기회로 자리 잡았다"라고 전했다.

또 하나는 가을에 개최되는 스포츠 데이로, 외국인 학생과 한국인 학생이 함께 운동 경기를 하며 교류하는 행사다. 초기에는 외국인 학생끼리 소규모 모임 성격이 강했으나, 현재는 한국 학생들의 자발적 참여가 많아지며 진정한 국제 교류의 장으로 발전했다.

카이스트 AI대학원의 탄생과 도전

7년 만에 세계 TOP 2로 올라선 비결

정송 AI대학원 원장

“왜 지금인가?”

인공지능(AI)이라는 거대한 파도가 세상을 덮치기 전, 그 징후를 가장 먼저 감지한 곳은 역시 학문의 최전선이었다. 이야기는 2018년으로 거슬러 올라간다. 마치 약속이라도 한 듯 두 개의 시계가 동시에 울렸다. 과학기술정보통신부는 다가오는 AI 시대를 대비해 국가 차원의 인재 양성 프로젝트를 기획했고, 카이스트 내부에서도 자체적인 대학원 설립의 필요성을 절감하며 밑그림을 그리고 있었다.

당시 신성철 총장과 이광형 교학부총장(현 총장)으로 이어지는 리더십은 기민했다. 공대 학장을 중심으로 ‘AI대학원 설립 추진위원회’가 꾸려졌고, 수개월간 치열한 논의가 이어졌다. 마침내 과기정통부의 AI대학원 지원 사업 공고가 떴을 때, 그것은 카이스트를 위해 준비된 무대와도 같았다. 1년에 20억 원씩, 10년이라는 긴 호흡의 지원. 카이스트는 고려대, 성균관대와 함께 첫 번째 사업자로 선정되었고, 2019년 9월, 대한민국 최초의 AI대학원으로서 첫 번째 깃발을 꽂았다.

2012년의 충격, 그리고 알렉스넷의 전설

사람들은 묻는다. 왜 하필 지금, 이토록 뜨거운 'AI 광풍'이 불고 있는가. 그 기원을 추적하다 보면 2012년이라는 변곡점을 만나게 된다. 현대 인공지능의 역사를 다시 쓴 '이미지넷(ImageNet)' 경진대회였다. 토론토대학의 제프리 힌튼 교수 팀이 들고 나온 '알렉스넷(AlexNet)'은 단순한 우승자가 아니었다. 이전까지의 우승자들과는 차원이 다른, 인간의 상상을 초월하는 점수 차로 압도적인 승리를 거머쥐었다.

그것은 충격이었다. "도대체 무슨 일이 일어난 것인가?" 전 세계가 그들의 모델을 파헤치기 시작했다. CNN(Convolutional Neural Network)이라는 모델의 파괴력이 세상에 증명된 순간이었다. 비록 지금 세상을 지배하는 챗GPT나 제미나이 같은 거대 언어 모델들이 2017년 구글이 만든 '트랜스포머' 모델에 기반하고 있다 해도, 현대 인공지능의 폭발적인 성공 신화는 2012년 알렉스넷에서 시작되었다고 보는 것이 타당하다. 불과 12~13년 전의 일이다.

카이스트가 2019년 발 빠르게 AI대학원을 설립한 것은, 2012년 이후 7년 만에 글로벌 기술 경쟁의 링 위에 제대로 된 선수를 올려보내겠다는 선전포고였다.

학교 안의 스타트업, '인공지능 세계 3강'의 꿈

기존의 거대한 대학 조직 안에서 새로운 학과, 새로운 스쿨을 만드는 일은 맨땅에서 스타트업을 창업하는 것만큼이나 고단한 일이다. 하

지만 신성철, 이광형 대를 이어 진행된 두 총장의 전폭적인 지지는 정
송 카이스트 AI대학원 원장에게 강력한 엔진이 되어주었다.

목표는 명확하고도 대담했다. "세계 3강(Top 3)." 미국이 독주하는
AI 판도에서 1등을 당장 따라잡을 수는 없을지라도, 1등 뒤에 바짝
붙어 숨소리가 들릴 만큼 추격하겠다는 의지였다. 인도의 천재들이 유
학을 고민할 때, 미국 실리콘밸리나 아이비리그만을 바라보는 것이 아
니라 "한국에 카이스트가 있다"라는 것을 선택지에 넣게 만드는 것.
그것이 그들의 비전이었다.

시작은 '7인의 어벤져스'와 같았다. 전자과와 전산과에서 AI를 가장
잘한다는 교수 각각 두 명, 산업공학과에서 한 명, 그리고 정송 원장
과 유니스트(UNIST)에서 모셔 온 교수 한 명. 이렇게 일곱 명이 도원
결의하듯 닻을 올렸다.

지난 6년은 문자 그대로 '인재 영입 전쟁'이었다. AI 분야의 최고 두
뇌들은 대학뿐만 아니라 구글 같은 빅테크 기업들이 천문학적인 연봉
으로 빨아들인다. 카이스트는 그 틈바구니에서 기적을 만들어 냈다.
구글 출신 연구자 두 명, USC 교수, 독일 튜빙겐 대학 교수 등 내로라
하는 석학들을 설득해 대한민국으로 불러들였다. 그 결과 7명으로 시
작했던 교수진은 2026년 현재 24명으로 늘어났다. 카이스트라는 브
랜드와 연구 환경이 세계 시장에서도 통한다는 방증이었다.

약간의 시행착오도 있었다. 케임브리지 대학 박사 출신의 외국인 교
수를 영입했으나, 한국의 시스템에 뿌리내리게 하는 데는 실패했다. 그
는 2~3년간의 카이스트 생활을 뒤로하고, 영국 런던에서 동료들과 AI

벤처기업을 창업하기 위해 떠났다. 인재를 데려오는 것만큼이나, 그들을 지키고 정착시키는 것이 얼마나 어려운 과제인지를 보여주는 교훈이었다.

그럼에도 불구하고 카이스트 AI대학원은 멈추지 않는다. 2012년의 충격이 2019년의 개원으로 이어졌듯, 지금의 치열한 노력은 미래의 어떤 거대한 성취를 위한 도움닫기임이 분명하기 때문이다. 이것은 단순한 대학원의 설립기가 아니다. 기술 패권 시대, 대한민국이 생존을 넘어 선도로 나아가기 위해 쏘아 올린 신호탄에 관한 이야기다.

세계 2위의 기적, 그리고 새로운 실험들

"MIT를 넘어섰다."

처음엔 아무도 믿지 않았다. 한국의 대학이 인공지능 분야에서 세계 최정상의 자리에 오른다는 것을. 2019년, 카이스트가 AI대학원을 막 시작할 무렵, 세계 대학 랭킹에서 카이스트의 위치는 15위권 수준이었다.

하지만 불과 5년 만에 상황은 극적으로 뒤집혔다. 인공지능 연구자들에게는 '3대 학회'라 불리는 꿈의 무대가 있다. NeurIPS, ICML, ICLR. 이곳에 논문을 발표한다는 것은 단순히 연구 성과를 알리는 것을 넘어, 전 세계 AI 기술의 흐름을 주도하는 메이저리그에 입성했음을 의미한다.

2024년 기준, 이 세계 3대 학회에 발표된 논문 수에서 카이스트는 놀라운 성적표를 받아 들었다. 세계 대학 랭킹 2위. 1위는 중국의 칭화대였고, 카이스트가 그 뒤를 이었으며, 상하이 교통대와 UC Berkeley가 3, 4위를 기록했다. 막대한 자본과 인력을 쏟아붓는 중국의 거대 대학들과 세계 최고의 공대 중 하나인 UC Berkeley 사이에서, 카이스트가 당당히 2위를 차지한 것이다. 이는 연구력이라는 가장 본질적인 경쟁력에서 세계 최정상급 궤도에 진입했음을 알리는 신호탄이었다.

상위 25인의 AI 연구자 중 2명을 차지

이러한 성과는 걸출한 스타 연구자들의 존재로 더욱 빛을 발한다. 전 세계 AI 연구자 중 세계 3대 학회 논문 수 '상위 25인'을 꼽았을 때, 카이스트 교수가 무려 2명이나 이름을 올렸다. '인공지능의 아버지'라 불리는 요슈아 벤지오 같은 거장들과 어깨를 나란히 한 것이다.

이 25인 명단에 포함된 아시아 연구자는 단 6명뿐이다. 그중 2명이 바로 카이스트의 황성주 교수(11위)와 신진우 교수(15위)다. 중국의 칭화대 교수나 일본 도쿄대의 저명한 교수들도 20위권에 머무는 상황에서, 40대의 젊은 한국 교수들이 아시아 1, 2위를 다투며 세계 무대를 호령하는 셈이다. 카이스트 AI대학원이 단순히 '추격자'가 아니라, 이제는 '선도자'의 위치에서 글로벌 AI 연구의 흐름을 이끌고 있음을 보여주는 증거다.

카이스트 AI대학원은 제법 큰 숲을 이루었다. 24명의 교수가 의기투합하여 만든 40여 개의 커리큘럼은 전 세계 어디에서도 찾아보기 힘들 만큼 깊고 넓다. 기술적인 지식뿐만 아니라 AI 윤리까지 아우르는 이 방대한 교육 과정은 455명에 달하는 석·박사 과정 학생들에게 자양분이 되고 있다.

단일 대학원에 455명의 석·박사 과정 학생이 있다는 것은 실로 '매머드급' 규모다. 지난 7년 동안 이곳을 거쳐 간 337명의 석·박사 졸업생들은 대한민국 곳곳의 산업 현장과 연구소에서 핵심 인재로 활약하고 있다. 정송 원장의 말처럼, "지금 당장 난제를 들고 뛸 수 있는 준비된 전사들"이 매년 쏟아져 나오는 것이다. 1년에 수주하는 연구비만 330억 원 규모. 이 거대한 자원은 코어 AI 기술 연구뿐만 아니라, 제조, 의료, 기후 등 다양한 분야와의 융합 연구(AI+X)를 가능케 하는 동력이 되고 있다.

벽을 허무는 새로운 산학협력: 네이버와의 동거

이 숲에서는 관행을 깨는 과감한 실험들도 진행 중이다. 그중 가장 눈에 띄는 것이 '네이버-카이스트 AI 공동연구센터'다. 시작은 네이버 하정우 소장의 제안이었다.

"기업은 데이터와 인프라가 있는데 사람이 없고, 학교는 인재는 넘치는데 데이터와 인프라가 부족합니다."

과거의 산학협력이 기업이 학교에 돈을 주고 숙제를 맡기는 하청 구조였다면, 이번에는 달랐다. 네이버는 분당의 신사옥 1784의 한 층을 카이스트에 내주었다. 학생들은 학교가 아닌 네이버 사옥으로 출근하며, 기업의 현장 데이터와 슈퍼컴퓨팅 인프라를 마음껏 활용해 연구한다. 현재 80여 명의 학생들이 연구원들과 한 공간에서 호흡하며, 상아

탑과 산업 현장의 경계를 허물고 있다.

그뿐만이 아니다. 병원과는 의사가 믿고 쓸 수 있는 '설명 가능한 AI'(X AI)를 만들고, 기상청과는 국민의 안전을 위협하는 기습적인 폭우를 예측하는 AI를 개발한다. 단순한 기술 개발을 넘어, 인간의 생명과 안전을 지키는 가장 치열한 현장에 카이스트의 AI 기술이 스며들고 있다.

"우리는 이스라엘 민족이다." 정송 원장이 농담처럼 던진 이 말에는, 물리적으로 흩어져 있어도 같은 비전을 향해 달려가는 조직의 자부심이 담겨 있다.

현재 카이스트 AI대학원은 서울과 수도권 곳곳에 전략적 거점을 마련했다. 서울시가 '한국의 실리콘밸리'를 꿈꾸며 조성한 양재 AI 클러스터에는 산학 캠퍼스를 운영하며 스탠퍼드 대학과 같은 역할을 수행한다. 이곳은 네이버, LG 등 국내 유수의 기업들과 긴밀하게 협력하며 '국가 AI 연구 거점'으로서의 위상을 공고히 하고 있다.

성남 판교에서는 IT 기업들과 바이오 그룹, 그리고 전통 산업군을 AI로 혁신하기 위한 연구센터가 돌아간다. 약 100명의 학생들이 이곳에 상주하며 지역 산업의 디지털 전환을 최전선에서 지원한다. 홍릉 캠퍼스는 KIST(한국과학기술연구원)와의 협력을 중심으로 로봇 분야와 '피지컬 AI(Physical AI)' 연구의 전초기지가 되었다. KIST 연구원과 카이스트 교수가 학생을 공동 지도하는 획기적인 프로그램을 통해, 로봇 기술과 AI가 결합된 미래 인재를 길러내고 있다.

이 모든 확장의 시작점에는 동원그룹 김재철 명예회장의 결단이 있었다. AI가 미래를 바꿀 것이라 확신한 그는 600억 원이라는 거금을 카이스트에 기부하며 단 하나의 조건을 걸었다.

"기업이 있는 곳에 실질적인 도움을 주는 연구를 해달라."

이 조건에 따라 AI대학원은 대전 본원을 넘어 서울 홍릉으로 진출했고, 매년 60명이었던 대학원생 정원을 130명으로 대폭 늘렸다. 기업의 수요가 폭발하는 곳에서 더 많은 인재를 길러내라는 뜻이었다.

| 다시 하나로, 판교에 세워질 꿈의 베이스캠프

하지만 급격한 성장은 필연적으로 공간 부족과 구성원의 분산을 가져왔다. 여러 곳으로 흩어진 연구원들이 한곳에 모여 시너지를 낼 수 있는 구심점이 필요했다. 이광형 총장은 김재철 회장을 설득해 남은 기부금을 건축기금으로 전환했고, 성남시와의 협의를 통해 판교에 새로운 보금자리를 마련할 부지를 확보했다.

2027년 말 기공식을 앞둔 판교의 새 캠퍼스는 흩어져 있던 'AI 전사'들이 잠시 숨을 고르고 서로의 꿈을 공유할 수 있는 베이스캠프가 될 것이다. 물론 양재와 홍릉의 거점들은 여전히 각자의 위치에서 혁신의 불꽃을 피워올리겠지만, 판교에 세워질 카이스트 AI대학원 건물은 대한민국 AI의 심장이 어디에서 뛰고 있는지를 보여주는 상징적인 랜드마크가 될 것이다.

정송 원장이 묘사한 이광형 총장의 리더십은 '속도'로 요약된다. 9시 뉴스에서 AI 관련 소식이 나오면, 어김없이 새벽 5~6시에 정 원장의 핸드폰에 문자가 뜬다.

"이 아이디어, 우리도 구체화해 보면 어떨까?"

세상의 흐름을 읽고, 중요한 어젠다를 낚아채는 감각과 안목이 탁월하다. 총장이 방향을 잡고 지원을 약속하면, 실무진인 정송 원장은 거침없이 달린다. 상위 리더십의 전폭적인 지지와 실무진의 추진력이 톱니바퀴처럼 맞물려 돌아가는 것, 그것이 카이스트 AI대학원이 7년이라는 짧은 시간 동안 급성장할 수 있었던 비결이었다.

세계는 지금 'AI 인재 전쟁' 중이다. 메타(Meta), 오픈AI(OpenAI), 구글 같은 빅테크 기업들은 A급 인재 영입에 프로 스포츠 선수의 이적료를 방불케 하는 1,000억 원 단위의 돈을 쏟아붓는다. 대학이라는, 그것도 한국의 대학이라는 한정된 자원을 가진 카이스트가 이들과의 '머니 게임'에서 이길 방법은 무엇일까.

"돈으로 안 된다면, 무엇으로 그들의 마음을 훔칠 것인가?"

정송 원장은 '제도의 혁신'에서 해답을 찾았다. 총장은 그 제안들을 과감하게 수용했다.

첫 번째 카드는 '안식년 쪼개 쓰기'였다. 카이스트에서는 보통 4년을 일해야 1년의 안식년을 주는 것이 관례였다. 하지만 정 원장은 이를 "2년 일하면 학교 밖에서 일할 수 있게 해 주자"라고 제안했다. 젊은 AI 연구자들에게는 4년 동안 학교에 갇혀 있는 것보다, 자주 해외에 나가 구글이나 메타 같은 빅테크와 협업하고 최신 트렌드를 호흡하는 것이 훨씬 매력적이기 때문이다.

물론 수업 편성이나 학사 운영 측면에서는 세심한 배려가 필요하다. 학교는 이 불편함을 감수하기로 했다. 이 유연한 제도는 해외 인재들을 설득할 때 정 원장이 꺼내 드는 강력한 '셀링 포인트'가 되었다.

두 번째 카드는 '창업의 자유'다. 카이스트 AI대학원 교수 24명 중 이미 9명이 창업을 했다. 이광형 총장이 내건 '1랩 1창업' 캠페인은 단순한 구호가 아니다. 미국 대학조차 창업 휴직은 까다롭다. 2년이 지나면 자신의 수업을 대체할 비용을 학교에 내야 하고(Buy-out), 4년이 되면 학교로 돌아올지 회사를 택할지 양자택일을 강요받는다. 하지만 카이스트는 다르다. 학생 지도와 연구실 운영이라는 본분만 지킨다면, 교수는 무제한으로 창업 활동을 이어가도록 겸직이 허용된다.

"빅테크만큼 연봉은 못 주지만, 교수라는 명예와 창업가로서의 지위를 동시에 꿈꿀 수 있다."

마지막 카드는 '제자들까지 품는 배려'였다. 해외 유수 대학의 교수를 스카우트할 때 가장 큰 걸림돌 중 하나는 그가 지도하던 대학원생들이다. 연구의 맥을 잇기 위해서는 제자들도 함께 데려와야 하는데, 편입 절차가 까다로워 포기하는 경우가 많았다.

카이스트는 이를 위해 대학원생 편입 제도를 신설했다. 교수가 옮겨 올 때 그 제자들도 카이스트 학생으로 신분을 바꿔 연구를 이어갈 수 있도록 길을 터준 것이다. USC, 독일 튀빙겐 대학 등에서 교수를 모셔 올 때 이 제도는 결정적인 역할을 했다. 거대 자본에 맞서 카이스트가 꺼내든 것은 연구자가 연구자답게 살 수 있도록 돕는 '세심한 배려'와 '파격적인 자유'였다. 그리고 이 전략은 적중했다.

제자는 스승의 소유물이 아니다

카이스트에는 파격적이나 못해 혁명적인 규칙이 하나 존재한다. 바로 '연구실 이동의 자유'다. 교수가 2년 동안 등록금을 대주고 월급을 주며 공들여 가르친 제자라 할지라도, 학생이 원한다면 언제든 지도교수의 허락 없이 짐을 싸서 떠날 수 있다. 과거 도제식 교육 시스템하에서는 상상조차 할 수 없는, 일종의 '노예 해방 선언'과도 같은 제도다.

이것은 이광형 총장의 철학이 반영된 결과였다. 교수가 제자의 앞길을 쥐고 흔드는 권력을 내려놓게 함으로써, 부당한 처우를 막고 오직 연구와 지도로만 승부하라는 서슬 퍼런 메시지였다. 물론 현실은 상호적이다. 둥지를 떠난 새를 받아주는 건 온전히 다른 교수들의 몫이다. "왜 그 방을 나왔는가?" 받아주는 교수들은 현미경을 들이대듯 그 학생을 검증한다. 습관적으로 둥지를 옮기는 철새들은 살아남기 힘들지만, 이 제도가 존재한다는 사실만으로도 카이스트의 공기는 달라졌다. 교수는 군림하는 자가 아니라, 선택받는 자가 되어야 했기 때문이다.

미국 빅테크 기업들이 AI 박사 신입에게 제시하는 연봉은 40만 달러에서 60만 달러(약 5억~8억 원). 한국 대학의 조교수 연봉으로는 감히 넘볼 수 없는 격차다. 정송 원장은 이 기울어진 운동장에서 어떻게 24명의 에이스를 데려왔을까. 그는 영입 후보들에게 설문지를 돌려 "무엇이 당신을 망설이게 하는가?"라고 정면으로 질문을 던졌다.

그들의 답변은 세 가지로 요약되었다. 첫째는 동료들의 수준이었다. 세계 중심에서 최고 인재들과 어울리다가 떨어져 나 혼자 도태되는 것은 아닐까 하는 두려움. 둘째는 '무기(GPU)의 부재'였다. 셋째는 '연구의 자율성'이었다.

정송 원장은 이 세 가지 갈증을 파고들었다. "돈은 그들만큼 줄 수 없다. 하지만 당신이 기업의 부속품처럼 위에서 시키는 연구만 하다가 임원이 바뀌면 프로젝트가 엎어지는 꼴을 보지 않아도 된다. 여기서는 당신이 원하는 문제를, 당신의 호흡으로 끝까지 풀 수 있다."

가장 뼈아픈 현실은 두 번째 이유, 바로 GPU(그래픽 처리 장치)였다. 정 원장은 이 대목에서 한숨을 삼켰다. "구글에 인턴을 간 우리 학생은, 혼자서 GPU 100장을 씁니다. 하지만 한국에 돌아오면, 그 학생은 GPU 한 장을 온전히 쓰기도 어렵습니다."

이것은 단순한 장비의 문제가 아니라 '시간'의 문제다. 구글의 연구자가 100장의 GPU를 돌려 1시간 만에 끝낼 실험을, 카이스트의 연구자는 100시간을 매달려야 한다. 세계 2위라는 카이스트의 성과는, 그 99시간의 격차를 연구자들의 피와 땀, 그리고 밤을 지새우는 '몸빵'으로 메워낸 결과다. 100시간의 고통을 견디며 1시간의 효율을 가진 자들과 싸워 이긴 것이다. 이것은 기적이지만, 동시에 지속 가능하지 않은 구조이다.

2막의 시작, '피지컬 AI'와 'K-Fold'의 도전

AI 경쟁의 페이즈 1은 끝났다. 지난 10여 년간 인류는 기계에게 언어를 가르치고, 세상의 방대한 텍스트 지식을 밀어 넣는 데 집중했다. 제미나이와 챗GPT로 대표되는 거대 언어 모델(LLM)의 성공은 그 학습 과정이 끝났음을, 혹은 인간이 그 방법을 완전히 깨달았음을 의미한다. 이제 세상의 지식을 텍스트로 배우는 단계는 정복된 것이다.

그렇다면 다음은 무엇인가. 정 원장은 "지금은 세컨드 페이스(Phase 2)의 출발점에 서 있다"라고 진단했다. 그것은 바로 '행동'을 배우는 단계다.

언어를 이해하는 것을 넘어, 인간처럼 판단하고 행동하는 '에이전틱 AI(Agentic AI)', 그리고 로봇이라는 물리적인 육체를 입고 현실 세계와 상호작용하는 '피지컬 AI(Physical AI)'. 이것이 바로 2막의 주인공들이다. 휴머노이드 로봇이 인간처럼 걷고, 사물을 만지고, 복잡한 작업을 수행하는 법을 배우는 것. 이 기술은 아직 구글이나 오픈AI 같은 빅테크조차 완벽히 정복하지 못한 미지의 영역이다.

"모두가 출발선에 서 있습니다. 빅테크도 모르는 기술, 우리도 모르는 기술. 그래서 해볼 만한 승부입니다."

카이스트가 로봇과 휴머노이드 연구에 드라이브를 거는 이유가 여기에 있다. 기울어진 운동장이 아니라, 모두가 처음인 이 새로운 레이스에서라면 대한민국이 선두를 차지할 가능성이 충분하기 때문이다.

또 하나의 중요한 과제는 '효율성'이다. 현재 AI 기술의 근간인 트랜스포머 모델은 '전기 먹는 하마'다. 막대한 전력과 비용을 소모하는 지금의 방식은 지속 가능하지 않다. 정 원장은 현재의 표준인 트랜스포머를 대체할, 더 적은 에너지로 더 효율적인 연산을 수행하는 새로운 AI 모델을 찾는 데 연구력을 집중하고 있다.

정부는 이 흐름을 놓치지 않기 위해 일명 '국가대표 AI 선발전'을 열었다. GPU 1만 장을 지원해 줄 테니, 한국판 생성형 인공지능을 1년 안에 만들어보라는 특명이었다.

카이스트 AI대학원은 야심 차게 도전장을 냈지만, 결과는 탈락이었다. 네이버, LG AI 연구원, 엔씨소프트 등 5개 기업 팀이 선정되었다. 범용 AI 모델을 만드는 경쟁에서는 이미 막대한 인프라를 갖춘 기업들을 넘어서기가 현실적으로 어려웠던 것이다.

하지만 기회는 다시 찾아왔다. 이번에는 범용이 아닌 '특화 모델'을 뽑는 2차전이었다. 카이스트는 '바이오 AI'라는 카드를 꺼내 들었다. 구글 딥마인드의 '알파폴드 3(AlphaFold 3)'가 노벨 화학상을 받으며 단백질 구조 예측의 역사를 새로 썼듯, 카이스트는 신약 개발을 혁신할 'K-Fold'를 만들겠다고 선언했다. 화학과와 AI대학원 교수들이 뭉친 드림팀은 이 '특화 AI 국가대표' 선발전에서 당당히 승기를 거머쥐었다.

이것은 단순한 연구 프로젝트가 아니다. 10년이 걸리던 신약 개발을 단 며칠로 단축시키고, 1년 안에 세계 수준의 상용화 모델을 만들어내야 하는 치열한 '실전'이다. 과학의 난제를 AI로 풀어내는 '과학 AI(AI for Science)'의 시대, 카이스트는 이제 실험실을 넘어 인류의 생명을 구하는 가장 구체적이고 혁신적인 전장에 뛰어들었다.

인간의 뇌를 닮은 AI를 꿈꾸며

정 원장의 시선은 더 먼 곳을 향해 있다. 밥 한 공기의 에너지만으로도 생성형 인공지능보다 효율적으로 작동하는 인간의 뇌. 그 신비로운 메커니즘을 밝혀내어, 전기를 덜 먹으면서도 더 똑똑한 AI를 만드는 것. 어쩌면 양자 생물학(Quantum Biology)의 영역일지도 모르는 그 근원적인 질문들에 대한 탐구 또한 멈추지 않고 있다. 양자 중첩이나 얽힘 같은 미시세계의 현상이 생명체의 정보 처리 속도와 효율성의 비밀이다.

그것은 아직 미지의 영역이자, '모르기 때문에' 가야 할 길이다. 현재의 주류인 트랜스포머 모델은 이미 효율성의 한계에 부딪혔다. 이를 넘어서기 위해서는 단순히 GPU를 더 꽂는 것이 아니라, 근본적인 패러다임의 전환이 필요하다. 인간의 뇌를 모방한 '뉴로모픽(Neuromorphic)' 모델이든, 양자 생물학적 원리를 차용한 새로운 알고리즘이든, AI의 작동 원리 자체를 과학적으로 규명하고 혁신하는 것. 정 원장은 이것을 'Science of AI(AI 자체의 과학화)'라고 정의했다. 이는 당장의 수익을 좇는 빅테크 기업들보다는, 호기심과 본질을 탐구하는 대학이 짊어져야 할 거룩한 숙제이기도 하다.

또 하나의 축은 'AI for Science(과학을 위한 AI)'다. 이는 100년 된 수학 난제를 풀거나, 10년이 걸리는 신약 개발 기간을 단 며칠로 단축시키는 혁명이다. 구글의 알파폴드 3가 단백질 구조 예측으로 노벨 화학상을 거머쥔 것처럼, AI는 이제 과학의 발견 속도를 초월적으로 가속화하고 있다.

카이스트 AI대학원이 정부의 '국가대표 AI 선발전' 중 특수 목적 분야에 도전장을 낸 것도 바로 이 지점이다. 분야는 '바이오 AI'. 목표는 명확하다. 1년 안에 세계 최고 수준인 알파폴드 3를 넘어서는 한국형 신약 개발 AI, 일명 'K-Fold'를 만들어내는 것이다. 이미 1년이라는 카운트다운은 시작되었고, 연구진은 밤을 잊은 채 질주하고 있다.

소버린 AI(Sovereign AI)의 의미

범용 AI 분야에서 우리나라는 네이버, LG 등 5개 기업 팀이 치열한 생존 경쟁을 벌이고 있다. 일각에서는 묻는다. "구글이나 오픈AI가 이미 저만큼 앞서가는데, 지금 우리가 만든다고 그들을 이길 수 있나? 계란으로 바위 치기 아닌가?"

하지만 정송 원장의 시각은 달랐다. 대한민국 자동차 산업의 역사를 보면 답이 나온다. "처음 현대자동차가 독자 엔진을 만들겠다고 했을 때, 벤츠나 도요타의 엔진보다 성능이 좋아서 만든 게 아닙니다. 남의 기술에 종속되지 않기 위해, 비록 성능은 좀 떨어져도 '우리 것'을 만들어 써보면서 개량해 나간 겁니다. 그 과정이 있었기에 지금의 글로벌 현대차가 있는 것입니다.”

AI 시대의 거대 언어 모델(LLM)은 컴퓨터의 운영체제(OS)나, 산업의 심장인 엔진과 같다. 앞으로 로봇에도, 자동차에도, 가전제품에도 이 AI 엔진이 들어가야 한다. 만약 우리만의 ‘독자 엔진’이 없다면, 대한민국은 미래의 모든 산업에서 막대한 사용료를 지불하며 기술 종속국으로 전락할 것이다.

제미나이나 GPT-5를 당장 꺾지 못하더라도 상관없다. 우리 손으로 만든 쓸 만한 엔진, 즉 '소버린 AI(자주적 인공지능)'를 확보하는 것. 그리고 그 과정을 통해 엔진을 만들 줄 아는 인력과 노하우를 축적하는 것. 그것이 지금 5개 기업이 경쟁을 벌이며 달려가는 진짜 이유다.

과학기술로 설계하는 국방, 카이스트 안보융합원

9·11테러의 충격에서 미래 국방 전략까지
교육·연구·정책이 연결되는 국가 안보 플랫폼
MIT를 넘어 한국형 안보연구소를 꿈꾸다

배중면 교수

국방을 좌우하는 과학기술의 힘을 체감하다

배중면 박사는 2001년 미국 '아르곤 국립 연구소(Argonne National Laboratory)' 연구원이었다. 9월 11일, 아침을 준비하던 배 박사는 예상치 못한 일생일대의 사건을 마주하게 된다. 아내가 건강 문제로 작은 수술을 받아, 배 박사는 이틀간 병가를 내고 집에서 아이들을 돌보고 있었다.

두 아이를 챙겨 도시락을 싸주고 학교로 보낸 배 교수는 잠시 숨을 고르고 있었다. 그때 2층에 있던 아내가 다급하게 소리쳤다.

"여보! 텔레비전에 이상한 게 나와요. 전쟁 난 것 같아요!"

놀란 마음으로 TV 화면을 켰다. 화면에는 뉴욕 맨해튼에 있는 쌍둥이 빌딩인 세계무역센터(WTC)에 여객기가 돌진하는 충격적인 장면이 실시간으로 중계되고 있었다. 쌍둥이 빌딩은 모두 파괴됐다. 그는 한동안 말을 잃었다. 그 끔찍한 순간을 실시간으로 보며, 단순한 항공 사고가 아니라 미국의 중심부가 공격당하고 있음을 직감했다.

미국 전역은 순식간에 비상사태에 돌입했다. 병가가 끝나고 연구소로 돌아갔을 때, 평소 간단히 통과하던 정문은 엄격한 보안 구역으로 바뀌어 있었다.

출근 때마다 자동차가 한 대씩 철저한 검문을 받았다. 차량 내부는 물론 트렁크까지 열어 수색했고, 연구소로 들어가는 데만 1시간 반씩 소요되었다. 직원들은 숨을 죽인 채 사태의 추이를 지켜보며 각자의 연구를 이어갔다.

이후 미국은 오사마 빈 라덴을 잡기 위해 아프가니스탄 침공을 감행했다. 배 박사는 9·11 이후 세계 질서와 전쟁 양상이 어떻게 변해가는지를 현장에서 체감했다. 걸프전(1990~1991년)을 통해, 현대 전쟁의 양상을 눈여겨보았던 배 박사에게 9·11테러는 또 다른 전쟁의 모습을 보여준 사건이었다.

2022년 2월 24일 러시아가 우크라이나를 침공하면서 또 다른 현대전이 발생했다. 전력이 우세한 러시아가 일방적으로 밀고 들어갈 것 같아 보였지만, 예상이 모두 깨졌다. 크림반도 상실 후 절치부심한 우크라이나가 드론과 IT 기술을 적극적으로 활용하며 러시아에 맞서 싸우는 모습은 그에게 강한 인상을 남겼다. 이는 "국가 생존은 철저한 준비와 과학기술에 달려 있다"라는 깨달음을 주었다.

배 교수는 2002년 겨울 카이스트 기계공학과에 부임했다. 국방과학연구소(ADD)와 협력하여 무기에 연료전지를 도입하는 원천기술 개발에 기여해 왔다. 이러한 경력을 인정받아 2021년 카이스트 안보융합원장으로 임명되었으며, 수소 에너지 기반 첨단국방 기술의 발전을 이끌고 있다.

카이스트 안보융합원의 설립 철학과 목표

카이스트 안보융합원은 단순히 카이스트의 외연을 넓히거나 기관의 명성을 높이기 위한 목적으로 세워진 것이 아니다. 안보융합원은 국가와 국민의 지원으로 설립된 공익적 성격의 카이스트가 과학기술을 통해 국가 안보에 봉사하고자 하는 숭고한 취지에서 설립되었다.

카이스트 학생들은 봉사활동에도 열정적이다. 코로나 시기에도 대한적십자사 헌혈차가 방문하면 오전 중에 헌혈을 마칠 정도로 적극적이었다. 배 교수는 "나라를 지키는 데 과학기술을 직접 활용하는 것이 카이스트의 봉사활동 중 가장 가치 있는 형태"라고 강조했다.

카이스트는 병역특례와 국비장학금을 통해 전국의 우수 인재를 유치하고, 이공계 박 사·석사·산업체 인재를 육성해 국가 산업 발전에 기여해 왔다. 삼성전자의 박사 25%, 국내 이공계 대학 교수의 10%가 카이스트 출신이라는 점은 그 성과를 방증한다.

카이스트 병역특례는 안보융합원이 담당하며, 인구 감소와 병역 환경 변화에도 불구하고, 과학기술 개발을 통한 국가 기여라는 설립 목적에 부합한다는 사회적 공감대 속에 유지되고 있다.

안보융합원의 비전과 MIT 링컨연구소의 교훈

카이스트 안보융합원은 MIT의 링컨연구소 사례를 중요한 벤치마킹 대상으로 삼고 있다. MIT는 과거 미국 방위를 위한 필수 기술 개발을 위해 링컨연구소를 설립하며 미국 안보에 결정적 기여를 했고, 이를 계기로 폭발적으로 성장했다.

1949년 소련의 첫 원자폭탄 실험과 탄도미사일 위협은 미국 안보에 큰 충격을 주었다. MIT는 Project Charles라는 이름으로 프로젝트를 수행하면서 1951년 MIT 링컨연구소 설립으로 이어졌다. 첫 번째 연구과제는 대공 방어 시스템 SAGE(Semi Automatic Ground Environment) 개발이었다. MIT Radiation Laboratory 출신 기술자들이 참여했다 MIT 링컨연구소는 냉전 초기의 긴박한 안보 위기 속에서, MIT와 미국 정부 그리고 공군의 협력을 통해 설립된 기술 중심의 연구기관이다.

안보융합원은 MIT처럼 카이스트가 한국의 안보를 과학기술로 지키는 중심축이 되어야 한다는 비전과 사명을 공유하며, 이를 현재와 미래의 다짐으로 삼는다.

민간의 첨단기술을 국방과 안보에 신속히 적용하는 것은 급변하는 전장 환경에서 국가 생존을 위한 핵심 전략이다. 첨단기술을 안보국방에 적용하는 것이 전쟁의 양상을 바꾸는 데 크게 기여할 수 있다. 배 교수는 "AI와 로봇이 전투를 수행하면서 인간의 피해를 최소화하는 시대가 다가오고 있으며, 카이스트가 그 기술적 기반을 선도해야 한다"라고 말했다.

안보융합원은 군, 경찰, 방산업체 임직원 등 안보 관련 기관 고위직과 중간 관리자들을 대상으로 실질적이고 강도 높은 과학기술 연수 프로그램을 운영한다. 연수 프로그램이라고 해도 단순히 네트워킹에 그치는 수준이 아니라, AI, 드론, 양자컴퓨팅 등 첨단 과학기술을 중심으로 한 집중 교육을 제공한다. 이 교육은 3일에서 5일간 진행되며, 체육 활동이나 레크리에이션 없이 교육에만 전념하는 구조이다. 카이스트 최고 전문가들이 교육을 담당하며, 배 교수는 에너지 분야 강의를 직접 맡고 있다.

AI 기반 첨단기술군 육성, 딥페이크 기술 이해, 사이버 보안 등 안보 실무에 필요한 최신 과학기술의 기초부터 심화까지 다룬다. 참가자들은 이 교육을 통해 과학기술에 대한 문해력을 높이고, 과학기술 기반 국가안보 역량을 강화하게 된다. 프로그램은 국방부, 합참, 육해공군 주요 직위자, 경찰 고위 간부 등 폭넓은 안보 실무자들을 대상으로 하며, 2025년에는 18회의 연수를 통해 900명 이상이 참가한다.

참가자들은 과학기술 분야 교수진과 직접 연결되어 향후 연구 자문이나 정책적 협력의 기반을 마련하게 되며, 이는 카이스트와 국가 안보 기관 간 지속 가능한 네트워크로 발전하고 있다.

AI, 드론, 뇌과학, 무인–유무인 복합체계, 양자컴퓨팅, 초연결 통신, 센서, 로봇, AI 등 미래 전쟁 양상에 대비한 연구를 수행하고 있다. 이 연구들은 군, 경찰 등 안보 기관이 실무에 활용할 수 있도록 지원된다. 안보융합원은 위성통신, 특히 저궤도 위성통신 분야 연구를 확대하고 있다. 이는 우크라이나 전쟁 분석을 통해 확인한 바와 같이 지상통신망 붕괴되는 비상시 위성통신이 국가 생존의 필수 수단임을 인식한 데 따른 것이다. 해군과도 위성통신 관련 MOU를 체결하고 두 차례 포럼을 진행하는 등 협력을 강화하고 있다. 포럼을 통해 군에서 기술 수요가 제기되면, 관련 분야 카이스트 교수진과 연결해 실질적 연구와 자 문으로 이어지도록 지원한다.

안보융합원은 또 사이버안보연구센터를 설립하고 정보보호대학원, 사이버 안보기술대학원을 운영한다.

인지정보연구센터는 AI와 뇌과학을 활용하여 가짜 정보를 과학적으로 식별하고, 가짜 정보의 전파 경로를 네트워크상에서 추적·차단하는 과학기술적 연구를 수행하는 데 중점을 두고 있다. 센터는 AI 기반 데이터 분석, 뇌과학 기반 수용자 반응 분석, 정책적 대응 방안 연구 등 세 분야로 조직되었다. 국방부, 국정원, 국방대, 방사청, ADD, 경찰청, 소방청 등 다양한 기관의 실무자들이 인지정보연구센터에 협력하고 있다. 오클라호마대에서 세계적 석학을 영입해 전문성을 강화하고 있다.

미래 전략을 개발하는 육군 미래혁신연구센터

카이스트 문지캠퍼스에 유치한 육군미래혁신연구센터는 육군의 미래 전략기술 개발을 지원하고 있다. 이 연구센터는 국내에서 처음으로 군 조직이 대학 내에 상주하는 사례이다. 미국 텍사스 대학의 육군미래사령부를 벤치마킹하여 실현되었다. 카이스트 교수진과의 협업을 통해 8개 주요 분야에서 안보 기술 연구가 진행 중이다. 이광형 총장과 박정환 전 육군참모총장의 협력으로 설립됐다. 이 센터는 미래 국방 무기체계를 입안하는 데 주력하며, 5~10년 후 필요할 기술을 선제적으로 기획·연구하고 있다.

센터장은 카이스트 기계공학과 출신 은퇴 교수가 맡아 군 조직과 대학 연구진 간 교두보 역할을 한다. 최근에는 무기체계 기획의 속도를 높이기 위해 과거 방식에서 벗어나 민첩한 전략 기획으로 전환하고 있다.

카이스트 안보융합원은 기존 국내 포럼과 차별화된 강도 높은 학술 프로그램을 운영하며 큰 호평을 받고 있다. 안보융합원이 주관하는 포럼은 단순한 발표나 네트워킹을 넘어, 오전 10시부터 12시까지 짧고 강렬한 학습 세션으로 구성되어 있다. 참가자들은 도시락으로 점심을 해결하며 포럼을 마치는 방식으로, "죽자사자 공부하는 프로그램"이라는 평가를 받을 만큼 높은 수준과 강도를 자랑한다. 특히 우크라이나 전쟁 사례는 큰 호응을 얻어, 문지포럼에서 연속 4차례 포럼이 열릴 정도로 깊이 있는 연구가 이어졌다. 이 과정에서 심리전과 인지전(cognitive warfare)의 복잡성과 중요성이 부각되었다. 자유민주주의 국가인 한국이 공격적 인지전을 수행할 수는 없지만 이에 대한 방어 전략 연구의 필요성이 확인되었다.

AI 교육과 군 장병, 군 자녀 지원 사업

안보융합원은 AI 교육을 군 장병들에게 제공하며, 군 복무를 회피 대상이 아니라 개인 역량을 키우는 기회로 만든다. 이는 1960년대 문맹 퇴치 운동에서 영감을 얻어 기획되었다. 군 장병들이 복무 중 AI 교육을 받고, 일부는 카이스트 마이크로 디그리(micro degree) 과정까지 이수하도록 돕는다. 군 복무를 마친 장병들이 AI 준전문가로 성장해 사회에 기여하도록 한다는 목표다. 해당 프로그램은 카이스트가 초기 예산을 투입해 시작했으며, 육군도 그 성과를 인정해 예산을 추가 지원하고 있다.

안보융합원은 군 간부 자녀들이 과학기술을 접할 기회가 적다는 점에 주목해, 매년 방학마다 초등학교 고학년 및 중학교 1학년 학생들을 대상으로 과학기술 캠프를 운영한다. 군 자녀 학생들에게 과학자의 꿈을 심어주는 이 프로그램은 10년 이상 지속되었다.

이 캠프에 참가한 군 자녀 중 일부는 카이스트에 진학해 조교로 활동하며 박사과정에 진입했다. 이는 군 자녀에게 과학기술에 대한 꿈과 자신감을 심어준 대표적 성과로 평가된다.

과학기술로 국방 안보에 기여하겠다

안보융합원은 과학기술을 통한 국방 기여라는 대전제를 기반으로 다음과 같은 5대 목표를 실현하고 있다.

첫째, 국방·안보 관계자의 과학기술 인식 제고와 문해력 향상

군과 안보 관계자들의 과학기술 이해도를 높이고, 이를 통해 첨단기술을 효과적으로 방어·활용할 수 있는 기반을 마련하고 있다.

둘째, 군과 그 가족 대상 교육 (AI 교육, 군 자녀 캠프)

군 장병에게는 AI 기반 첨단기술 교육을 제공하고, 군 자녀에게는 과학기술 캠프를 제공해 미래 과학기술 인재를 육성하고 있다.

셋째, 사이버 안보, 인지전 대응 연구센터 및 대학원 설립

사이버안보연구센터, 인지정보연구센터를 설립하고 관련 대학원을 운영하며, 사이버 위협 및 인지전에 과학기술 기반 방어 역량을 강화하고 있다.

넷째, 첨단기술 기반 연구개발(유무인 복합체계, 초연결, AI 활용)

AI, 드론, 초연결 통신 등 첨단기술을 국방과 안보에 적용하는 연구개발을 수행하며, 민간 첨단기술의 국방 활용을 주도하고 있다.

다섯째, 미래 무기체계 기획 및 전략 기술 개발

군과 협력하여 미래 5~10년 후 필요할 무기체계를 기획하고, 전략 기술을 선제적으로 연구·개발하고 있다.

과학기술과 국방: 역사와 미래의 과제

카이스트 안보융합원은 과학기술이 전쟁 양상을 바꾸어 온 역사적 흐름을 분석하고 미래에 적용할 전략을 수립한다.

- **1차 산업혁명:** 철도 개발이 남북전쟁에서 군수물자 수송 혁신으로 이어짐
- **2차 산업혁명:** 컨베이어 벨트를 통한 전차 대량생산으로 유럽 전쟁 판도 변화
- **3차 산업혁명:** 디지털 기술의 발전과 함께 미사일, 위성 등으로 전장 혁신
- **현대전:** 러-우 전쟁에서 드론과 시민 과학기술 활용이 전쟁의 양상을 변화

안보융합원은 이렇게 급변하는 전장 환경에서 민간 첨단기술을 국방과 안보에 선제적으로 적용하려고 한다. AI, 로봇, 초연결, 위성 기술을 국방에 접목해 인간 피해를 줄이고, 전장을 지상·해상·공중·우주로 확장해 나가는 시대적 과제에 대응하고 있다.

그린수소 경제 발전 가능성 높아

배 교수는 그린수소 경제가 올 것이라고 확신하고 있다. 현재 한국에서는 연간 약 200만 톤의 수소가 생산되어 주로 정유, 제철, 반도

체, 제약 분야에서 활용된다. 그러나 이 중 그린수소는 1% 내외에 불과하며, 대부분은 천연가스 등 화석연료에서 생산되는 그레이수소이다.

수소 경제로의 전환은 비용 문제로 속도가 느리지만, 에너지의 진화 흐름(나무 → 석탄 → 석유 → 가스 → 수소)을 보면 결국 수소로 갈 수밖에 없다고 배 교수는 설명한다.

수소 연료전지는 "연소 없이 전기를 직접 생산하는 배터리 유사 기술"로 정의한다. 수소 연료전지는 잠수함에 최적화된 기술이므로, 장보고-III급 잠수함 등 최신 한국 잠수함에 도입되었다.

배 교수는 원자력을 활용한 수소 생산에도 관심이 깊다. 제4세대 원자로 개념은 기존처럼 물을 끓여 터빈을 돌리지 않고, 원자로의 고열을 이용해 수소를 직접 생산하는 방식을 목표로 한다. 이렇게 전기를 생산하면 기계 장치가 단순화되고, 효율이 대폭 향상될 수 있다. 그러나 그는 "원자력 발전은 안전성이 최우선이라 모든 밸브, 부품까지 수십 년간 검증 절차를 거쳐야 하며, 이 때문에 개발하는 속도가 느릴 수밖에 없다"라고 지적했다.

원자력 기반 수소 생산은 CO_2를 배출하지 않지만, 기존 '그린수소' 용어와 구분하기 위해 '핑크수소'라는 용어가 새로 붙여졌다. 원자력 잠수함과 수소 잠수함의 차이는 작지 않다. 원자력 잠수함은 장기간 작전이 가능하지만, 외교적 긴장과 부담을 유발할 수 있다. 반면, 수소 잠수함은 보다 친환경적이고 외교적 부담이 적으며, 현대 전략 환경에 부합한다. 원자력 잠수함은 한 번 작전 투입 시 1년 이상 수면 위로 나오지 않으며, 미국과 러시아는 서로의 잠수함 위치를 완전히 파악하지 못하는 긴장 상태가 지속되고 있다.

배 교수는 인류의 에너지 구조가 화력과 원자력에서 SMR(소형모듈원자로), 대형원자력, 청정수소, 수소 연료전지 등으로 다변화될 것으로 보고 있다. 그는 수소 연료전지의 군사적 활용을 넘어, 원자력과 수소의 융합, 고온 원자로 기반 수소 생산 등의 기술이 차세대 국방 에너지의 핵심이 될 것이라 전망했다.

원자력에서 발생하는 고온의 에너지를 활용하면 수소 생산에 이상적이지만, 안전성과 검증 문제로 현실화에는 긴 시간이 필요하다.

과학과 외교의 교차점에서

용기 있는 과학자가 도전한다
박진 전 장관의 전략적 성찰 ("ARFA"원칙)

박진 과학기술정책대학원 초빙석좌교수

외교에 과학을 접목한 첫 시도

박진 전 외교부 장관은 자신을 "카이스트의 학부형이자 동문, 그리고 이제는 패컬티"라고 소개하며 연단에 올랐다. 고등학생 시절 수학을 좋아해 늘 수학책을 들고 다녔던 이과생이었던 그는, 미국 닉슨 대통령이 중국을 방문하여 '데탕트 외교'를 실현하는 장면을 보고 외교관의 길로 진로를 틀었다. "세계 역사가 외교에 의해 움직일 수 있다면, 우리도 외교를 통해 통일을 준비할 수 있겠다는 생각이 들었다."고 2025년 1월 13일 카이스트 교수들이 모인 강연에서 말했다.

그는 고등학교 2학년 때의 그 결단 이후 법학과 행정학, 정치학을 공부했고, 결국 외무고시에 합격해 외교관이 되었다. 이후 국회와 청와대를 거쳐 카이스트 과학기술정책대학원에서 초빙석좌교수로 새로운 역할을 시작하는 것이 "우연은 아닌 것 같다"고 말한다.

과학기술은 단순한 학문이 아니라 국가의 성패를 가르는 요인이다.

과학의 발전이 없는 국가는 성공할 수 없기 때문이다. 과학은 인류를 이롭게 하기 위해 존재하며, 인본주의와 휴머니즘을 품은 방향으로 발전해야 한다.

외교부 장관 재직 시절, 그는 과학기술이 외교의 중심에 있다는 사실을 체감했다. "기후변화 문제, 원전 협상, 방산 협력, 한미 과학기술협정 개정 등 모두 과학기술 기반의 외교가 없었다면 불가능한 일이었다." 이 경험을 통해 그는 과학 외교의 전략적 중요성을 절감하게 됐다.

기술 발전과 함께 커지는 과학 외교의 중요성

카이스트에서 '과학 외교의 전략'이라는 주제로 특강을 강의한다. 스페셜 토픽 강의로 개설된 이 수업은 학생들에게 국제정세와 외교적 시각을 갖게 하려는 의도를 담고 있다. "기술이 곧 안보인 시대에 살고 있기 때문에, 과학기술은 군사 안보와 경제 안보 모두의 중심에 서 있다."라고 그는 말했다.

그래서 이 시대는 '기정학(技政學)의 시대'로 불린다. 기존의 지정학이 지리적 위치에 따른 외교적 영향력을 뜻했다면, 기정학은 기술을 매개로 한 국제 정치의 흐름을 말한다. 이제는 테크노폴리틱스, 테크놀로지와 디플로머시가 융합되는 시대이다. 인공지능, 바이오, 양자기술, 에너지, 우주개발 등 모든 핵심 분야가 이 테크노폴리틱스의 영역 안에 들어와 있다.

그는 헨리 키신저와 에릭 슈미트가 함께 집필한 『인공지능의 시대

(The Age of AI)』를 인용했다. "AI는 혜택도 있지만 리스크도 있으며, 통제되지 않으면 인류 전체에 위협이 된다"는 경고이다. 실제로 알파폴드 소프트웨어가 단백질 구조 분석에서 보여준 혁신을 거론하며, AI의 파괴적 가능성과 동시에 그 창의적 혜택에 주목했다.

박진 교수는 미국과 중국이 첨단 기술을 둘러싸고 벌이는 패권 경쟁을 "점점 심화되고 있다"고 진단하며, 중국이 2030년까지 세계를 주도하겠다는 목표를 세운 데에 주목했다. 이에 맞서 미국은 인공지능을 '국가 안보 차원'에서 다루겠다고 천명했다.

트럼프 대통령 시절부터 시작된 신냉전 구도는 중국 공산당의 과학기술 전략에 정면으로 대응하는 형태로 진행된다. 그는 미국의 국가안보보좌관으로 임명된 마이크 월츠와의 면담을 언급하며, 기술이 군사력과 안보의 축으로 작동하고 있음을 지적했다.

'과학 외교'라는 개념은 2010년 미국과 영국의 과학진흥기관에서 본격적으로 제기되었다는 점을 환기시켰다. 이 개념은 세 가지로 구분된다. 첫째, 외교에 과학이 필요하다. 둘째, 과학 발전에 외교가 기여해야 한다. 셋째, 외교 증진을 위해 과학이 필요하다. 이 세 축은 서로 분리되는 것이 아니라 유기적으로 겹쳐져 있다.

그는 이어, 유럽연합의 '호라이즌 유럽' 프로그램에 한국이 준회원국으로 참여하게 된 것은 "외교의 결실이자, 과학기술 협력의 실질적인 진전"이라고 평가했다. 한국 연구자들은 이제 유럽 연구비를 지원받아 유럽 연구기관과 협력할 수 있게 되었다.

박진 교수는 과학 외교의 확장을 단순한 개념 수준이 아닌, 실질적 전략으로서 다룬다. 국제사회에서의 복합 위기, 기후변화, 팬데믹, 안보 불안, 에너지 전환 등의 과제를 해결하는 데 있어서 과학기술 기반 협력의 중요성이 중요하다.

박 교수는 "우크라이나 전쟁, 중동의 불안정 같은 문제는 한 나라가 감당할 수 없는 범지구적 이슈이다. 이런 문제를 풀려면, 반드시 과학기술 기반의 국제 협력이 필요하다."

과학 외교가 곧 국가안보와도 직결된다. 국방력은 물론 사이버 안보, 항공우주, 정보전까지 모두 과학기술의 토대 위에 있기 때문이다. 사이버 위협에 대응하기 위해 한국은 여러 국가와 협약을 체결했는데, 과학기술 외교를 통해 국제적 리더십을 발휘할 수 있는 계기가 된다. 박 교수는 "대한민국은 다른 국가가 정한 규칙을 따르는 대신, 규칙을 만드는 나라가 되어야 한다"고 정리했다.

박 교수는 한국과 미국이 체결한 과학기술 협력협정 개정 과정에 깊이 관여했다. 1999년에 최초로 체결된 이 협정은 5년 또는 1년 단위로 갱신되어 왔지만, 그는 이를 10년 단위로 연장하자고 제안했다. 미국 측이 그의 요청을 받아들이면서, 한국 연구자들에게 훨씬 안정적인 환경을 제공하게 되었다.

그는 협정에 지식재산권 보호 조항을 삽입한 사실도 강조했다. 한국 연구자들이 미국에서 연구한 성과물에 대한 권리를 사전에 양국이 협의하도록 함으로써, 법적 보호를 실질화한 것이다. 인공지능, 바이오, 양자기술, 우주개발 분야까지 이 협정의 보호 범위는 광범위하다.

외교부 장관 시절 박 교수는 외교관들의 과학기술 소양을 높이기 위한 실천적 노력도 병행했다. 카이스트 교수님을 초빙해서 매주 외교부 직원들과 2시간씩 기술 세션을 운영했다. 장관도 수강생으로 함께 앉아 들었다. 이런 세션을 6회 이상 출석한 직원에게는 인증서를 수여했고, 10회를 모두 수강한 직원에게는 근무평가에도 반영했다.

과학 외교는 기술 경쟁력을 높이는 전략이라는 점에서 더욱 중요하다고 그는 역설했다. 지속가능발전목표(SDGs) 달성을 위한 국제적 노력에 있어 과학기술의 기여가 필수적이다.

양자기술 연구를 위한 국제적 협력 필요

유엔은 2025년을 양자과학의 해로 지정했다. 양자기술이 나온 지 100년이 되는 해로, 유엔 산하 과학기술혁신(STI) 포럼에서 관련 논의가 활발히 진행되고 있다. 한국은 유엔에 세계 아홉 번째로 많은 분담금을 내는 나라로써 유엔과의 협력 확대는 필수적이므로 "학생 중 유엔에서 일하고 싶다는 인재가 있다면, 반드시 기회를 만들어줘야 한다"라고 박 교수는 말했다.

안토니오 구테흐스 유엔 사무총장은 과학기술에 관심이 많은 정치인으로, 특히 AI와 양자기술의 평화적 사용에 주목하고 있다. 박 교수는 "유엔이 인류 공동의 기술 방향을 설정하는 데 있어, 한국은 책임 있는 기여자여야 한다."라고 강조한다.

트럼프 대통령이 당선되면서 벤처기업 관계자들이 공공분야에 대거 투입되었다. 일론 머스크는 미국 정부의 '정부 효율성 수장'으로 임명되어, 기술 기반의 행정개혁을 이끌었다. 백악관 과학기술 수석, 인공지능 정책 책임자, 암호화폐 담당 고문 등은 대부분 벤처 캐피탈 출신들로 채워지고 있다. 이는 공공과 민간의 기술 연대, 전략적 협업이 정부 전반의 과학기술 정책에 영향을 미친다는 방증이다.

이와 같은 글로벌 흐름에 발맞춰 한국도 과학기술 정책을 종합적이고 융합적인 시스템으로 운영해야 한다는 것이 그의 일관된 주장이다. 과학기술부, 외교부, 산업부, 국방부, 기재부, 대통령실 등 범정부적 협업을 위한 컨트롤타워 구축이 그 핵심이다.

박 교수는 한국이 선진국뿐 아니라 신흥국, 개발도상국과도 폭넓은 과학기술 협력을 추진해야 한다고 강조했다. 아프리카 케냐에 카이스트의 도움으로 과학기술대학원이 건립되고 있는 것도 좋은 사례의 하나이며, 이를 통해 글로벌 리더십을 확장할 수 있으며, 외교의 지평도 넓어진다고 보았다.

그가 가장 먼저 언급한 나라는 영국이었다. 영국은 국제 기술 전략 보고서를 통해 "글로벌 기술 표준화에서 선도적 역할을 해야 한다"고 밝히고, 인공지능, 바이오엔지니어링 등에서 적극적인 연구와 협력을 펼치고 있다.

영국 왕립협회는 글로벌 과학 협력과 과학 외교에 매우 적극적인 기관이다. 영국 왕립학회는 특히 카이스트와의 공동연구에 관심이 많다고 직접 언급했을 정도이다.

독일은 제조업과 과학기술의 양축을 모두 갖춘 나라로, 막스 플랑크, 프라운호퍼, 헬름홀츠 연구소 등과의 협력이 중요하다. 그는 프랑스와의 협력에 대해서도 자세히 설명했다. 파스퇴르 연구소, 국립과학연구소, 우주의학연구센터 등 다양한 분야에서 협력이 진행 중이며,

특히 '스타 프로젝트'를 통해 과학기술 인적 교류 프로그램이 활발히 운영되고 있다는 점을 강조했다. 프랑스는 과학기술의 나라이자, 문화의 중심국이다. 이 두 가지를 연결할 수 있는 협력이 중요하다.

세계주요혁신지수에서 상위권을 지키는 스웨덴과의 협력은 '노벨상 전략'으로 요약된다. 스웨덴 과학기술연구재단, 카롤린스카 의학연구소, 왕립기술연구소(KTH) 등과의 연계를 통해 우리나라 과학자들이 노벨상 수준의 연구를 따라잡도록 지원할 수 있다. 박 교수가 스웨덴 전략연구재단 관계자에게 "노벨상 수상 전략이 무엇이냐"고 물었을 때, "어렵고 돈이 많이 들지만, 오래 끌고 가야 노벨상이 나온다"는 대답을 들었다고 한다.

이 같은 발언은 그가 인상 깊게 들은 말이다.

"익스펜시브 앤드 롱텀(expensive and long-term) — 그게 바로 전략이다. 이 말이 머릿속에 박혔다."

스위스는 다보스 포럼과 제스다(GESDA) 등 여러 글로벌 포럼을 통해 과학 외교의 중심지로 부상하고 있다. 그는 스위스 외교부 장관 이그나지오 카시스와 만나 과학 외교의 미래에 대해 환담을 나눴다. 제네바에 위치한 오픈 퀀텀 인스티튜트의 활동도 주목된다.

네덜란드는 반도체 기술과 인공지능 협력의 요충지다. 그는 ASML 회장과의 면담을 통해, "한국과 네덜란드 간의 반도체 동맹은 국가안보와 경제안보 모두에 중요하다"고 말했다. AI의 군사적 사용에 대한 국제회의를 네덜란드와 공동 주최한 경험도 공유했다. 이 회의는 2023년 2월부터 시작되어, 2024년 서울에서 60개국 이상이 참여하는 대규모 국제 회의로 발전했다.

이 회의는 회의적인 분위기에서 시작했지만, 지금은 군사 AI의 책임 있는 사용을 논의하는 글로벌 중심 회의로 성장했다.

오스트리아는 배터리, 전기차, 반도체 등에서 협력이 가능하다고 봤다. 박 장관은 잘츠부르크에서 열린 포럼에 한국 외교장관으로서 최초로 참석했고, 각국 외교사절 및 과학자들과 의미 있는 교류를 가졌다. 그 자리에서 노벨상 수상자인 퀀텀 커뮤니케이션 전문가 안톤 차일링거와도 만나서, "한국에 꼭 초청하고 싶다"라는 의사를 전달했다.

각국과의 교류는 그저 외교적인 행사가 아니라, 구체적인 협력 전략과 기술 연대를 염두에 둔 움직임이어야 한다. 그는 과학 외교의 핵심을 "포괄적이고 종합적인 전략적 접근"이라 정의했다. 단순한 협력이 아닌, 국가적 차원의 장기적 파트너십을 만들어야 한다.

이러한 전략은 범정부적 협업 없이는 불가능하다. 그는 외교부, 과기정통부, 산업부, 국방부, 기재부, 대통령실이 하나의 컨트롤타워 아래에서 움직이는 체계를 강조했다. 한국이 미국과 함께 새로운 과학기술 패러다임의 변화에 대응하고, 국제 기술 규범을 형성하는 데 있어 주도적 역할을 해야 한다는 주장이다.

우리나라 외교부는 36개의 해외공관에 과학기술 담당관을 파견해 기술 정보 수집을 강화하고 있다. 그중 15개 공관은 과학·기술 전문직 외교관이 상주해 있다. 스웨덴에는 아직 파견되지 않은 상태이므로, 노벨상 국가와의 협력 강화를 위해 조속한 인재 파견이 필요하다고 주장했다.

박 교수는 과학기술 외교의 전략으로 'ARFA 원칙'을 소개했다.

연구의 자율성(Autonomy), 실패 리스크 감수(Risk-taking), 장기 투자(Long-term Funding), 창의성(Authenticity) 등이 필요하다.

"가장 혁신적이고 창의적인 연구는, 자율성과 장기적 투자, 그리고 도전을 받아들이는 용기에서 나온다."라고 박 교수는 강조했다.

안보전략을 논의하는 '문지포럼'

국방, AI 문맹 퇴치, 인지전 연구까지

박동철 국방 · AI 연구팀

드론전에서 시작된 문지포럼

러시아-우크라이나 전쟁이 터졌을 때, 세상은 깜짝 놀랐다. 전쟁의 양상이 지금까지와는 전혀 달랐기 때문이다. 드론이 등장하면서 적은 비용으로 탱크와 비행기에 대항할 수 있게 됐다. 하늘에 깔려 있는 인공위성 통신망은 전쟁이 무슨 전자오락 같은 방식으로 이뤄지도록 바꿔놓았다.

카이스트는 이 변화를 진지하게 받아들였다. 수년 전부터 국방 및 안보 관련 연구개발을 활발하게 해 온 카이스트는 과학기술이 전쟁을 어떻게 변화시키는지 전문가 의견을 모아보기로 했다.

그래서 탄생한 것이 문지포럼이다. 이 포럼은 과학기술의 미래와 국가 안보에 대한 장기적인 대응방안 마련의 필요성을 다시 한번 상기시켰다. 이광형 총장은 최소 15년, 20년 이후의 안보 상황과 전장 환경을 상상하고 이에 필요한 과학기술적 대비책을 마련하는 공부 모임을 만들자고 제안했다. 처음에는 '안보 국방 미래전략 포럼'이라는 명칭으로 시작되었다. 육해공군과 국방부, 합참, 방위사업청, 국방대학교, 국방과학연구소(ADD) 등 국방 R&D 관련 주요 기관들이 참여하기로 했다.

2022년 7월에 창립된 문지포럼은 국방 위주로 시작했으나 점차 경찰청과 국정원이 추가되며 명실공히 안보 관련 주요 기관들이 모두 참여하는 포럼으로 발전했다. 이 포럼은 과학기술적 측면에서 안보융합원이 주관하는 미래 전략 포럼의 성격을 갖게 되었다.

처음에는 비공개 공부 모임으로 기획되었으며, 매회 참가자를 40~50명 정도의 소규모로 제한해 실질적이고 내실 있는 토론이 이루어지도록 했다. 이광형 총장은 모든 회차에 빠짐없이 참석하거나 출장 중에는 화상으로 참여하며, 포럼의 중요성을 강조했다. 과장급 이하의 정책 실무자들이 주 대상이었으나, 결정권 부재로 정책 반영이 어려운 점이 있어 7회부터는 기관장과 주요 책임자들을 초청해 참여 수준을 높였다. 국방부 국실장, 국방대 총장, 교육사령관, 사이버사령관, 방첩 관련 고위 인사 등도 초대됐다.

포럼은 분기마다 1회, 연 4회 개최되며, 주제에 따라 참석자도 탄력적으로 조정된다. 국방부, 합참, 육해공군, 방사청, ADD, 경찰청, 국정원 등에서 주제별로 관련 부서를 중심으로 참석인원을 구성한다. 발표자와 참석자 모두 철저히 준비된 전문가들이다.

주제는 우크라이나–러시아 전쟁을 통한 군사사상과 전략, 유무인 복합 전투 사례, 전자전 사례, AI·초연결, 첨단센서·로봇·드론 무기체계, 인지전, 사이버전 등 첨단 국방과학기술과 미래 전장의 모습을 아우른다.

포럼은 오전 10시부터 오후 1시 30분까지 약 3시간 30분 동안 진행되며, 식사 시간 없이 오찬을 겸해 강연과 토론이 이어진다. 각 주제에 대해 군 및 안보 분야 전문가가 발표를 맡고, 이어 카이스트 교수진, 외부 대학교수, 정부출연연구소 박사들이 과학기술 관점에서 주제를 공유한다. 이 과정에서 질의응답과 상호 코멘트가 이루어지며, 정책적·기술적 이해를 넓히고 공감대를 형성하는 장이 된다. 기존 포럼과 달리 인사말이나 의례적인 순서는 최소화하고, 주제 소개와 참여자 간단 소개 후 바로 본격 토론으로 이어진다.

1회 포럼 후 이름이 길다는 의견이 많아 '안보 국방 미래전략 포럼'에서 '문지 포럼'으로 명칭이 변경되었다. '문지(聞智)'는 문지동의 지명과는 무관하며, '지혜를 듣고 배우는 모임'이라는 의미로 새롭게 부여되었다.

포럼은 처음에는 교재 없이 진행됐으나, 4회부터는 발표 자료와 참여자 명단을 포함한 자료집을 제작해 공유하고 있다. 참가자들은 국방부, 군, 연구기관, 방사청, ADD 등 각기 다른 시각을 가지고 같은 주제를 다루면서 상호 이해를 넓히고, 가야 할 방향에 대한 공감대를 형성하고 있다. 포럼은 여전히 비공개 공부 모임의 성격을 유지하며, 실질적인 논의와 네트워킹을 통해 각 기관이 필요로 하는 정보와 협력을 주고받는 역할을 하고 있다.

포럼은 이광형 총장 취임 직후 박동철 교수가 안보융합원 소속으로 함께 활동하면서 시작되었다. 박 교수는 2021년 5월 군에서 전역하고 10월 카이스트에 합류했으며, 이후 총장의 뜻과 필요성에 공감해 포럼 구성을 주도했다. 국방대와 공동 주최도 모색했지만, 현실적 제약으로 카이스트 주도로 진행되었으며, 이후 단 한 차례도 빠짐없이 분기별 개최를 이어오고 있다.

참가자들은 포럼을 통해 실질적이고 생생한 정보와 시각을 교환하며, 타 포럼 과는 차별화된 실무 중심 논의에 큰 만족을 표시하고 있다.

차세대 안보와 국방을 이끄는 카이스트 안보융합원

카이스트 문지포럼에서 참여자들은 서로의 관점과 입장을 이해하고, 향후 나아갈 방향과 그 과정에서 예상되는 제약 사항을 공유하며 협력 네트워크를 형성한다. 이 과정은 각 기관 간 지혜를 모으고 공감대를 형성하는 실질적인 협력의 장으로 작동하고 있다.

카이스트는 2024년에는 국가정보원과 사이버 보안 분야에서 업무협약(MOU)을 체결하고, 인지정보연구센터 설립 준비를 본격화했다. 인지전은 전통적 심리전과 달리, 직접적으로 뇌의 의사결정과 인식 기능에 영향을 주는 공격 양상을 포함한다. 미디어, 빅데이터, AI, 뇌 인지과학 기술 등을 활용하는 차세대 안보 분야로 주목받고 있다. 미국, 중국, 러시아 등은 이미 오래전부터 인지전을 국가 전략 차원에서 연구·대응하고 있으나, 한국은 상대적으로 이 분야에 대한 대응과 연구

가 부족하다. 이에 이광형 총장의 강한 의지로, 카이스트의 가용 역량
을 활용하여 필요한 기초연구를 추진하며 기반을 갖춰 나가면서 국가
관련 기관이나 필요로 하는 조직을 지원하고 협업할 수 있도록 안보융
합원 내에 인지정보연구센터를 설립하였다.

　카이스트 안보융합원은 문지포럼 운영 외에도 안보·국방 R&D, 인
재양성, 협력 플랫폼 구축의 세 축을 중심으로 다양한 활동을 이어가
고 있다. 안보과학기술 대학원이 설립되어 석·박사 위탁 교육을 진행
하며, 을지연구소, 협력기획센터 등이 조직되어 연구, 협력, 비학위 교
육과정을 아우른다.

　사이버 안보 최고위 정책과정도 운영된다. 이는 국가기관, 공공기관,
기업, 언론 등 리더층을 대상으로 사이버 안보 위험과 기술을 교육하
고 인적 네트워크를 형성하는 16주 과정(수강료 600만 원)으로, 서울
도곡 캠퍼스에서 진행된다. 카이스트는 경찰청과 협력하여 치안 과학
기술 역량 강화 연수 프로그램도 운영한다. 매 프로그램마다 경찰 간
부 50여 명이 카이스트 문지캠퍼스에 입소해 5일간 합숙하며 교육을
받고, 항우연 등의 견학도 병행한다. 2022년부터 현재까지 14회에 걸
쳐 700여 명의 경찰 주요 간부들이 이 과정을 거쳐 갔다. 2021년부터
현재까지 군·경찰 등 주요 안보 관련 기관을 대상으로 52개 프로그램
에서 2,900명 이상이 과학기술 문해력 강화를 목적으로 교육을 받았
다. 2025년에도 경찰청, 해군, 국방부, 공군대학 등 다양한 기관의 위
탁 교육이 계획되어 있다. 커리큘럼은 각 기관의 요청에 의해 14~18
개 주제로 구성되며, 강사진은 카이스트 교수, 정부출연연구소의 센터

장 및 연구원, 관련 주제를 산업현장에서 이끌고 있는 기업 대표분 등으로 운영된다.

카이스트 안보융합원은 단순한 학술 행사를 넘어 국가 안보와 국방 역량 강화를 위해 실질적인 연구, 교육, 정책 협력을 이끄는 중심축으로 자리 잡고 있으며, 각 기관과의 협력을 통해 다양한 프로그램과 연수 과정을 지속적으로 확대하고 있다. 카이스트는 이제 산업화 기여를 넘어 국가 안보 기여라는 새로운 책무를 적극 수행하고 있다.

카이스트 안보융합원은 2021년부터 시작된 다양한 교육 프로그램과 포럼을 점차 확대하며 2022년, 2023년, 2024년에 이르기까지 프로그램을 지속적으로 늘려 왔다. 입소문이 퍼지면서 다양한 기관에서 참여를 희망하게 되었고, 2024년에는 사이버 안보 최고위 정책과정이 전반기에 개설되며 새로운 교육 영역이 추가되었다.

이러한 과정들은 주요 정책 결정자와 리더들이 과학기술에 대한 최소한의 문해력과 안목을 갖도록 도와주며, 이를 통해 조직이 명확한 비전과 방향성을 설정하고 이를 실현할 수 있도록 지원한다. 참여자들의 반응은 매우 긍정적이며, 내부 경쟁률이 상당할 정도로 수요가 높다. 처음에는 군 중심으로 시작된 프로그램이 경찰청, 국정원 등으로 확산되면서 카이스트 안보융합원이 명실공히 국가 안보 융합 허브로 자리매김하는 계기가 되었다.

특히 젊은 장교들에게 국방과학기술의 최신 동향과 발전 방향을 교육해, 이들이 대학에서 석·박사 과정 중 연구의 방향성을 설정하도록 돕고 있다. 이를 위해 각 군에 50~60명의 젊은 장교 및 육군사관생도를 선발해 무료 교육을 계획하고 있다. 이 교육은 카이스트의 재능기부 차원에서 추진되고 있다.

카이스트는 또 군 장병들의 IT 문해력을 높이기 위한 AI 문맹 해소 프로그램도 운영 중이다. 이는 과거 군이 한글 문맹 퇴치에 기여했던 것처럼, 현대 군 장병들에게 AI와 IT 기본 지식을 보급하자는 취지로 기획됐다. 프로그램은 무료로 제공되며, 전산교육원과 협력하여 3년째 운영된다. 궁극적으로는 전 장병을 대상으로 확대하는 것이 목표다.

카이스트 안보융합원은 현재 100여 명의 강사진 풀(pool)을 보유하고 있으며, 각종 포럼과 세미나를 다니며 우수 강사진을 지속적으로 발굴해 오고 있다. 이러한 활동은 카이스트가 국가 안보와 국방 과학기술 역량 강화에 실질적으로 기여하는 기반이 된다.

아무도 이해하지 못한 과학, 인류 미래를 여는 열쇠

이해를 넘어 활용의 시대로 접어든 양자
파동과 입자, 확률과 결정론 사이에서 진화하는 기술
빛과 전자, 그 이중성의 언어로 미래를 쓰다.
'되겠어?'에서 '되긴 하는데…'로 바뀐 과학자들
"한 입자의 상태를 제어하는 순간, 세상의 문이 열렸다"
"2나노 반도체 이후는 없다, 양자가 유일한 해답."

김은성 교수/양자역학, KAIST 양자대학원

▎누가 양자를 이해할 수 있는가

"내가 감히 말할 수 있는 건, 아무도 양자역학을 이해하지 못한다는 것이다." (I think I can safely say that nobody understands quantum mechanics.)

이 말은 1960년대 리처드 파인만이 쓴 『물리법칙의 특성(The Character of Physical Law)』에 나온다. 양자역학의 수학적 구조는 정확하게 사용할 수 있지만, 그 의미나 본질을 직관적으로 이해하기는 매우 어렵다는 점을 강조하기 위해 한 말이다.

양자역학을 설명할 때 빠뜨릴 수 없는 과학자 닐스 보어도 다음과 같이 말했다.

"양자역학이 당신을 깊이 뒤흔들어 놓지 않았다면, 당신은 아직 그것을 이해하지 못한 것이다."(If quantum mechanics hasn't profoundly shocked you, you haven't understood it yet.)

요약하면, 파인만은 "아무도 이해하지 못한다"라고 말했고, 닐스 보어는 "머리를 뒤흔드는 충격을 받아야 그나마 이해한 것"이라고 설명했다.

이런 말들은 양자역학이 얼마나 직관적이지 않고, 신비한 학문인지 상징적으로 보여준다. 양자역학의 세계는 우리의 이성을 지배하는 고전적 직관과 얼마나 다른가를 강조하는 표현이다.

아인슈타인 역시 양자역학에 대해 애매하고 유보적이며 이중적인 태도를 취했다. 아인슈타인은 양자역학의 수학적 정확성과 예측력에는 깊이 감탄했지만, '입자의 상태를 확률로 설명하는' 확률적 해석에는 강한 거부감을 가졌다.

아인슈타인이 "신은 우주와 주사위 놀이를 하지 않는다."(God does not play dice with the universe.)라는 말은 양자역학이 세계를 확률적으로 설명하는 것에 반대하며 한 발언이다.

아인슈타인은 또 "양자역학은 매우 인상적이다. 그러나 내면의 목소리는 그것이 아직 진정한 해답은 아니라고 말한다."라고 말했다. 양자역학이 수학적으로 성공했는지는 몰라도, 더 깊은 결정론적 이론이 필요하다고 본 것이다.

"나는 양자역학이 물리학이 실제 현실을 묘사해야 한다는 생각과 양립할 수 없기에 진지하게 믿을 수 없다."라고 한 것은 양자역학의 비결정론적·관측자 의존적 해석에 대한 아인슈타인의 비판이다. 요약하면 아인슈타인은 양자현상 자체는 인정했지만, 그것을 완전한 이론으로는 받아들이지 않았다.

과학의 천재 중의 천재라는 사람들 사이에서도 양자역학은 이같이 이해하기 어렵고, 난해하며, 생각이 다르다. 그러나 세상은 이미 양자역학으로 뒤덮였다. 레이저, 트랜지스터, 반도체 등 현대 전자기기의 핵심 기술들은 모두 양자역학의 산물이다. 양자역학은 100년 전에 처음 나온 과학이다. 기초가 되는 과학이 사람들에게 유용한 기술이나 제품으로 나타나기까지는 정말 긴 시간이 들어간다.

국내 유일 양자대학원을 운영하는 카이스트

카이스트 물리학과 교수이자 양자대학원 원장인 김은성 교수는 바로 이 신비하고 직관적이지 않으며 이중적인 과학을 기술과 응용으로 발전시키는 중요한 임무를 맡았다. 김 교수는 "양자역학이 이론적으로는 명확하나, 그것을 응용하여 기술적으로 실현하기까지 많은 시간이 필요하다"라는 점을 강조했다.

초창기의 진공관 컴퓨터가 25m 길이에 30t 달했으나, 오늘날 스마트폰보다도 계산 성능이 낮았다. 양자역학을 응용한 양자 컴퓨터 기술 또한 현재는 실체가 잘 보이지 않지만 향후 커다란 기술적 도약이 가능하다.

김은성 교수는, 양자 과학기술이 단순한 유행이나 시류에 편승한 학문으로 오해받는 현실에 대해 우려를 표했다. 그는 양자과학기술이 20세기에 들어서야 본격적으로 발전한 분야이며, 현대 문명을 떠받치고 있는 수많은 기술들이 양자역학에 기반하고 있다는 점을 강조했다. 기초과학은 오랜 시간 이론을 축적하고 나서야 기술적으로 응용되어 제품이나 상품으로 사람들 앞에 현실화된다.

한국에서 유일하게 양자대학원을 운영하고 있는 대학은 카이스트뿐이다. 김은성 교수는 이 양자대학원의 첫 번째 원장을 맡았다. 세계적으로 양자과학기술 프로그램이 대부분 대학원 단위의 석사 과정에 집중되어 있으나, 상대적으로 이 분야 후발주자인 대한민국의 국제 경쟁력 강화를 위해서, 카이스트 양자대학원은 국제적 경험과 다양한 전문성을 가진 박사급 연구 인력을 양성하고자 한다.

김 교수는 유럽과 미국의 대학들이 이미 양자 과학기술 분야에서 앞서나가고 있다고 평가하면서도, "카이스트는 단순히 뒤따르려는 것이 아니라 이들이 검증한 체계를 바탕으로 카이스트의 특성을 빛내는 방향으로 나아가고 있다"라고 밝혔다.

카이스트 양자대학원은 전산, 기계, 전자, 물리, 수학, 화학 등 다양한 학문 분야가 결합된 다학제적 연구 조직이다. 이처럼 학제 간 융합이 양자대학원의 핵심적인 미션 중 하나이다. 이는 기술과 이론의 연결, 그리고 실제 응용 가능성을 고려할 때 당연한 선택이다. 대학원 단위에서 이러한 융합 프로그램이 빠르게 자리 잡을 수 있었던 이유로 카이스트의 유연한 조직문화와 총장의 결단력을 꼽았다.

이와 비교하여, 성균관대학교는 양자정보공학과라는 학부 과정을 신설하였다. 이것은 큰 도전이자 의미 있는 결단이라고 김 교수는 평가했다. 학부 조직 신설은 기존 학과들과의 조율, 전공 사이의 공감대 형성 등 복잡한 절차가 필요하다. 따라서, 학부 조직으로 새로운 학문을 정립하려는 노력은 충분히 박수를 보낼만한 성과이다.

반면 양자대학원은 이미 학부에 존재하는 이론과 기술을 바탕으로 융합 학문으로서 다학제적 접근방법을 선택하여 상대적으로 빠르게 정착할 수 있었다.

김 교수는 "양자과학기술은 단순한 '트렌드'가 아닌, 접근 불가능했던 영역이 기술 발전에 의해 개방됨으로써 탄생한 필연적 학문 분야"라고 강조했다.

카이스트 양자대학원의 교수진 구성은 독특하고 유연한 구조를 지닌다. 미국 메릴랜드대학교와 미국 국립표준기술연구소(NIST)가 공동으로 설립한 'Joint Quantum Institute'를 벤치마킹하여, 카이스트 역시 자체 교수진 외에도 한국표준과학연구원(KRISS)과 한국전자통신연구원(ETRI)의 연구자들과 공동 참여 체제를 구축했다. 표준연에서는 9명, ETRI에서는 7명이 겸직 교수로 참여하고 있으며, 카이스트 내부 교수는 23명이 양자대학원에 소속되어 있다. 이들은 양자컴퓨팅뿐 아니라 센싱, 통신 등 다양한 분야를 아우르는 융합 연구를 진행 중이다.

정부가 지원하는 양자 인재양성 사업은 카이스트 외에도 고려대학교와 포항공대가 각각 양자대학원을 주관하고 있으나, 학위 수여가 가능한 정식 학사 조직으로서의 양자대학원은 카이스트가 유일하다. 다른 기관들이 사용하는 '양자대학원'이라는 명칭은 원래 연구인력양성 센터였던 조직명이 정부 지침에 따라 변경된 것이며, 실제 학위를 수여할 수 있는 기관은 카이스트뿐이라는 점을 분명히 했다.

카이스트 양자대학원은 2023년 2월 28일 정식 학사 조직으로 출범했다. 김 교수는 이 조직의 출범 배경에 이광형 총장의 적극적인 추진력이 결정적이었다고 밝혔다. 초기에는 연구회를 구성하고 점진적인 설립을 제안했으나, 총장은 "즉시 시작하라"고 지시하며 속도감 있게 설립이 진행되었다. 카이스트는 이를 위해서 대학원 설립위원회를 조직해, KRISS와 ETRI와의 협업 모델을 도입하고, 융합연구 중심의 새로운 체계를 제안해 통과시켰다. 양자대학원에는 매년 약 15명의 신입생이 입학하고 있으며, 초기에 입학한 인원을 포함하면 약 30명 수준이다.

양자 활용의 시대를 향해

양자대학원은 학문적 안착과 장기적인 지속 가능성 측면에서 여전히 도전 과제에 직면해 있다. 학위과정으로서의 위상을 확보하는 것뿐 아니라, 외부 생태계와의 연계를 통해 명확한 진로 및 활용 모델을 구축하는 것이 과제로 남아있다. 그는 "전공자가 양자대학원을 졸업한 후 무엇을 해야 하는지"에 대한 사회적 합의와 생태계 조성이 매우 중요하다고 강조했다.

김 교수는 특히 "킬러 애플리케이션(Killer Application)"의 필요성을 역설했다. 현재 AI 기술은 명확한 시장성과 플랫폼 기반이 형성되어 있으나, 양자기술은 아직도 다양한 플랫폼과 기술들이 난립하는 상황이다. IBM은 초전도 기반을 주장하고, IonQ는 이온트랩 기술의 우수성을 강조하는 등 각 기술이 자기 방식을 최고라고 내세운다. 이 가운데 결정적인 응용 분야가 필요하다는 것이다. 김 교수는 "양자 생태계를 재편하고 실질적인 플랫폼 기술을 선도하려면, 기술이 아니라 응용 중심의 사고가 필요하다"라고 강조했다.

인공지능에 비해 양자 분야에 투자되는 연구비가 적고, 따라서 연구자 유입도 느린 편이지만, 학생들이 오히려 교수들을 설득해 양자 소프트웨어 연구에 참여하는 사례도 있다. 전산학부 류석영 학부장과 강지훈 교수가 학생들의 요청에 따라 양자 소프트웨어 교육에 참여하는 점은, 카이스트 내부의 자발적 생태계 형성이 서서히 일어나고 있음을 보여준다.

양자 컴퓨터의 경우, 고전적인 컴퓨터보다 특정 문제에서 훨씬 빠르게 계산할 수 있는 '양자 이득'이 제한적으로나마 보고되고 있다. 이러한 성과에 대해 기존의 컴퓨팅 알고리즘 진영에서는 다양한 반박 논문으로 대응하고 있으며, 이는 기존 질서를 유지하려는 집단과 새로운 기술을 확장하려는 집단 간의 경쟁으로 해석할 수 있다. 그는 이 같은 경쟁이 결국 과학기술의 발전을 촉진하는 원동력이 되어왔다고 분석했다.

김 교수는 "양자컴퓨터가 단순한 계산기가 아니라 정보처리 방식 자체의 전환"이라고 강조했다. 기존의 디지털 정보 처리 방식은 '0과 1'의 이진법(bit)에 기반하지만, 양자정보는 불확정성과 중첩 등의 원리에 기반하므로 근본적으로 다르다.

이러한 새로운 정보 처리 방식은 기존 컴퓨터로는 풀 수 없는 문제들에 대한 돌파구가 될 수 있다. 쇼어(Shor)의 알고리즘이나 그로버(Grover)의 서치 알고리즘 등은 이론적으로 양자컴퓨터의 가능성을 입증했다. 기술적 구현은 여전히 도전적이지만, 레이저나 통신 기술처럼 이론적 기반이 먼저 닦이고 실현 가능성이 뒤따르는 구조이다.

김 교수는 "양자기술에 대한 학계의 시각도 점진적으로 변하고 있다"라고 지적했다. 과거에는 회의적인 시선이 지배적이었지만, 최근 5년 내 그 수가 크게 줄어들었고, 10년 전과 비교하면 상황은 상전벽해 수준이다. 그는 "10년 전에는 물리학자조차 '되겠어?'라는 반응을 보였지만, 지금은 '되긴 하는데 얼마나 시간이 걸릴까'로 바뀌었다"라며 양자기술의 잠재력을 확신했다.

김 교수의 전공인 저온물리학도 이와 연결된다. 김 교수는 수퍼솔리드(super solid)에 관한 연구를 해왔다. 이는 수퍼컨덕터나 수퍼플루이드처럼 양자적 특성을 띠는 고체 상태를 지칭한다. 이러한 연구는 양자역학과 깊이 관련되어 있다. 김 교수는 "고전물리학의 법칙들은 양자역학의 근사치일 뿐이며, 양자역학이 보다 근본적인 법칙 체계"라고 덧붙였다. 양자역학이 본질적으로 맞지만, 시스템의 스케일이 커지거나 에너지가 매우 높은 경우에는 고전물리학적 접근이 유효하다는 것이다. 예를 들어 천체의 운동과 같이 매우 큰 규모의 물리적 현상은 고전역학만으로도 충분히 설명된다. 그러나 에너지가 낮고 스케일이 작은 영역, 즉 저온물리학 같은 분야에서는 양자역학이 필수적인 도구가 된다고 김 교수는 설명했다.

양자역학의 대표적인 특성 중 하나가 '에너지 불연속성'이다. 이를 관측하기 위한 두 가지 접근법이 있다. 하나는 프로브 에너지를 극도로 낮춰 미세한 에너지 준위를 정밀하게 측정하는 방식이며, 다른 하나는 고자기장 또는 고압 환경을 인위적으로 조성해 에너지 준위를 확대하는 것이다. 예컨대 스핀 상태가 서로 구분되지 않는 물질이라도 강한 자기장을 가하면 두 에너지 상태가 분리되어 관측 가능해지며, 이는 양자적 상태를 연구하는 데 필수적인 실험 도구가 된다.

과거에는 이러한 조건이 충족되지 않아 양자 상태를 연구하기 어려웠으나, 기술 발전 덕분에 이제는 작은 에너지 준위를 정밀하게 제어하고 원하는 상태를 구현할 수 있다. 이것이 양자컴퓨터가 가능하다는 기대감을 현실로 바꾸는 배경이 되었다. 김 교수는 "과거 나의 연구가 이러한 양자 상태를 전통적인 방식으로 관측하는 데 집중되었다면, 현재는 진보된 기술을 활용해 양자 상태를 직접적으로 제어하는 방향으로 전환되었다"라고 밝혔다. 이와 관련해, 원자, 초전도체, 초유체 등을 활용한 다양한 실험적 방법들이 존재한다.

양자란 무엇인가

양자는 본래 영어 'Quantum'에서 유래한 용어이다. 중국과 일본 학자들이 이를 '양자(量子)'라는 한자로 번역하면서 통용되기 시작했다. 'Quantum'은 입자화된 최소 단위를 의미한다.

전통적으로 빛이나 전자는 연속적인 파동의 현상으로만 여겨졌다.

그러나 20세기 초 아인슈타인, 닐스 보어 등의 과학자들이 빛이나 전자의 움직임을 관찰해 보니, 빛이나 전자가 (파동이 아니라) 입자처럼 움직인다는 사실을 발견했다. 빛이나 전자는 입자이면서 동시에 파동의 성격을 가진 것이 드러났다.

일반인이 빛을 파동으로만 이해하는 경향이 있으나, 양자역학에서는 입자성과 파동성이 공존하는 이중성이 핵심 개념이다. 특히 전자처럼 질량이 작은 입자들이 파동성을 지니는 현상은 실험적으로 검증되었다. 최근에는 거대한 분자 단위조차 파동성을 지니는 것으로 밝혀지고 있다. 다만 입자의 질량이 커질수록 파동성은 관측이 어려워지며, 이로 인해 거시 세계에서는 입자처럼만 보이게 된다고 김 교수는 설명했다.

파동과 입자의 차이에 대해 김 교수는 "파동은 서로 스치고 지나가지만, 입자는 충돌 후 튕겨 나가는 성질이 있어, 두 개념은 직관적으로 상반된 듯 보이지만 양자세계에서는 동시에 존재한다"라고 말했다. 또한 광자(포톤)는 질량이 없기 때문에 실험 조건과 무관하게 이중성을 명확히 드러낸다. 이는 양자광학이 양자 기술 응용의 선도 분야로 자리 잡게 된 배경이 되었다. 실제로 2022년 노벨물리학상이 양자 광학의 실험 성과에 주어졌다.

빛의 입자적 성질을 입증한 실험이 양자역학의 시초가 되었다. 양자역학의 초기 실험들은 "빛이 파동이면서 동시에 입자일 수 있는가"라는 근본적인 질문에서 출발했다. 이 과정에서 전자와 같은 입자들이 파동성을 드러내는 실험들이 이어졌다고 설명했다. 이러한 발견은 고

전 물리학으로는 설명할 수 없는 영역의 존재를 확인시켜 주었고, 이로부터 양자역학이라는 독자적인 이론 체계가 태동하게 되었다는 것이다.

양자역학은 파동이 공간과 시간상의 어느 지점에 입자가 존재할 확률을 설명하는 이론으로 출발했다. 이는 연속적 공간을 전제로 하는 고전 물리학과는 다른 패러다임이다. Quantum은 그런 의미에서 특정한 정의라기보다는 과학사적 배경 속에서 자연스럽게 형성된 개념으로 보는 것이 타당하다.

김 교수는 일반 대중이 양자라는 개념을 다소 추상적이거나 막연하게 느낄 수 있다는 점을 인정하면서도, 이는 과학사 속에서 본질적인 질문에서 출발해 점차 구체화된 개념임을 강조했다. 고전역학이 완성되었다고 여겨졌던 시기에도, 양자역학은 그 틀을 넘어서는 미시세계의 설명을 요구했고, 이 과정에서 입자-파동 이중성, 불확정성 원리 등이 도입되었다.

현대 과학의 시초이자 도전의 정점

김 교수는 현대 물리학의 가장 도전적인 영역 중 하나로 '양자역학과 중력 이론의 통합 문제'를 지적했다. 그는 이 영역이 접근 자체가 어려워 아직 실험적으로 검증하기 힘들지만, 이론적으로는 여전히 활발히 논의되고 있다. 중력이 극도로 작용하는 영역에서는 고전적인 일반상대성이론과 양자역학이 충돌하게 되며, 이를 해결하기 위한 접근 이론이 제시되고 있으나 실험적 검증은 아직 먼 과제라고 설명했다. 이러한 논의는 양자역학이 현대 과학의 기초임을 확인시키는 동시에, 여전히 풀리지 않은 미지의 영역이 존재함을 보여주는 사례라고 덧붙였다.

양자과학의 기술적 본질은 이전까지 접근할 수 없었던 영역을 새롭게 제어할 수 있게 된 데에 있다. 여기에서 다양한 혁신 기술이 등장한다. 김 교수는 "이러한 기술의 발전이 단일 학문 분야의 역량만으로는 설명되기 어렵기 때문에, 양자대학원에는 다양한 전공 배경의 전문가들이 모일 수밖에 없다"라고 강조했다. IBM, Google, IonQ 등 세계적인 양자기술 기업들에서도 실제로 물리학 전공자보다 엔지니어 출신들이 훨씬 많다. 화학, 전자공학, 광학, 정산 등 다양한 분야의 박사급 인력들이 함께 문제를 해결하고 있다.

양자컴퓨팅은 왜 필요한가? 고전적인 슈퍼컴퓨터가 대부분의 계산 문제를 처리할 수 있지만, 특정한 문제에서는 계산 복잡도가 지나치게 높아 기존 방식으로는 풀 수 없다. 이러한 문제들은 계산 복잡도 이론에서 '난(non)폴리노미얼 프로그램'이라 불리며, 대표적인 예가 RSA 암호코드이다. 김 교수는 양자 컴퓨터의 주요 장점 중 하나로, 얽힘(entanglement)이나 중첩(superposition)과 같은 양자현상을 활용해 이 같은 난제를 처리할 수 있다는 점을 들었다. 특히 쇼어(Shor) 알고리즘은 RSA 암호를 해독할 수 있는 가능성을 제시하며, 양자 컴퓨터가 주기성을 가지는 수학적 문제에 강점을 가진다고 설명했다.

그는 양자대학원의 설립 이유 중 하나로 이러한 학제 간 접근의 필요성을 들었다. 쇼어 알고리즘의 창시자인 피터 쇼(Peter Shor)도 물리학과가 아닌 수학 및 컴퓨터 과학 전공자였다. 양자컴퓨터의 구현을 위해서는 전기 및 전자, 기계, 화학, 물리 등 다양한 분야의 연구자들이 협업해야 한다. 기초 과학의 이론은 오래전에 나왔지만 기술의 성숙이 뒤따라야 실현이 가능했던 것처럼, 양자 컴퓨터 또한 이론적 기반은 충분히 마련되어 있으나 실제 구현을 위해서는 시간이 필요하다고 김 교수는 덧붙였다.

양자기술의 응용은 컴퓨터뿐만 아니라 양자 센서와 양자 통신 분야에도 확장되고 있다. 기존의 센서 기술이 음파를 기반으로 했던 것과 달리, 중력파와 같은 미세한 변화를 감지할 수 있는 양자 센서가 개발되고 있다. 이는 국방 기술 등에서 중요한 역할을 할 수 있다. 라이고(LIGO) 프로젝트를 예로 들면, 새로운 센싱 기술이 양자 기반으로 발전하고 있다.

김 교수는 양자컴퓨팅의 대표적인 기술적 돌파구로 "원자 하나를 제어하는 능력"을 예로 들었다. 그것이 과학기술사에서 얼마나 엄청난 도전이었는지는 설명이 필요하다. 일반 대중은 원자를 단순한 알갱이처럼 여기며 쉽게 다룰 수 있다고 생각할지 모른다. 실제로 원자 하나의 에너지 수준은 매우 낮아 그 상태를 바꾸는 데에는 엄청난 정밀성과 기술이 필요하다. 과거에는 원자 하나를 측정하기 위해 수백만 개의 원자를 동시에 조작하거나 관측해야 했으나, 지금은 단일 원자를 고립시켜 상태를 읽고 제어하는 것이 가능해졌다.

이러한 발전은 1996년 '캐비티 양자전기역학(Cavity Quantum Electrodynamics)' 실험의 성공에서 시작되어, 2012년 조지 스무터

(George Smoot), 데이비드 와인랜드(David Wineland) 등의 과학자들이 노벨상을 수상하는 계기가 되었다. 그에 앞서 스티븐 추(Steven Chu)도 '레이저 냉각(Laser Cooling)' 기술로 노벨상을 받으며, 고립된 원자를 포획하고 유지하며 그 상태를 읽는 기술이 본격적으로 축적되기 시작했다.

김 교수는 아이온큐(IonQ)의 공동창업자인 김정상 교수와 물리학자 크리스 먼로(Christopher Monroe)의 협업을 소개했다. 먼로는 고립된 이온의 상태를 읽어낼 수 있는 물리적 기반을 다졌고, 김정상 교수는 전자공학자로서 이 기술을 더욱 정확하고 신뢰성 있게 개선하여 실제 양자컴퓨터 구현에 이르렀다. 그는 이 과정을 "공학적 완성의 진화"라고 칭하며, 먼로의 업적만으로는 오늘날과 같은 상업적 양자컴퓨터가 구현되기 어려웠을 것이라고 말했다.

성과에만 매달리는 한국 과학계의 한계

그러나 그는 이렇게 중요한 진전이 있음에도 불구하고, 일부에서는 "이 정도 성과밖에 없느냐"는 조급한 평가를 내리는 현실에 대해 우려를 표했다. 특히 김정상 교수처럼 세계적 성과를 이룬 연구자조차 일부에서 과소평가되는 분위기에 대해 안타까움을 드러냈다. 김 교수는 "이는 엄청난 업적에 대한 몰이해에서 비롯된 것"이라 분석했다.

김 교수는 고성능 슈퍼컴퓨터(HPC)에 수조 원이 투입되었던 과거 사례를 언급하며, 현재 아이온큐 장비 하나에 400억 원이 투입된 사례를 비교했다. 이는 스위스 바젤시가 Quantum Basel 프로젝트의 일환으로 지원한 것이다. 상대적으로 매우 적은 예산으로 양자컴퓨팅 연구가 이뤄지고 있다.

그는 한국이 양자기술이 가져올 가능성을 보지 못하고, 성과 부족만을 바라본다면 세계적 경쟁에서 도태될 수밖에 없다고 경고했다. 과학 발전은 회의와 검증도 필요하지만, 새로운 아이디어에 대한 긍정과 도전정신이 뒷받침되어야 한다. 허황된 기대를 경계하는 것만큼 부정 일변도의 태도도 위험하다.

김 교수는 세종시 중앙부처에서 진행된 정책 포럼에서 국장급 공무원들을 대상으로 "양자컴퓨터에 환상을 가질 필요는 없다"라고 공개적으로 말한 적이 있다. 그는 그 자리에서도 양자컴퓨터가 어떤 이득을 줄 수 있는지를 이해하고, 도전적 알고리즘과 새로운 아이디어를 통해 그 가능성을 열어야 한다고 강조했다. 생성형 AI처럼 빠르게 주목받는 기술이 있을지라도, 왜 양자기술을 병행 연구해야 하는지를 끊임없이 물어야 한다고 덧붙였다.

그 핵심 논리는 '지속 가능성'(sustainability)이었다. 현재의 반도체 기술은 나노미터 수준에서 집적도를 높이며 성능을 개선해 왔지만, 전자가 흐를 확률을 제어하는 방식은 양자역학의 불확정성에 도달하면서 한계에 직면하고 있다는 것이다. 전류의 흐름을 제어하는 트랜지스터가 2나노 공정까지는 가능하겠지만, 1나노 혹은 0.5나노 수준으로는 사실상 구현이 어렵다고 그는 단언했다.

결국 그는 현재의 나노 기술이 물리적 한계에 다다른 상황에서, 양자 기술은 미래 계산 기술의 지속 가능성을 위한 필연적 대안이라고 결론지었다. 이와 같은 시각은 단순히 기술의 최첨단을 좇는 것이 아니라, 장기적인 국가 과학기술 전략의 근간을 형성해야 한다는 문제의식을 반영한 것이었다.

김은성 교수는 계산 능력 향상의 관점에서 양자 큐비트(qubit)를 활용하는 것이 기존의 집적도 향상 방식보다 더 빠르고 효율적인 대안이 될 수 있다고 강조했다. 중첩(superposition)과 얽힘(entanglement)이라는 양자 특유의 성질들이 계산 처리의 병렬성과 효율성을 높일 수 있다. 이는 인류가 직면한 계산의 지속 가능성 문제에 실질적인 해답이 될 것이다. 이러한 기술은 단순히 '대안'이 아니라 '대안이 될 수 있는 가능성'으로서, 앞으로 인류가 계속 연구해야 할 핵심 영역이라는 것이 그의 견해였다.

에너지 소비 측면에서 양자컴퓨터는 강점을 가졌다. 현재 양자컴퓨터는 일반 드라이어 2~3대 수준인 약 3킬로와트(kW) 정도의 전력을 소비하는 반면, 슈퍼컴퓨터는 수십 메가와트(MW) 이상을 소비한다. 이는 중소도시 하루 소비 전력에 맞먹는 수치이다. 이러한 점만으로도 양자컴퓨터가 에너지 효율성과 지속 가능성 면에서 강력한 대안이 될 수 있다.

우리별 1호에서 BTS 위성까지

융합연구의 최전선 카이스트 우주연구원
국가연구개발 지원의 모범생 역할
뉴 스페이스 시대 스핀 온(spin-on) 플랫폼

한재홍 교수

우리별 1호 이후 한국의 인공위성 연구

1992년 여름, 50kg도 채 되지 않는 조그만 쇳덩어리 하나가 우주로 쏘아 올려지자 온 국민이 충격에 빠졌다. 강대국들의 전유물인 줄만 알았던 인공위성을 우리 손으로 만들었다는 기적 같은 뉴스. 그 중심에는 "진짜 공부를 해오라"며 영국으로 홀연히 떠밀려간 5명의 카이스트 청년들과 고(故) 최순달 교수의 혜안이 있었다.

그로부터 30여 년이 흐른 지금, 그들이 쏘아 올린 작은 불씨는 11기의 초소형 군집위성을 지휘하고 소행성 탐사를 호령하는 거대한 '카이스트 우주연구원'으로 진화해 대한민국 우주 산업의 새로운 궤도를 그리고 있다.

1992년 8월 11일 우리나라 국적을 가진 우리별 1호 위성은 아주 오랫동안 카이스트를 대표하는 성과로 각인되었다. 우리나라 인공위성 개발에서 기초를 아주 단단하게 놓은 인물로 고 최순달 교수를 꼽는다. 최순달 교수는 '우주기술은 국가발전의 필수 기술'이라는 사명감으로 1989년 8월 카이스트에 인공위성연구센터를 설립했다. 그 후 인공위성연구센터는 국내 최초의 여러 가지 기록을 쓰게 된다. 한국과학재단이 지정한 우수연구센터(ERC)에 1990년 선정되어 안정적인 발전의 바탕을 마련했다.

그런데 인공위성연구센터를 설립한 지 3년 만에 우리나라에서 최초로 인공위성을 제작해서 우주로 쏘아 올린 것이다. 최순달 교수는 인공위성을 연구하는 인재를 양성하려면 젊은 학생들로 하여금 학위과정을 하면서 익히도록 해야 진짜 공부가 된다는 신념을 가졌다. 최순달 교수는 1989년 10월 5명의 카이스트 학부 졸업생들을 영국 써리대학(Surrey)으로 유학을 보냈다. 젊은 유학생들은 1년간 위성 공부를 마치고 1991년 1월 영국 써리대학 써리위성 기술회사 (SSTL)의 인공위성팀과 공동으로 우리별 1호 개발에 착수했다.

실로 탁월한 전략에 따라 빛의 속도로 우리별 1호가 제작되어 발사된 것이다.

필자는 이 일이 특별히 각별한 기억으로 남아 있다. 과학기자라고는 하지만, 연륜도 짧고 과학에 대한 깊은 이해가 많지도 않은 필자는 5명의 젊은 학생들이 써리대학으로 유학 가는 과정을 동행하며 취재하는 행운을 얻었다.

그 후 우리별 1호가 발사될 때 과기처 기자단을 대표해서 필자가 유일한 풀기자로 발사현장을 방문한 것 역시 과분한 경험이었다. 시간이 상당히 지나야 사건의 의미를 깨닫기 마련이다. 우리별 1호를 개발하는 학생들의 유학 과정에 동행하고, 3년 뒤 인공위성 발사 과정의 현장을 참관한 것이 얼마나 큰 행운과 혜택이었는지 시간이 지날수록 깨닫는다. 이 글을 쓰면서 다시 모든 관계자들에게 감사한 마음을 표시하고 싶다. 최순달 교수의 애국하는 마음과 과학기술 발전의 혜안을 다시 되돌아보게 된다.

우리별 1호의 발사 이후 카이스트 인공위성연구센터는 인공위성연구소로 발전했다. 우주항공청은 2024년 12월, 카이스트 인공위성연구소를 '우주항공 연구개발 임무센터 제1호'로 지정하고, '우주물체 능동제어 기술 개발 및 인력 양성' 임무를 부여했다. 이는 ERC 선정 이후 지속해 온 핵심 역량과 연구성과를 정부가 공식적으로 인정한 결과이다.

인공위성연구소는 2024년 매우 의미 있는 변화를 맞는다. 카이스트는 인공위성연구소를 포함, 원내 우주 관련 연구조직들을 모아 우주연구원(KAIST Space Institute)을 설립하였다.

이 우주연구원의 초대 원장을 맡은 한재흥 교수는 "인공위성연구소는 국가 우주개발 정책을 아주 착실하게 수행한 대표적인 모범사례"라고 말했다.

우리별 1호(KITSAT-1)는 1992년 8월 11일 남미 프랑스령 기아나 쿠루 우주 센터에서 아리안4 발사체에 실려 올라갔다. 지상 1,320km 지점인 저지구 궤도(LEO)를 원형으로 돈다. 위성 무게가 약 48.6kg에 불과한 마이크로 큐브형 위성이다. 설계 수명은 5년이었으나, 실제로는 7년 이상 운영되어 2000년에 통신이 끊어졌다.

카이스트 우주연구원은 우리별 1호의 전통을 이어받아 2024년 4월 11기로 이뤄질 '초소형 군집위성'의 첫 번째 위성을 발사했다. 초소형 군집위성은 국가 안보와 재난·재해 대응을 위해 고해상도 영상 정보를 실시간으로 확보한다. 100kg 미만 초소형 위성 1호는 2024년 4월 지상 500km 상공의 저지구 궤도(LEO)로 발사되었다. 2026년 5기와 2027년 5기로 나뉘어 한국형 누리호로 발사될 예정이다. 이렇게 11기로 이뤄진 '초소형 군집 위성'은 한반도를 하루 3회 이상 관측할 수 있다. 특히 이 사업은 연구개발, 사업총괄은 카이스트 우주연구원 인공위성연구소가 수행하고, 위성 양산은 연구소 출신 연구원들이 설립한 우리나라 대표적 우주기업인 쎄트렉아이에서 담당하여 더욱 의미가 깊다. 국내 최초의 초소형 군집위성의 첫 번째 위성(NEONSAT-1)은 BTS 위성이라는 별명을 가졌다. 군집위성의 시작(Beginning of The Swarm)의 첫 영어 글자를 따서 지은 별명이다.

한재흥 교수는 "11기의 군집위성을 통해 뉴 스페이스(New Space) 시대 발사체 기반의 상시 지구관측 체계를 구축할 예정"이라고 말했다.

군집(swarm)위성은 다수의 초소형위성들이 하나의 집단처럼 협력하여 임무를 수행하는 시스템이다. BTS 위성은 관심 지역을 정밀하게 스캔해 1m 해상도 이하의 고해상도 영상을 제공한다.

이들 11기 위성은 적절한 간격으로 궤도를 형성함으로써 관심 지역을 효율적으로 감시하게 된다. 한 교수는 "AI 기반 분석 시스템을 통해 자동 판독과 의심 지역 재분석이 가능하도록 시스템을 구축 중"이라고 설명했다.

인공위성은 낮게 떠 있을수록 고해상도의 촬영이 가능하지만, 그만큼 빠르게 지구를 선회하므로 실시간 감시는 어려워진다. 정지궤도 위성은 실시간 감시가 가능하지만 고도가 약 36,000km에 달해 해상도가 떨어지는 단점이 있다. 대표적인 군집위성은 일론 머스크가 띄운 스타링크 위성이다. 스타링크 위성은 카이스트 위성보다 10km 위에서 운용되고 있으며, 현재 6,000기 이상이 궤도에 올라가 있다. 이는 현재의 우주산업 경쟁이 얼마나 치열한지를 보여주는 사례다.

자체적인 우주연구원의 필요성

카이스트에 우주연구원이 설립된 것은 시간적으로 매우 늦었다는 평가를 받는다. 우주연구원 설립 전의 인공위성연구소는 연구 규모나 성과는 작지 않지만, 조직 체계상으로는 연구부총장 산하의 많은 연구 센터 중의 하나에 불과하였다. 한 교수는 "어린아이의 옷을 입고 큰일을 하는 격"이라고 표현하며, 인공위성연구소의 격상 필요성을 강조했다.

인공위성연구소는 초기 영국 유학생들로 시작하였으며, 점차 전임직 연구원들 중심으로 발전했지만, 인공위성연구소 연구원들과 카이스트 여러 학과 교수들과의 활발한 교류가 부족해, 충분히 융합적 시너지를 내지 못했다.

한 교수는 "우주산업이 단순히 위성 기술에 국한되지 않고, 타 분야와의 융합 이 필수적인 시대로 접어들고 있다"라고 강조했다. '스핀 온(Spin-on)'이라 불리는 기술 융합이 필요한 시점이다. 스핀 온을 실현하기 위한 최적의 장소가 바로 대학이다.

그는 "예를 들어 최근 양자역학과 우주기술의 융합 연구가 전 세계적으로 활발하며, 양자통신기술을 위성체계에 적용하려는 사례가 늘고 있다."라고 말했다. 일반적인 연구기관에서는 새로운 융합 인력을 채용하거나 협업하는 데 어려움이 있지만, 대학은 다양한 전공의 교수진이 이미 존재하기 때문에 이런 시도에 유리하다.

한 교수는 "양자 관련 교수들과 함께 세미나도 열고, 실험도 해보는 장을 마련해주는 것이 중요하다"라며, 카이스트 우주연구원은 우주 실험을 꿈꾸는 모든 연구자들의 열린 플레이그라운드(연구협력의 장)로 만들어 나갈 계획이다. 초기에는 10명에서 20명 규모의 소규모 프로젝트로 시작하여, 그 중 성공적인 사례 하나가 대박으로 이어질 수 있다는 기대를 품고 있다.

현재 우주연구원의 주요 조직은 인공위성연구소가 핵심이며, 우주기술혁신인재 양성센터, 몇 가지 기업과의 공동연구센터, 우주교육센터 등이 있다. 앞으로 (가칭)우주핵심기술연구소와 우주융합기술연구소 등을 설립할 계획이다.

우주연구원의 설립은 필요성을 오래전부터 인식하던 교수들과 총장의 지지 아래 추진되었다. 추진단이 구성되고, 한 교수가 추진단장을 맡아 2년간 준비를 이어갔다.

설득 작업의 핵심 자료 중 하나는 헬로디디가 조사한 '대덕특구 50대 기억' 목록이었다. 이 리스트에서 가장 많이 기억된 주제가 우주였고, 특히 '우리별' 위성은 상징적 존재로 평가되었다. 한 교수는 "10년, 20년이 지나도 기억에 남는 것은 결국 이런 상징적 업적들"이라고 강조했다.

우주 분야는 대중의 기억에 오래 남는 특성이 있다. 예컨대 오늘 최고 성능의 신소재를 개발하여도 곧 더 좋은 성능의 신소재가 나와 덮이지만, 우주는 상징 성과 지속성이 강하다. '우리별' 프로젝트는 고등학생들의 관심도 여전히 높아, 교육적·홍보적 측면에서도 중요한 의미를 갖는다.

우주기술이 위성만으로는 성과를 낼 수 없는 시대가 된 지금, 양자, 보안, AI 등 타 학문과의 융합에 적합한 곳이 대학에 위치한 카이스트 우주연구원이다. 한 교수는 "교수 개인의 역량으로는 이룰 수 없는 일들이기에, 우주연구원 같은 종합적 조직이 필요하다"라고 말했다.

한 교수는 우주연구원 설립의 연속성과 확장을 설명하면서, 1980년대 말부터 시작된 국내 우주기술의 집단 연구 역사에 주목했다. 당시 과학기술부는 교수 개인 단위가 아닌 집단 단위의 연구를 독려했으며, 그 첫 결실이 바로 카이스트 인공위성연구소의 '공학연구센터(ERC)' 1호 지정이었다. 최순달 교수가 초기 자금을 바탕으로 시작한 이 연구소는, 30여 년이 지나며 대한민국 우주기술의 중심이 되었다.

이 연구소에서 배출된 인재들이 창업한 대표적인 기업이 세트렉아이이며, 세트 렉의 자회사 SI Imaging Services(SIIS)와 SI

Analytics(SIA)도 급성장했다. 루미르 등 다른 졸업생 창업기업들도 주식 상장에 성공해, 카이스트 우주생태계의 저력을 입증했다. 이들은 우주연구원의 역사를 계승하며, 앞으로의 산업적 성과까지도 함께 확장하고 있다.

최근 우주항공청은 국내 대학 및 연구기관을 대상으로 '임무센터'를 지정하기 시작했다. 카이스트 우주연구원이 1호로 선정되었다. 이는 우주연구원이 ERC 1호에서 출발해 30년 만에 임무센터 1호로 도약한 상징적 전환점으로 받아들여졌다. 이에 따라 연구원은 정책 파트너이자 실질적 기술개발 주체로서 위상을 갖추게 되었다.

한 교수는 "ERC 1호의 성과가 연구원으로 확장되었고, 그 조직이 다시 임무센터로 지정된 것은 하나의 이상적인 순환 구조"라고 말했다. 그는 앞으로 30년 후 이 연구원이 수백 명의 인력과 독립된 인프라, 그리고 세계 수준의 창업 성과를 이끄는 기관이 되기를 희망했다.

우주연구원이 지속적으로 성장하기 위해선 기술적 역량뿐 아니라 외부에 대한 가시성과 내부의 공감대가 중요하다. "카이스트 안에서도 이 조직이 얼마나 중요한 일을 하고 있는지 모르는 경우가 많다"며, 연구원 자체의 홍보와 전략적 조직 운영의 필요성을 역설했다.

우주연구원은 '뉴 스페이스(New Space)' 시대의 좌표 설정과 국제적 지향점 확립이라는 목표가 주요 과제이다. 우주연구원은 소형위성 기술을 자체적으로 개발·운영하는 조직일 뿐 아니라, 대전 우주클러스터 사업의 주관기관으로서 '우주기술혁신인재양성센터' 설립을 추진하고 있다.

이 센터는 우주산업을 국가적 경쟁력으로 전환하기 위한 전략적 허브로 구상되었다. 첨단 IT기술과의 접목을 통해 우리나라만의 강점을 우주산업에 녹여내는 것이 목표다. 그러나 한 교수는 "말은 쉬워도 실제로 우주 분야에 인재와 기술을 끌어오는 건 쉽지 않다"라고 토로했다. 우수한 청년 인재들이 게임, 금융, 플랫폼 분야에 몰리는 현실에서, 우주 분야로의 진입 장벽은 여전히 높다. 이러한 한계를 극복하기 위해 그는 '스핀 온(spin-on)' 개념을 강조했다. 기존에는 우주기술이 민간으로 확산되는 '스핀 오프(spin-off)'가 주를 이루었지만, 이제는 반대로 민간의 앞선 기술을 우주에 적용하는 스핀 온이 중요하다. 이를 실현하기 위해 체계적인 인재 양성과 교육 시스템 개편이 필요하다. 기존의 도제식 교육 방식에서 벗어나, 실험 중심의 시뮬레이션 기반 훈련을 통해 누구나 실전 감각을 익히는 '교육프로그램 및 센터'가 필요하다.

한 교수는 "15분 뒤 위성이 이상 작동하는 시뮬레이션을 통해 직접 문제를 체감하게 만드는 학습 방식"을 예로 들며, 실제 우주 상황을 체험하는 혁신적 교육의 필요성을 역설했다.

현재 이 교육 인프라는 인공위성연구소 및 여러 학과 교수들과 협업을 통해 준비 중이며, 우주항공청의 우주클러스터 사업 중 대전사업의 주관기관이 바로 카이스트이다. 그는 이 공간이 단지 훈련소가 아닌, 다양한 배경의 인재들이 모여 새로운 상상력을 실험할 수 있는 '플레이그라운드(playground)'가 되기를 바란다고 밝혔다.

우주연구원에서 주도하는 프로그램

우주연구원은 인공위성연구소 주도로 여러 위성 프로그램을 기획·운영 중이다. 올해 착수한 프로그램과 작년에 계획된 프로그램을 포함해 향후 위성 개발 방향성이 설정되어 있으며, 이는 기존의 발사 사례를 넘어서 장기적이고 전략적인 연구 계획을 의미한다.

기존 학과에서 수행하던 소규모 우주 관련 과제들도 통합되고 있다. 연구자들은 미래우주교육센터라는 이름 아래 모여 시너지를 내고 있으며, 주로 통신 관련 연구가 이뤄지고 있다. 민간 기업과 협력하여 추진 중인 연소정보센터 과제나 군에서 발주한 위성 운용 시뮬레이션 연구도 병행되고 있다. 후자는 영상 레이더와 과학위성 등이 공존할 경우의 운용 전략을 탐구하는 비교적 소규모의 기초 과제다.

우주연구원 산하에는 추진단도 구성되었다. 두 명의 추진단장이 임명되어 스페이스 바이오, 지구 재진입 등을 주제로 기초연구를 진행 중이다.

주목할 만한 인물은 미국 콜로라도 대학의 대니얼 쉬어즈(Daniel J. Scheeres) 교수다. 그는 일본 우주항공연구개발기구(JAXA)의 소행성 샘플 리턴 미션에서 의무설계를 맡은 경험을 가졌다. 카이스트 우주연구원과 계약을 맺고 우주연구원의 부원장으로 기여하고 있다.

소행성 미션의 설계는 고난도의 정밀성을 요구한다. 발사 타이밍을 놓치면 기회가 사라지는 특성상, 사전에 궤도 설계와 추진 전략을 철저히 준비해야 한다. 설계 실패는 전적으로 예산 손실로 이어진다. 쉬어즈 교수는 소행성 탐사 분야에서 세계적 권위자로, 소행성 탐사가 우주의 기원 규명은 물론 지구 충돌 방지 또는 광물 채굴 등 실용적 목적에서도 중요하다.

소행성 탐사는 탐사목표 소행성을 잘 발굴하고, 여러 가능한 궤도 중 최적의 궤도를 탐색하여야 한다. 비용 절감과 성공률 간의 트레이드 오프를 복합적으로 고려한 우리나라에 제일 적합한 임무를 탐색 중이다. 우주연구원은 특정 프로젝트 단위보다 다수의 탐사 대상과 미리 구성된 기술적 옵션들을 확보하여 기민하게 대응하는 방식을 채택하고 있다. 이는 기존의 정부주도형 개발 패러다임에서 벗어나 유연하고 민간 협력 중심의 전략으로 전환하려는 노력의 일환이다. 이러한 변화가 소행성 탐사뿐 아니라 전반적인 우주 개발의 방식에 대한 재정립을 가능하게 할 것으로 보인다.

문사철의 위기? 우린 디지털로 뚫는다!

KAIST 인문학의 대반전
입학경쟁률 6 대 1의 기적 이뤄

고동환 교수

한때 대학원 진학률 '0'에 수렴하며 사양길을 걷는 듯했던 인문학. 전통적인 '문사철(문학·역사·철학)'이 설 자리를 잃어가던 절체절명의 위기 속에서, 대한민국 과학기술의 심장 KAIST가 반전의 카드를 꺼내 들었다. 바로 '디지털 인문학(Digital Humanities)'으로의 과감한 체질 개선이다.

"융합하지 않으면 뽑지 않겠다"

변화의 씨앗은 이광형 총장이 부총장 겸 인사위원장을 맡고 있던 시절로 거슬러 올라간다. 이 총장은 신임 인문학 교수를 채용할 때 파격적인 조건을 내걸었다. "인문학만 파는 사람은 안 된다. 이공계와 융합 연구가 가능한 사람만 뽑겠다." 심지어 공대나 자연대 학과장의 'OK 사인'을 받아야만 인문학 교수로 임용될 수 있는 듀얼(겸임) 시스템을 도입했다. 교수 사회의 반발이 불 보듯 뻔한 일이었지만, 이 총장과 고 교수는 기존 교수들과 신임 교수들을 끈질기게 설득했다. 한 달에 한

번, 화요일 아침 8시부터 모여 샌드위치를 베어 물며 세미나를 열고 융합의 필요성을 치열하게 논의한 끝에 얻어낸 값진 공감대였다.

간판만 바꾸는 건 반칙이다. '마중물'로 세운 치밀한 빌드업이 필요하다. 이름만 덜렁 '디지털 인문학'으로 바꾼다고 하루아침에 학문이 변할 리 없었다. 고동환 교수는 학과 개편에 앞서 '디지털 인문학 연구센터'를 먼저 설립하는 치밀함을 보였다. 당시 7,000만 원의 예산을 힘겹게 마중물로 지원받아, 교수들이 실제로 공동 프로젝트를 경험하고 재생산할 수 있는 '베이스캠프'부터 다진 것이다.

이렇게 탄탄하게 쌓아 올린 토대 위에서, 이광형 총장이 취임한 후 마침내 국내 최초로 '디지털 인문학'이 정식 학과로 출범하는 역사적인 순간을 맞이했다.

경쟁률 6 대 1의 기적, 인문학에 인재가 몰려들다

결과는 이른바 '대박'이었다. 보통 타 대학 인문대 석사 과정이 정원을 채우기도 버거운 현실 속에서, KAIST 디지털 인문학 대학원은 무려 6 대 1이라는 경이로운 경쟁률을 기록했다. 명문대 출신의 우수한 인재들이 앞다투어 KAIST로 몰려들었다. 아날로그에 머물던 인문학이 디지털과 만나 연구 방법과 자료 수집의 패러다임을 바꾼 결과, 젊은 세대의 폭발적인 호응을 끌어낸 것이다.

현재 KAIST 디지털 인문학과는 겨울학교와 여름학교를 지속적으로 열며, 인문학의 새로운 비전론과 지평을 한국 사회에 제시하는 개척자 역할을 톡톡히 해내고 있다.

변화는 학과 안에만 머물지 않았다. 질문하는 캠퍼스 문화를 만들기 위한 'Q(Question) 카이스트' 캠페인이 시작되었고, 고 교수가 참여하는 '독서문화위원회'도 신설되었다. 이공계의 딱딱한 뇌를 말랑하게 해줄 '1일 1독' 독서 캠페인까지 더해지며, KAIST는 이제 기술을 넘어 인간을 탐구하는 가장 트렌디한 지식의 용광로로 진화하고 있다.

숫자와 공식이 지배하는 KAIST 캠퍼스에 신선한 바람이 불기 시작했다. 고동환 교수는 단순한 '독서 권장'을 넘어, 책을 매개로 소통하는 문화를 만들기 위해 '독서문화위원회'를 출범시켰다. 그 핵심 무기는 바로 학생들 사이에서 선풍적인 인기를 끌고 있는 '카이북 클럽(Kaibook Club)'이다.

"3명만 모이세요, 결제는 학교가 합니다"

카이북 클럽의 규칙은 파격적이면서도 명확하다. 3명 이상이 모여 동아리를 결성하고 읽고 싶은 책을 신청하면, 학교가 예산을 들여 책값을 전액 지원한다. (전공 교과서나 종교 서적은 제외되며 인문·교양 도서 위주로 선정된다.)

하지만 세상에 공짜는 없는 법. 책을 다 읽은 후에는 멤버 전원이 도서관 홈페이지에 독후감을 올려야만 비로소 다음 책을 신청할 수 있는 '무한 독서 릴레이' 시스템을 도입했다.

고 교수의 큰 그림은 단순히 책을 무료로 나눠주는 것에 그치지 않았다. 진짜 목표는 '도서관의 진화'였다.

과거의 도서관이 출판사와 저자가 던져주는 정보를 독자가 일방적으로 받아들이는 공간이었다면, 카이북 클럽은 이를 '양방향 소통의 장'으로 뒤바꿔 놓았다. 막대한 예산을 들여 대대적으로 개편한 도서관 홈페이지에는 학생들이 직접 쓴 독후감이 차곡차곡 쌓이기 시작했다. 이제 KAIST 학생들은 책을 고를 때 저자의 소개 글이 아니라, 자신과 같은 눈높이를 가진 학우들의 생생한 리뷰를 읽으며 지식의 외연을 넓혀가고 있다.

35년의 진화: '연구소(Institute)'에서 마침내 '대학(University)'으로

KAIST에서 35년을 몸담은 고동환 교수가 회고하는 KAIST의 가장 결정적인 변화는 무엇일까?

"옛날의 KAIST는 그저 '인스티튜트(연구소)'였죠. 유니버시티(대학)라는 개념이 없었습니다."

과거의 KAIST는 학문적 다양성 없이 오로지 연구 성과에만 매몰되어 있던, 거대한 이공계 공장에 가까웠다. 교수들조차 '교육'보다는 '연구'에만 무게 중심을 두었다. 하지만 지금은 다르다. 인문사회 분야가 탄탄해지고 경영대 등 다양한 학문이 융합되면서, 비로소 진정한 의미의 '대학(Universitas)'으로서의 정체성을 확립해 나가고 있다.

데이터와 인간 사이,
인문학의 새 문을 열다

'디지털 인문사회과학'으로 교육혁신 이뤄
인문학도 교양교육에서 연구 중심 체제로 전환

전봉관 교수

과거에는 조선왕조실록 한 질을 읽는 것도 벅찼지만, 이제는 모두 전산화가 되어 클릭 한 번이면 수많은 자료에 접근할 수 있다. 이런 데이터 속에서 의미 있는 패턴을 추출해내는 것이 디지털 인문학의 핵심이라 할 수 있다. 유럽에서는 문화유산을 디지털로 전환하여 보존·연구하는 작업 역시 이 영역에 포함된다.

카이스트의 디지털 인문사회과학은 이러한 세계적 흐름과도 접점을 형성하고 있다. "우리가 하고 있는 디지털 인문학은 이제 막 세계적으로도 시작되는 단계이고, 우리가 앞서가 있는 팀 중 하나다"라고 전봉관 디지털인문사회과학부 교수는 강조했다.

인문학에 디지털을 결합하다

전통 인문학은 고전 텍스트를 정독하고 그 의미를 해석하는 방식이 중심이었다. 그러나 오늘날 디지털 환경에서는 분석해야 할 자료의 양이 방대해졌고, 그로 인해 새로운 연구 방식이 요구되었다. 특히 역사학 분야에서 디지털 전환이 가속화되며, 자료 접근성은 크게 좋아졌다. 과거에는 조선왕조실록 한 질을 정독하는 것만으로도 큰 작업이었지만, 지금은 모두 전산화되어 데이터 검색이 용이해졌다. 이러한 흐름은 디지털 인문학이라는 새로운 연구 방식으로 연결된다.

카이스트는 인문사회과학과 데이터 사이언스, 뇌인지과학을 융합한 대학원 과정을 2022년부터 본격 운영하기 시작했다. 해당 프로그램은 국내에서도 유례없는 학제 간 접근이자, 국제적인 흐름과도 궤를 같이하는 시도이다. 데이터 사이언스와 인문학, 사회과학의 결합을 통해 복합적 문제 해결 능력을 기르기 위한 교육을 목표로 한다. 컴퓨터 기반의 정량적 분석 도구를 활용해 인문사회 현상을 분석하는 이 과정은, 전통적인 학문 분과를 넘어서고 있다.

전 교수는 "디지털 인문사회과학은 하나의 전공이라기보다 시대의 흐름을 반영하는 새로운 융합 영역"이라고 말했다. 실제로 해당 대학원은 문과와 이과의 경계를 허물고, 학문 간 경계를 넘나드는 교수진과 커리큘럼을 갖추고 있다. 그는 "학생들이 데이터 분석 능력과 인문학적 통찰을 동시에 갖출 수 있는 기회"라고 강조했다.

카이스트의 디지털 인문사회과학대학원 과정에는 소셜 컴퓨팅, 사회학, 언어학, 문학 등 다양한 배경의 교수들이 참여하고 있다. 이들은 각자의 전문 분야에서 데이터 기반의 융합연구를 수행하며, 학생들과 함께 프로젝트 중심의 교육을 실현하고 있다. 특히 문과 출신 학생들은 데이터 분석이라는 기술적 장벽을 넘어서는 훈련을 받고, 이과 출신 학생들은 인간과 사회에 대한 이해의 폭을 넓히는 경험을 한다.

　전 교수는 "인문학적 질문을 던지는 능력과 데이터를 다루는 기술이 만나야 진정한 융합이 이루어진다"라고 설명했다. 이 과정에서 자연스럽게 새로운 연구 아이디어들이 발굴되고, 실제 논문과 성과로 이어지고 있다.

　디지털 인문사회과학의 핵심은 기존 학문들을 변형하거나 폐기하는 것이 아니라, 그 위에 새로운 분석 도구와 관점을 덧붙이는 데 있다. 새로운 시대의 학문은 질문과 방법론의 변화를 통해 진화해야 한다.

　카이스트 디지털 인문사회과학대학원은 융합 학문을 현실화하는 새로운 교육 실험의 장이 되었다. 이곳에서는 기술과 인문학이 상호보완적인 방식으로 결합된다. 특히, 기존 문사철 중심의 인문학이 다루지 못했던 대규모 정량적 자료를 해석하는 역량을 키우는 것이 목표이다. 이를 위해서는 새로운 커리큘럼과 연구 방법론이 필요하다. "우리가 하는 교육은 실험이자 개척이다. 성공할 수도 있지만, 실패할 수도 있다. 그러나 해보지 않으면 영원히 알 수 없다"라고 그는 강조했다.

　학생들의 반응 또한 매우 적극적이며, 이미 여러 프로젝트들이 구체적인 성과로 이어지고 있다. 언어와 감성, 사회현상을 데이터로 읽는 연구부터 시작해, AI 기반 분석 도구를 활용한 문화 콘텐츠 연구까지 다양한 주제가 다뤄진다. 문학 작품을 메타데이터화하고, 그 속에서 사회·정치적 흐름을 추적하는 연구는 주목받는 분야 중 하나다. 이러한 작업은 기존 인문학의 서사적 접근을 데이터 기반의 서사로 확장하는 시도이기도 하다. 교수진 역시 다양한 백그라운드를 가진 연구자들로 구성되어, 상호 학습의 문화가 자연스럽게 형성되었다. 전 교수는 "교수와 학생이 서로 배우며 성장하는 공간이 진짜 대학"이라고 말한다. 이 과정에서 학생들은 자신의 기존 사고틀을 벗고, 전혀 다른 방식의 학문적 언어를 익혀간다. "서로 다른 세계에서 온 이들이 함께 하나의 문제를 고민할 때, 진짜 융합이 일어난다"라고 그는 덧붙였다.

디지털 인문사회과학이라는 명칭 자체가 아직 국내 학계에는 낯설지만 카이스트는 단순히 새로운 용어를 제안하는 데 그치지 않고, 이를 현실화할 구체적 제도와 인프라를 갖춰가고 있다. 일종의 '교육 혁신'이라고 할 만하다. 대학이 시대를 선도해야 한다는 소명의식에서 비롯된 것이다. 데이터 리터러시와 인문학적 해석 능력은 앞으로의 모든 학문 분야에서 필수적인 자질로 작용할 것이다.

"미래의 학자는 데이터를 다루는 기술자이자, 인간과 사회에 대한 성찰을 멈추지 않는 철학자여야 한다"라고 그는 말했다. 카이스트의 시도는 바로 그 이상형에 한 걸음 다가가려는 실천이다. 단기적인 성과보다 중요한 것은 이 실험이 만들어낼 새로운 패러다임의 가능성이다. 변화를 두려워하지 않고, 학문의 길을 개척하는 것이 대학의 존재 이유이기 때문이다.

카이스트의 디지털 인문사회과학대학원은 이제 초기의 실험 단계를 넘어, 구조화된 시스템으로 자리 잡아가고 있다. 교육과정은 기초 이론, 기술 실습, 프로젝트 중심의 연구를 통합한 형태로 구성된다. 학생들은 실제 데이터를 다루면서도, 그 배후에 있는 사회적 맥락과 철학적 의미를 깊이 고민하게 된다. 이를 통해 기술 중심의 교육에 치우치지 않으면서도, 시대적 요구에 부응하는 실천적 인재를 양성하고 있다. 전 교수는 "이제는 단지 기술을 다루는 법이 아니라, 기술을 통해 무엇을 질문할 것인가가 더 중요해졌다"라고 강조한다. 그는 학문이 인간의 내면과 사회를 향한 깊은 이해에서 출발해야 한다고 믿는다. 그래서 이 대학원은 인공지능 시대의 인문학, 데이터 시대의 사회과학이라는 새로운 틀을 제안하고 있는 것이다. "우리는 새로운 언어로 인간과 사회를 다시 묻고 있다"라고 그는 말했다.

디지털 인문학 개념의 본격적 유입

카이스트의 시도는 학문 내부에서뿐 아니라, 대학 제도와 정책 차원에서도 중요한 의미를 가진다. 학문 간 경계를 허무는 융합 프로그램은 기존 단과대학 중심의 운영 체계와는 다른 방식의 행정과 커리큘럼 설계가 필요하다. 새로운 학문을 만들기 위해선 새로운 제도가 필요하다. 대학이 시대정신을 담아내는 그릇이라면, 제도 역시 그에 걸맞은 유연성과 확장성이 요구된다. 카이스트의 이 실험은 단지 하나의 전공 개설이 아니라, 전체 대학 구조에 영향을 미치는 개혁적 시도인 셈이다. 그는 특히 이 프로그램이 다른 대학, 다른 학문 영역에도 도전적 영감을 줄 수 있기를 바란다고 했다. "우리가 실패하더라도, 그 실패조차도 누군가에겐 길이 될 수 있다"라고 전 교수는 덧붙였다.

카이스트에서 시작된 '디지털 인문사회과학'(Digital Humanities

and Computational Social Sciences)이 단지 내부 실험에 그치지 않고, 국내 다른 대학에도 광범위한 영향을 미쳤다.

전 교수는 다음과 같은 방식으로 파급 효과를 설명했다.

- **학문 간 융합의 실증적 모델 제시:** 카이스트는 이공계 중심의 환경 속에서 인문사회와 컴퓨터과학의 융합을 실제로 커리큘럼화하고 제도화함으로써, 타 대학들이 융합교육의 실현 가능성을 확인하게 되었다. 국내 주요 대학(서울대, 연세대, 고려대 등)에서도 디지털 인문학이라는 개념이 본격적으로 논의되기 시작했으며, 기존 인문대학 중심의 정성적 연구에 데이터 기반 접근 방식이 도입되는 계기를 제공하였다.
- **교육부와 정책기관의 관심 촉발:** 카이스트의 디지털 인문사회과학대학원 출범 이후, 교육부 및 과기정통부 등 정부 부처에서도 '디지털 전환시대 인문학의 역할'에 대해 정책 검토가 활발히 이뤄지기 시작했다.
- **교수진과 인재교류의 활성화:** 카이스트 출신 또는 협업을 경험한 인문학 연구자들이 타 대학에 포진되면서, 실제적인 교육 방식·연구 주제·프로젝트 수행 방식 등이 타 대학으로 확산되었다.

전 교수는 이를 두고 "카이스트는 실험실이었다. 하지만 그 실험이 다른 대학에 가서도 증명되고 있다는 데 의미가 있다"라고 강조했다.

카이스트 개교와 동시에 설치된 '교양과정부'는 1997년 '인문사회과학부'로 확대 개편되었다. 당시 교육의 질을 높이기 위해서는 단순한 강의만이 아닌, 연구를 병행해야 한다는 인식이 강했다. 이에 따라 단순한 교양교육이 아닌, 인문사회과학부라는 독립된 조직을 통해 연구 중심의 체제를 시도하게 되었다.

그러나 초기에는 인문학의 발전이 어려웠다. 주로 학부생 대상 교양 수업만을 담당하는 환경에서는 심화된 연구나 대학원과 연계된 도전적 주제에 접근하기가 한계가 있었다. 전 교수는 "교양교육만으로는 한계가 있다는 점에서, 어떻게 이 인문사회과학을 카이스트 환경에 맞게 활성화시킬지를 꾸준히 연구해 왔다"라고 말했다.

이러한 문제의식에서 출발한 시도 중 하나가 '인문사회 플러스 알파' 프로그램이었다. 이는 인문사회와 과학기술을 융합한 형태로, 학제 간 전공을 운영해 보자는 구상이었다. 컴퓨터 사이언스가 강세인 카이스트의 특성상, 사회과학 데이터를 기반으로 소셜 컴퓨팅 영역에서 데이터 사이언스 연구를 수행할 잠재력이 있었다.

공과대학이나 자연과학대학과의 융합 연구가 가능한 교수진을 채용하였다. 총 6명의 신임 교수가 디지털 인문사회과학이라는 영역의 기틀을 다지는 계기가 되었다. 전 교수는 "카이스트에 특화된 인문사회 프로그램이 가능하다는 확신이 들었다"라고 회상했다.

이 시점에서 당시 이광형 총장이 부총장 시절에 진행했던 '인문사회 플러스 알파'가 본격화되었다.

해당 프로그램의 영문 명칭은 'Digital Humanities and Computational Social Sciences'로, 세계적으로도 선도적인 시도로

평가받는다. 디지털 휴머니티는 전통적인 인문학과 달리, 방대한 전산화 자료를 기반으로 새로운 질문을 구성하고, 데이터 기반으로 의미 있는 결과를 도출하는 학문이다. 전 교수는 "예전에는 자료가 없어서 연구를 못 했지만, 지금은 너무 많아서 문제다"라고 설명했다.

이 모든 시도가 결국 '사람'에게 귀결된다. 학생 한 명 한 명이 각자의 고민과 꿈을 안고 이 과정에 참여하고 있으며, 교수진 또한 각자의 철학과 열정을 쏟아붓고 있기 때문이다. 그래서 디지털 인문사회과학대학원은 단순한 교육 프로그램이 아닌, 함께 새로운 길을 만들어 가는 공동체로서 기능한다. 전 교수는 "우리는 학문을 가르치는 것이 아니라, 함께 사유하고, 함께 길을 묻고 있다"라고 말했다.

이곳은 전통과 혁신이 조화롭게 공존하고, 과학과 인간에 대한 통합적 사유가 가능한 공간이다. 카이스트의 이 도전이 궁극적으로는 한국 대학 전체의 변화에 불씨가 되기를 그는 희망하고 있다. 그는 "불확실한 시대에 우리가 해야 할 일은 확실한 방향을 제시하는 것"이라고 강조한다. 그 방향은, 언제나 인간과 사회를 향한 깊은 질문으로부터 시작된다는 점을 끝까지 잊지 않았다.

'비전이 있는 교육'을 향한 10년의 동행

'미존 강의'로 존재를 묻고, 미래를 설계
기술의 학교에서 인간을 가르치다.

양재석 문술미래전략대학원 교수

과학기술을 통해서 자기를 탐색한다

카이스트에서 '비전'을 이야기하는 일이 때때로 불편하다. 기술과 과학의 세계에서는 구체성과 실증이 중시되기 때문이다. '비전'이나 '존재' 같은 단어는 추상적이거나 심지어 감상적으로 여겨질 수도 있었다. 그러나 그것이야말로 과학기술인의 사고에 꼭 필요한 차원이다.

문술미래전략대학원 양재석 교수는 "기술이 구체적일수록, 그 방향은 추상적이어야 한다."라고 강조했다. 강의에서는 학생들에게 끊임없이 질문을 던졌다. "왜 이 기술을 연구하는가?", "이 기술은 누구를 위한 것인가?", "당신의 삶에서 이 기술은 어떤 의미를 가지는가?" 같은 질문들이다. 기술을 통한 자기 탐색이야말로 이공계 교육이 반드시 품어야 할 요소라고 강조했다.

학생들이 제출한 보고서는 인상적이었다. 어떤 학생은 소외된 지역

사회를 위해 기술을 적용하겠다는 구체적 계획을 제시했다. 또 다른 학생은 가족사의 아픔을 극복하기 위한 인생 전략을 설계했다. 그 이야기들은 단지 성적을 위한 글이 아니었고, 하나의 인생 서사였다.

그래서 강의와 교육의 모든 순간을 가르침이 아니라 '동행'이라고 할 수 있다. 교육은 가르치는 것이 아니라, 함께 걷는 것이다. 이는 미존 수업에서 교수들이 학생을 대하는 태도, 강의를 설계하는 방식, 그리고 교수들의 존재 방식을 함축적으로 드러낸다.

강의를 진행하면서 학생들과 나눈 이야기들은 수업 밖에서도 이어졌다. 그 이야기들은 학문을 넘어 인생의 물음으로 확장되었고, 교수와 학생이라는 경계를 넘어서는 관계로 발전했다. 이 관계를 '대화적 공동체'라고 표현했다. 양 교수는 "우리는 수업에서 만났지만, 인생을 이야기했다."라고 설명한다.

그러므로 미존 강의는 단지 하나의 과목이 아니라, 학내 담론을 형성하는 데 기여했다고 할 수 있다. 기술 중심의 교육과정에 인간학적 사유를 접목하는 시도는 쉽지 않았지만, 꾸준히 확산되었다. 학생들은 다른 전공 수업에서도 '왜'라는 질문을 던지기 시작했고, 이는 교육의 전반적 분위기를 바꾸는 동력이 되었다.

미존 강의의 가시적인 효과

이광형 교수는 총장으로 부임하자, '큐카이스트'라는 브랜드 아래 학교의 비전 강화를 추진하고 있었다. 그 일환으로 우수 강의와 교원을 선정해 격려하는 프로그램을 기획했다. 그때 미존 강의가 주목을 받았고, 미존 강의는 표창 대상이 되었다.

상을 받은 것보다 더 기뻤던 건, 이 강의가 학교 전체의 화두가 되었다는 점이다. 수상 이후 변화된 분위기가 느껴졌다. 교수 사회 내부에서도 비전 교육의 중요성을 다시 검토하는 계기가 되었고, 강의 요청이 학교 밖에서도 들어오기 시작했다. 강의 내용의 일부를 외부 콘퍼런스나 기업 교육에 제공하며, 교육의 사회적 파급력을 점검했다.

양 교수는 미존 강의를 단지 대학 내부의 교육에 국한시키지 않았다. 사람에게 비전이 필요한 건 직장 때문이 아니라, 존재 때문이다. 미존 수업은 이 같은 철학을 학생에게뿐 아니라, 다양한 사회 구성원들과 공유하는 계기를 마련했다. 기술자, 연구자, 공직자, 심지어 기업가들에게도 이 강의가 필요한 시대이다.

비전 없는 기술은 방향을 잃은 배와 같으므로, 미존 수업은 기술 혁신의 윤리적 지향성을 묻는 사회적 흐름과 만난다.

강의에서 다루는 주요 질문들은 단순한 진로 설계에 머물러서는 안 된다. 수업에서 다뤄지는 질문은 '나는 누구인가', '내가 존재하는 이유는 무엇인가', '나의 삶이 사회와 어떤 관계를 맺을 것인가'와 같은 본질적인 물음이었다.

"학생들의 얼굴이 달라지는 순간이 있습니다. 그건 바로, 질문이 자기 안에 닿을 때입니다."

그러한 순간들은 수업의 전환점이라 여겨진다. 학생들은 처음에는 다소 거리감을 느끼지만, 점차 자신만의 언어로 답을 찾아가기 시작한다. 그러한 과정을 통해 학생들이 더 이상 '누군가의 기준'을 좇는 것이 아니라, '자기만의 기준'을 형성하게 된다고 보았다.

과학기술자 양성에 있어 윤리적 자각이 필수적이다. 비전 교육은 단지 꿈을 꾸게 하는 것이 아니라, 그 꿈을 책임지는 사람이 되도록 하는 과정이다. 양 교수는 학생들이 자신의 인생을 설계하면서 동시에 사회적 책임의식도 내면화하는 모습을 보며, 교육자로서의 보람을 느꼈다고 말했다. 그러므로 "비전이 있는 사람은 흔들려도 무너지지 않는다."라는 사실을 깨달았다. 미존 수업은 학생들에게 그런 내면의 힘을 심어주는 작업이다.

교육적 효과가 뛰어난 글쓰기의 위력

수업 중 가장 강력한 도구는 '글쓰기'이다. 미존 강의의 핵심 과제는 자신의 삶과 미래를 통합적으로 서술하는 글쓰기 과제이다. 글쓰기가 사고의 틀을 만들어 준다고 보았다. 말은 흩어지지만, 글은 정리되고 구조화된다는 점에서 특히 교육적 효과가 컸다.

글을 쓰는 순간, 생각이 형태를 갖는다. 학생들은 자신이 지나온 길과 앞으로 가고자 하는 길을 하나의 이야기로 엮어냈다. 그것은 이력서가 아니라 자기 삶의 비전 선언문이었다.

그러므로 모든 과제는 단지 채점의 수단이 될 수 없다. 학생 스스로 삶을 설계하는 자기 선언이자, 삶의 사유를 훈련하는 철학적 도구로 삼았다. 글을 읽으며 학생들의 고민을 엿보고, 그들의 성장 가능성을 확인하는 과정은 교육자로서의 특권이다. 학생들이 쓰는 글은, 그들의 내면의 지도를 펼쳐보는 일이다.

배울수록 질문이 많아지는 것이 교육

미존 강의는 카이스트라는 특수한 환경 속에서 비전 교육이 지닌 의미를 자주 되새기게 한다. 수재들이 모인 이곳에서, 성취나 결과보다는 방향과 목적을 묻는 교육이 더 절실하다. 단지 성과를 위한 경쟁보다, 삶의 의미를 묻는 정직한 성찰이야말로 이 시대의 엘리트 교육이 가져야 할 본질이다.

"똑똑한 사람들이 길을 잃으면, 사회 전체가 흔들립니다."

교수들은 카이스트 학생들이 사회에 끼칠 영향력을 잘 알고 있었고, 그렇기에 더욱 내면의 기준을 점검하는 교육이 필요하다고 말했다. 이 학교에서 기술만 잘 가르쳐서는 안 된다는 신념을 가지고 있었다. 기술은 도구이고, 방향은 철학에서 비롯된다는 점을 강조했다.

가장 중요한 출발점은 교육이다. 단지 제도를 바꾸는 것이 아니라, 한 사람의 세계관을 바꾸는 것이 교육의 힘이다. 미존 수업은 학생들이 스스로 사고하고, 자신이 사회와 어떤 관계를 맺을지를 설계하게 만드는 것이 목표이다.

그렇다면 무엇을 가르칠 것인가? 양 교수는 "진정한 교육은 질문을 남기는 것"이라며, 수업이 끝나도 계속 남는 물음표 하나를 남기는 것이 가장 큰 교육적 성과라고 말했다.

그러므로 강의 외적으로도 학생들과의 관계가 소중하다. 수업이 끝난 이후에도 이메일이나 개인 상담을 통해 대화를 이어갔고, 졸업 후에도 그 인연은 종종 지속되었다. 학생들이 사회에 나가 자신만의 비전을 실현하는 모습을 볼 때, 교육자로서의 자부심을 느낀다. 그것은 교수가 가르쳤다기보다, 함께 걸었던 소중한 추억이 깃든 길이었다.

교실에서 나눈 대화는 학생들의 인생에 작은 흔적이라도 남기를 바라는 것은 교수의 진심일 것이다. 그런 흔적들이 쌓여 학생들의 삶을 조금이라도 단단하게 만들기를 소망하고, 그 과정에서 교수 자신도 배우고 성장한다. 그러므로 교육은 양방향의 변화이어야 한다.

미존 수업을 진행하면 교수도 스스로 질문을 던지게 된다. 그 질문에 대한 학생들의 답변은 신념을 더 단단하게 만들어 주었다. 모든 강의는 삶을 준비하는 마음으로 이뤄지므로 교수들에게 "비전이란 멀리 있는 것이 아니라, 매일의 선택 속에 있는 것"이다.

미존 강의의 의의

인터뷰는 문술미래전략대학원에 대한 이야기로 시작되었다. 양재석 교수는 대면으로, 해외 출장 중이던 김승겸 교수는 zoom으로 인터뷰에 응했다. 양재석 교수와 김승겸 교수는 2024년 12월 4일 카이스트 학술문화관에서 열린 '큐 카이스트(Q-KAIST)' 시상식에서 창의인재 교육 분야 포상자로 선정됐다.

양 교수는 미존(未存) 교육을 소재로 하는 '사례 기반 시뮬레이션과 미래 예측형 프로젝트를 통합한 하이브리드 교육방식'을 주제로 특별

강연했다.

　양 교수는 이 상을 단순히 강의를 잘해서 받은 결과라고 보지 않았다. 그 과정에 참여한 학생들과 함께 강의를 발전시켜 온 과정 자체가 이미 하나의 스토리였다.

　양재석 교수와 김승겸 교수가 진행한 미존 강의의 뿌리는 '문술미래전략대학원' 설립에서 근거를 찾을 수 있다. 2013년쯤, 이광형 교수는 미래전략대학원을 설계하며 카이스트의 새로운 비전을 모색하던 시점이 시작이었다. 이광형 교수는 후배 교수들과 수차례 회의하며 대학원 설립 방향에 대한 논의를 이어갔다.

　이광형 교수는 기술 중심의 카이스트가 사회적 감수성과 융합 능력을 갖춘 리더를 키워야 한다고 보았다. 따라서 기술과 정책, 윤리를 아우르는 교육을 구상했다. 그 핵심에 있었던 것이 바로 '미래전략'이라는 이름이었다.

　당시엔 미래라는 단어를 대학원 명칭에 쓰는 것이 참 낯설었다. 국내 대학 중에서도 드물게 '전략'과 '정책'을 핵심 키워드로 내세우는 대학원을 만들겠다는 발상은 참신하면서도 도전적이었다. 그러나 이런 발상이 논의에 그치지 않고 실제 커리큘럼과 운영 구조로 이어져야 했기 때문에 초기에 수많은 시행착오가 있었다.

　구성원들과 밤낮 없이 기획안을 다듬고, 해외 대학의 사례를 조사하고, 국내외 전문가와 토론하며 콘텐츠를 만들어갔다.

　미존 강의 역시 이 과정에서 태동한 프로그램 중 하나였다. 단지 이론을 전달하는 수업이 아니라, 학생 스스로 비전을 구상하고 미래 사회에서의 자기 위치를 성찰하도록 유도하는 과정이었다.

교수들은 미존 강의의 방향성을 정립하면서도 "이것이 단순한 진로 탐색을 넘어서야 한다"라는 생각을 굳혔다. 학생들이 미래의 직업을 정하는 것이 아니라, 자신만의 '미래 서사'를 구성하는 데 초점을 두도록 유도했다. 이를 위해 수업에서 다양한 도구와 방식이 활용됐다. 시뮬레이션, 스토리텔링, 자기 성찰형 과제 등 복합적 접근이 필요했다.

"비전은 미래의 직장을 말하는 게 아닙니다. 존재의 목적을 묻는 것이죠."

이 말은 양 교수가 학생들에게 던지고자 했던 질문의 본질을 요약한다. 미래를 예측하는 기술이 아닌, 미래를 설계하는 감각을 기르는 것이 미존 강의의 목표였다.

그래서 수업시간에 학생들은 '나만의 미래 전략 보고서'를 작성하게 했다. 단순한 리포트가 아니라, 자신의 생애 전반을 어떻게 구상할지에 대한 통합적 설계안이었다. 이 과정은 단지 학생만이 아니라 교원에게도 깊은 반성을 요구했다. 학생들의 보고서를 읽으면 "이 학생이 왜 이런 미래를 꿈꾸는지"를 되묻게 된다.

"우리는 학생에게 지식을 제공하는 게 아니라, 질문을 제공하는 것"이라고 교수들은 말한다. 수업에서 더 중요한 것은 단단한 커리큘럼보다 학습자가 스스로 의미를 만들어 가는 과정이다.

강의는 '파일럿 강의'에서 시작해 정규 강좌로 편성되기까지 발전 과정을 겪었다. 초기에는 실험적 성격이 강했으나, 학생들의 반응과 성찰 수준이 기대 이상으로 높았다. 그에 따라 교과 설계도 빠르게 발전했다. 교수와 학생이 함께 성장하는 구조가 마련된 셈이었다.

교육은 일방향의 전달은 아니다. 강의 주제도 계속 수정해 나가야 한다. 미래 사회의 흐름에 맞추어 인공지능, 기후위기, 양극화 등 구체적이고 복합적인 주제를 포괄했다. 이것은 개인의 존재론적 질문과 사회 구조 간의 연결고리를 다루는 작업이기도 하다.

강의를 통해 과학기술자들이 단지 역량을 갖춘 인재가 아니라, 사회적 책임을 지닌 시민으로 성장해야 한다는 점을 학생들에게 끊임없이 강조했다. 학생 보고서에는 '기술'보다 '사람'이 먼저 등장했으며, 이는 강의가 추구한 방향성과 정확히 일치했다.

왜냐하면 "미래를 묻는다는 것은, 곧 나 자신을 묻는 일"이기 때문이다. 바로 이 문장은 곧 이 수업의 핵심이자, 교수들이 전달하고자 하는 메시지의 본질이기도 했다.

현재를 아는 것에서 미래 비전이 시작된다

인터뷰의 말미에서 다시 '비전'이라는 단어가 돌아왔다. 비전은 멀리 있는 미래의 그림이 아니라, 지금 이 순간 내가 어디에 서 있는지 아는 것에서 출발한다. 학생들이 자신의 존재 이유를 찾는 여정을 돕는 일이 미존 강의의 중요한 특징이다. 사람 중심으로 생각한다면 "비전은 미래를 예측하는 게 아니라, 지금의 나를 정직하게 바라보는 일"이어야 한다.

그러므로 과학기술이 고도화될수록, 눈에 보이는 현상을 더 자세하게 들여다보는 능력을 갖게 될수록, 인간에 대한 사유는 더욱 섬세해져야 할 것이다. 그 섬세함은 비전이라는 언어를 통해 형성될 것이다. 인간의 중심을 지키는 교육, 기술의 방향을 묻는 교육, 그리고 자기 자신을 설계하게 하는 교육이 필요하다.

그러므로 양 교수에게 교육은 제도도, 콘텐츠도 아닌, 태도이다. 그 태도를 성찰적, 책임적, 그리고 공동체적인 것으로 규정했다. 이 모든 요소들이 모여 '비전 교육'이라는 형태로 응축된 것이다.

훌륭한 교육자는 학생들보다 먼저 목표에 도착한 사람이 아니다. 함께 가는 동행자이다.

양 교수는 "교육은 멀리 돌아가는 길이지만, 가장 확실한 길이다."고 말한다. 그는 그 길 위에 서 있는 사람이며, 학생들과의 동행을 기쁘게 받아들이고 있다.

과학을 품은 예술

카이스트의 또 다른 실험실
전시장에서 브랜드까지 – 쌈닭처럼 밀어붙였다
미술관의 기적, 못생겨서 유명해진 넙죽이

석현정 카이스트 미술관장

카이스트에 미술관이 있어야 하는 이유

자연과학은 "이 기술은 무엇인가"를 묻지만, 예술은 "이 감정은 어디에서 왔으며 왜 이렇게 표현했는가"를 묻는다. 밤낮없이 숫자, 알고리즘과 씨름하는 카이스트 한복판에 명작들이 걸린 미술관이 들어서야만 했던 이유가 바로 여기에 있다.

반 고흐와 백남준의 숨결이 살아 숨 쉬는 이 낯선 공간에서, 미래를 짊어진 젊은 과학도들은 비로소 기계의 언어를 넘어 인간의 마음을 읽어내는 법을 배우고 있다.

카이스트 미술관은 고(故) 정문술 회장이 카이스트에 대규모 기부를 하면서, 미술관 설립을 위한 기반이 마련되었다. 회장이 직접 "미술관을 지으라"고 뜻을 밝혔고, 그와 함께 훌륭한 미술 작품 컬렉션까지 기증했다.

카이스트의 입장에서는 미술관 건립이 생소하고 쉽지 않은 과제였다. 과학기술 중심 대학이라는 정체성과 어떻게 접점을 가질 것인가에 대한 회의도 있었다. 연구 실적을 낼 것도 아닌데, 무슨 미술관이냐는 분위기가 컸다.

정 회장이 남긴 컬렉션에는 백남준의 미디어 작품도 있었지만, 특히 대한민국예술원 회원으로 추대된 거장들의 작품이 다수 포함되었다. 류경채, 권영우, 유희영 화백이 그 참여 작가이다. 카이스트 미술관 컬렉션 수준이 최정상급이라는 사실이 알려지면서, 백문기, 오승우, 윤영자, 박광진 작가의 작품 기증이 이어졌다. 이는 '정문술 컬렉션과 대한민국예술원'이라는 상설 전시가 가능해지는 토대가 되었다.

첫 전시를 최정상으로 시작한 미술관은 임시 개관과 동시에 뉴욕 맨해튼 한가운데에서 주목받는 유명 갤러리와 함께 2025년 4월 29일부터 2025년 8월 29일까지 파격적인 특별전시를 열었다. 이 전시는 뉴욕에서 활동하는 갤러리스트 신홍규(Shin Gallery 대표) 소장 작품을 중심으로 꾸며진 카이스트 미술관의 첫 본격 외부 컬렉션 기획전시였다.

〈명작의 금고〉라는 제목의 이 전시는 반고흐, 톰블리, 부쉐, 웨이웨이 등 세계 최정상급의 작품이 섬세하게 전시 기획되어 언론과 시민들의 큰 주목을 받았다. 사회적 현상, 인간 내면의 갈등, 환경 문제 등 카이스트 구성원이 충분히 공감 가는 소재를 예술로 승화한 작품들로 구성되어, 카이스트 내에서 공학적 상상력과 인문적 감수성을 연결하는 교육 도구로 재해석되었다.

KAIST 미술관장을 맡고 있는 석현정 교수는 카이스트 학생들이 작품을 통해 "이 작가는 왜 이런 생각을 했을까?"를 질문하는 것이야말로, 예술 교육의 본질적 힘이라고 보았다. 자연과학에서는 '이 기술은 무엇인가'가 핵심이라면, 예술에서는 '이 감정은 무엇이며, 왜 이렇게 표현했을까'를 묻게 된다.

카이스트 내부에서는 예술의 가치와 기능에 대한 이해도가 전반적으로 낮았다. 그러나 세계적으로 유수한 공과대학들이 각자 나름의 미술관, 아트센터, 갤러리 등을 갖고 있다는 점에서 카이스트도 예외가 되어서는 안 된다는 공감대가 서서히 형성되었다. MIT, ETH, 스탠퍼드 등은 공대 중심 구조이면서도 예술과의 접점을 중요하게 여겼고, 이는 단순히 미적 감성의 문제가 아니라 창의성과 사고 확장의 차원이었다.

석 교수는 "우리가 비교하는 랭킹에 있는 세계 유수 대학들 중 미술관이 없는 곳은 거의 없다"라고 말한다. 미술관을 갖춘 대학은 연구의 깊이와 교육의 다양성 측면에서 더 폭넓은 경험을 제공할 수 있다. 예술은 과학기술과 나란히 서서 사람 중심의 사고를 가능하게 만들었고, 이는 카이스트의 철학에도 부합하는 가치이다. 카이스트가 21세기형 공학 교육을 지향하는 이상, 감성과 창의성, 인문적 소양은 선택이 아닌 필수였다. "과학기술의 끝에 가면 결국 철학과 예술이 있다"라고 그녀는 덧붙였다.

예술적 창의력이 과학기술 발전에 도움

석 교수는 "카이스트 미술관은 예술작품을 걸어두는 장소가 아니라, 공학과 과학을 넘어서는 사유의 공간이어야 한다"라고 정의했다. 그 공간은 기술적 창의성과 인문적 감수성을 연결하는 가교 역할을 하는 곳이다. "과학기술을 공부하는 학생들이 미술관에서 무엇을 보아야 할지를 고민하는 것 자체가 교육"이라고 그녀는 강조했다.

미술관 개관 후에도 여전히 그 의미를 실현하기 위해 다양한 프로그램을 기획했다. 작품을 보여주는 전시 외에도, 교양 강좌, 융합 세미나, 작가와의 만남 등 카이스트라는 환경에 맞는 예술교육 콘텐츠를 설계했다. 과학도들에게 예술이 '비실용적'이거나 '시간 낭비'로 여겨지지 않도록 하기 위해, 예술의 존재 의미 자체를 새로운 언어로 풀어내려 했다.

석 교수는 "예술은 무언가를 직접 만들기보다는 '다르게 생각하는 방법'을 가르쳐주는 장르"라고 정의한다. 이공계 학생들은 미술관을 방문하며, 물리적 결과가 아닌 '감정과 해석'을 통해 세상을 바라보는 경험을 하게 되었다. 이는 카이스트가 궁극적으로 추구해야 할 융합 교육의 실현이기도 했다. 이것은 세계 명문 대학들과 어깨를 나란히 하는 데 필요한 교육적 완성의 한 부분이다. "기술이 아무리 앞서도, 사람이 중심이 되지 않으면 의미가 없다"라고 그는 덧붙였다.

전시 기획 과정에서 '공학도들을 위한 예술'이라는 관점을 늘 염두에 둔다. 오롯이 미학적 완성도에만 집중한 전시보다는, 기술적 맥락과 사회적 상상력이 결합된 전시가 카이스트에 더 어울린다. 예를 들어 데이터, 알고리즘, 인공지능과 관련된 전시를 통해 학생들이 예술을 '자신의 전공 언어로 번역'할 수 있는 기회를 만들고자 했다. 예술이 어렵다고 느끼지 않도록 문을 열어주는 게 미술관의 역할이었던 것이다. 석 교수는 "창의력은 낯선 것과 마주쳤을 때 움트는 법"이라며, 미술관이 바로 그 낯섦의 통로가 되길 바랐다.

미술관이 지역사회와의 접점이 되는 것도 중요하게 여겼다. 대전에서 카이스트 미술관은 지역 예술가들에게 하나의 플랫폼이 될 수 있다. 교육 프로그램, 워크숍, 미술관 로비 공간을 이용한 음악 공연 등이 미술관 개관 이후 지속적으로 운영되었다. 지역사회와의 문화적 연결은 대학의 사회적 책임의 일환이다. 이는 대학이 지역과 함께 호흡하고 성장하는 모델로서도 기능하다는 가능성을 보여주었다. 석 교수는 "우리가 연결되고 있다는 감각은, 생각보다 더 큰 힘을 가져온다"라고 덧붙였다.

못생긴 넙죽이, 카이스트 브랜드 이야기

초기에는 반신반의하는 시선도 있었다. 팀장도 "하지 말자"고 말렸을 만큼 부담이 큰 프로젝트였다. 하지만 석 교수는 특유의 추진력으로 "이건 누군가는 해야 할 일"이라며 포기하지 않았다. "약간 쌈닭처럼 들이받고, 설득하고, 밀어붙였죠"라고 석 교수는 웃으며 말했다. 그렇게 태어난 넙죽이 캐릭터는 학교의 상징으로 자리 잡았다. 단순한 굿즈를 넘어 카이스트의 정체성과 철학을 시각화하는 통로가 되었다. "지금은 넙죽이 도안이 들어가면 모든 사람들이 한 번은 더 쳐다본다"며 이 변화에 대해 자부심을 드러냈다.

카이스트 브랜드샵의 개편도 석 교수의 예술적 감각과 기획력이 반영된 결과였다. 세계적인 대학 순위에서 상위권에 드는 카이스트의 위상에 비해, 브랜드샵의 퀄리티는 너무나 아쉬운 수준이었다. 카이스트가 세계 40위 안에 드는 학교인데, 브랜드샵은 너무 낮은 수준이었다. 넙죽이 캐릭터를 활용해 다양한 디자인 상품을 개발하고, 이들을 감각적인 방식으로 홍보하면서 브랜드 가치를 실제로 끌어올렸다.

"백화점에 입점한 브랜드 제품 수준의 품질과 디자인이다"라고 석 교수는 자부한다. 미술관과 그 주변의 창작 활동은 단순한 전시 공간을 넘어, 대학의 이미지와 대외 커뮤니케이션까지 새롭게 탈바꿈시키는 계기가 되었다.

의사 과학자 양성의 첫 발자국

김하일 교수

의대 신설을 반대하던 마음을 돌린 것

"교수님 나이가 몇이죠? 마흔일곱. 내가 마흔여덟에 새로운 도전을 시작했어요. 이제 당신도 무언가를 시작할 때입니다." 2020년 5월, 조 그만 식당에서 두 시간 남짓 이어진 이광형 당시 부총장과의 대화는 평범했던 한 과학자의 인생을 송두리째 흔들어 놓았다. "절대 행정 일은 하지 않겠다"던 굳은 다짐은 무너졌다.

김하일 교수는 카이스트에서 의사 과학자 양성이라는 사명을 시작하게 된 출발점을 기록하고 싶었다. 자신의 인생을 송두리째 바꿔놓은 여정을 풀어내는 기록이다. 이 이야기를 시작하기 위해, 김 교수는 2020년 5월로 돌아간다.

그는 조용히 연구하고 학생들을 가르치는 데 만족하는 교수였다. 보직 같은 건 절대 하지 않겠다고 다짐하고 살았다. 그런데 어느 날, 한용만 학장을 통해 이광형 부총장으로부터 의과학대학 설립 관련 제안을 받았다. 처음엔 말도 안 되는 소리라고 생각했다. "의대 신설? 그건 불가능한 일입니다." 그렇게 단칼에 거절했다.

그런데 어느 날, 부총장은 저녁 식사를 하자고 초청했다. 대전시 중구 문화동의 '소이헌'이라는 식당에서 부총장, 학장, 주영석 교수와 김 교수 넷이서 두 시간 넘게 이야기를 나눴다. 그 자리에서 부총장은 『이광형 카이스트의 시간』이라는 책을 보여주면서, 정문술 회장의 기부 이야기와 바이오 및 뇌공학과 설립 등의 이야기를 들려주었다.

그렇게 자연스럽게 화제가 바뀌었고, 부총장은 대뜸 김 교수에게 물었다. "교수님 나이가 몇이죠?"

"47입니다."

"내가 48에 시작했어요. 이제 당신도 무언가 하나를 시작할 때입니다."

김하일 교수는 순간 이런 이야기를 들으면서도, 자기 입에서 거절이 튀어나오지 않는다는 게 스스로도 의아했다. 그런 제안을 들으면 바로 사표를 내겠다고 농담처럼 말하던 사람이 자신이었으니까. 하지만 그날은 달랐다. 김 교수는 집에 돌아와 깊은 고민에 빠졌다. 며칠 후 그는 부총장에게 '출사표: 먼 여정을 떠나며'라는 제목의 편지를 썼다.

"보내주신 책을 잘 받았습니다. 지난 수요일 해주신 말씀도 마음에 잘 새겨들었습니다. 살면서 몇 차례 기억에 남는 날들이 있습니다. 다시 그날로 돌아간다면 다른 선택을 할 수 있었을지, 저에게 그런 선택을 할 기회가 있었을지 잘 모르겠습니다. 2020년 7월1일도 저에게는 앞으로 잊을 수 없는 날이 될 것입니다. 앞으로 평생 그날 교수님의 말씀을 기억하게 될 것입니다.

어린이에게 꿈과 희망을…. 어린 시절부터 많이 들어온 흔한, 어린

이날만 되면 듣는 말이지만, 제 삶을 지배하는 말입니다. 이제 저보다 더 나은 더 젊은 과학자를 위해서 이 여정을 떠납니다. 이제 막 시작하는 일처럼 생각되지만 저는 이 일을 위해 이미 오랜 시간을 걸어왔던 것 같습니다. 쉽지 않은 일이겠지만 마음을 다해서 해보겠습니다."

부총장은 답장으로 이렇게 말했다.

"그 길은 결코 순탄치 않을 것입니다. 그리고 그 끝을 가늠하기 어렵습니다. 그러나 그 길 자체가 보람 있다 생각합니다. 교수님의 대모험의 긴 여정을 축하드리며 열심히 응원하고 있겠습니다. 외롭고 힘든 시간에는 뒤에 응원단이 있다는 점을 상기하여 주시기를 바랍니다. 궂은 일은 시켜주시면 대신하겠습니다."

그리고 부총장은 김 교수를 사무실로 불러서 '출사표'라는 한자 단어가 적힌 부채를 김 교수에게 주겠다고 말했다. 하지만 김 교수는 그것을 받을 수 없었다. 아내는 그 말을 듣고 이렇게 말했다. "그건 당신이 받을 것이 아니라, 박물관에 들어가야 할 물건이야."

그 이후로 '우리'가 된 두 사람은 의사 과학자 양성이라는 여정을 함께 시작하게 되었다. 김 교수는 "처음엔 정말 너무 무서웠다."라고 말했다. 8월 어느 날 밤 9시에 부총장과 산책하면서 말했다. "너무 무섭고, 이 일은 저 혼자 할 수 있는 게 아닙니다." 부총장은 이렇게 말했다.

"걱정 마세요. 내가 도와줄게요."

그 말 한마디에 다시 용기를 내어 김 교수는 전국을 다니며 설명하고 설득했다. 복지부, 과기정통부, 교육부, 국회, 그리고 심지어 의사단체 대표까지. 누구 하나 쉬운 상대는 없었지만, 사람들을 만날수록 점점 젊은 교수의 마음도 다잡혔다.

"이건 나의 일이 아니라, 시대가 필요로 하는 일이구나."

설명과 설득이 쉬웠던 것은 아니다. 때로는 젊은 의사들의 반대에 부딪히기도 했다. 그는 완벽한 중립을 지키려고 애썼다. 정치권 여야 어디에도 치우치지 않고 모두에게 설명자료를 제공했다.

이 과정에서 김 교수가 배운 것이 하나 있다.

"설득은 논리가 아니라, 시간이 만든다는 것을 알게 됐어요. 처음에는 저를 사기꾼이라고 부르던 사람들도 나중에는 '그런 모델이 있었으면 좋겠다'고 말하더군요"

'우리'는 인프라도 구축했다. 320억, 420억, 100억 등 총 1,000억에 이르는 건물과 리모델링, 연구시설 예산이 확보되었고, 교수진도 50명까지 확대할 계획을 수립하게 되었다. 어느새 부총장은 총장으로 선임됐다. 김 교수가 현장에서 뛰었고, 총장은 자리를 만들고 서명했다. 그런 신뢰가 있었기에, '우리'는 캠프5까지 올라올 수 있었다. 이제 하늘이 열리기만 하면 정상으로 돌진할 준비는 되었다고 생각했다.

의전원 설립을 향한 마침표 없는 여정

에베레스트 정상에 오르려면 베이스캠프(Base Camp)를 약 5,364m 높이 지점에 설치한다. 그리고 캠프5를 약 8,000m 지점에 설치한다. 이곳에서 바람이 잔잔하고 눈보라가 치지 않는 그 때를 기다린다.

의전원 설립의 여정을 에베레스트 정상에 오르는 것에 비유한다면, 정상 정복을 앞둔 마지막 텐트가 설치된 캠프5까지 도달했다고 생각할 만큼 탄탄한 준비를 해왔다.

그런데 2024년 2월, 정부가 의대 정원을 2,000명으로 확대한다고 발표했을 때, 김 교수는 거대한 눈보라가 휘몰아치는 히말라야의 악천후를 떠올렸다. 단순한 의대 정원의 확대가 아니라 정책의 흐름 자체가 바뀐 것을 의미한다고 느꼈다. 이전까지는 1,000명 미만의 증원이 이야기됐던 터라, 그 두 배 규모는 예상 밖이었다. 2023년 가을, 대통령실 정책기획관이 김 교수 연구실을 직접 찾아왔다. 그 자리에서 과기의전원 모델과 계획을 설명했다.

정책기획관이 물었다.

"우리나라 의대 정원 확대는 도대체 몇 명이 적당합니까?"

"500명은 100% 가능합니다. 무리하면 700명까지도 가능하겠지만, 1,000명은 한계치입니다. 그 이상은 사실상 불가능합니다."

2023년 연말까지는 분위기가 좋았다. 서울대와 연세대에 협력을 요청했을 때, 서울대는 정중히 거절했고, 연세대는 동의해 주었다. 연대 의료원장과 MOU를 맺었고, 이후 그분이 총장이 되면서 관계는 더 공고해졌다.

교수들은 조용히 연구실에 앉아 논문 쓰는 것을 좋아하고 대외적인 활동도 학술 활동에 국한되는 것이 일반적이지만, 김 교수는 자신의 연구비도 부족한 가운데도 1,000억 넘는 건물 예산을 추진하고, 수천

억짜리 병원을 짓자고 설득하고 다녔다.

김 교수는 자신이 '늘 직구를 던지는 사람'이라고 생각한다. 조리 있게 말하지 못하고, 말하다 보면 목소리도 커진다. 사람들은 그런 그를 보고 화를 낸다고 느끼곤 하지만, 사실 그건 열정의 표현일 뿐이다. 그는 항상 같은 말을 한다.

"의사 과학자는 국가의 미래입니다."

김하일 교수는 의사 과학자라는 개념을 한국 사회에 심었고, 한국형 의사 과학자 양성 정책 수립에 기여한 점과 의사 과학자 양성 관련 국가 예산 확대에 기여한 점을 인정받아 2023년 과학기자협회로부터 올해의 과학자상을 수상했다. 김 교수는 상금 전액을 학교에 기부하였다.

이러한 노력에도 불구하고 2025년 6월인 지금까지도 카이스트는 의대 정원을 받지 못하고 있다.

총장의 무모함, 그의 느림과 닿다
'우리 학교'라 부르게 된 순간

의사 과학자 양성이라는 목적을 가지고 시작한 지난 여정은 연구만 하던 교수에게는 너무도 복잡하고 다층적인 경험이었다. 걷다가 깨달은 것이 있다. 고등학교 시절, 대구 경원고등학교에 다니던 그는 좋아하던 선생님을 잃었다. 그분은 안나푸르나산 정상을 올랐다가 내려오는 길에 실종되었고 결국 돌아오지 못했다. 선생님은 영남대학교에 재직 중이었고 산을 사랑했다. 그 일을 계기로 김 교수는 산에 오르는 일이 얼마나 위험하면서도 진지한 선택인지를 처음 느꼈다.

그는 자신이 그렇게 위험한 등정을 하고 있다는 사실을 뒤늦게 깨달았다. 의사 과학자 양성이라는 이 프로젝트는 작은 출발로 시작됐지만, 어느 순간 거대한 흐름이 되었다.

원래 김 교수는 당뇨병과 지방간을 연구한다. 그 병은 집안 내력이 있어서 자신을 제외한 사촌 형제들 대부분이 당뇨를 앓는다. 비만하지 않아도 당뇨에 잘 걸리는 이유는 한국인들의 베타세포 기능이 약하기 때문이다. 당뇨뿐 아니라 지방간도 심각한 문제이다. 최근에는 비알코올성 지방간이 간경화로 진행되는 사례가 많아졌다. 수명이 늘어난 사회에서 맞닥뜨리는 새로운 질병 양상이다.

총장은 진심이었다. 언제든 그의 전화를 받았고, 다른 일정은 취소해도 의사 과학자 관련 일이면 언제든 만나주었다. 그러니 그도 끝까지 가야 한다. 이 일은 이제 김 교수 한 사람만의 일이 아니다.

코로나19 시기, 김 교수는 카이스트 클리닉 원장을 맡게 되었고, 모바일 검사소를 설치하는 등 실질적인 공공 보건 업무를 수행했다. 대전시 요구에 따라 2021년 9월 28일부터 10월 1일까지 나흘밖에 시간이 주어지지 않은 상태에서 카이스트 기숙사 거주 학생 1만 명에 대한 코로나 감염 여부 검사를 책임지는 막중한 일을 맡게 되었다. 김 교수는 임시 검사소 설치부터 운영계획 수립은 물론 자신의 의사면허를 내걸고 검사를 실시했다. 코로나 검사 전문 기업인 씨젠으로부터 6억 원이 넘는 지원을 확보해 전수 검사를 진행하였다.

2023년 5월 코로나19 종식 선언이 있기까지 김 교수는 약 2년 동안 카이스트 코로나19 검사소와 격리 숙소 운영, 카이스트 클리닉 의료진 24시간 비상 대응 체계 수립 등 카이스트 학생들의 일상을 돌려주기 위한 각고의 노력을 기울였다.

이 경험을 통해 김 교수는 카이스트를 깊이 사랑하게 되었고 이후로 카이스트를 '우리 학교'라 부르고 있다. 행정팀장들, 교수들, 학생들이 모두 한마음이 되어 위기를 넘겼고 그 경험을 통해 그는 카이스트가 어떤 학교인지 진심으로 알게 되었다. "카이스트는 위험을 감수하고 새로운 길을 여는 학교입니다. 카이스트는 도전하는 대학입니다."

총장은 무모할 만큼 과감하게 일을 벌이지만, 교수들이 그 뒤를 지지하는 구조가 만들어져 있다. 그래서 '우리'는 할 수 있었다.

"은퇴한 후에라도 카이스트에 의사 과학자를 양성하는 과기의전원이 문을 여는 모습을 꼭 보고 싶습니다. 저와 박성대 부장님의 꿈은 간단합니다. 학생들이 의사 과학자가 되어 교정에서 걷는 모습을 보는 것, 그것이면 충분합니다."

36
36
KAIST

Part 4.

Great KAIST
– 초일류를 향한 도전

밭을 갈고 씨앗을 틔운
창업생태계 혁신

코로나 이후 살아있는 플랫폼으로 키워 깜짝 발탁
제도 개선과 생태계 연결까지

김영태 기술경영학부 교수

카이스트 창업원을 개선하다

창업하려면 총장의 재가를 받아야 했다. 심지어 창업 3년 차부터는 교수의 월급마저 깎였다. 가족들마저 뜯어말리던 꽉 막힌 카이스트의 창업 생태계에 시원한 '사이다' 같은 변화가 일어났다.

중소벤처기업부 국장 출신의 김영태 교수가 창업원장으로 부임하자마자 이 모든 독소 조항을 단숨에 베어버린 것이다. 허가제를 폐지해 6개월이던 창업 기간을 두 달로 줄이고 월급 삭감 규정마저 없앴다.

김영태 교수는 중소벤처기업부에서 25년을 근무하는 동안 우리나라 벤처기업 육성에 전력을 기울였다. 그가 우리나라에 도입한 TIPS 제도는 지금도 스타트업 기업들이 선망하는 벤처기업의 정부 보증수표이다. 그래서 그를 TIPS의 아버지라고 부른다.

그는 2019년 말 중기부 국장 자리를 내려놓고 2020년 2월 카이스트 교수로 왔다. 이광형 카이스트 총장은 2021년 2월 임기를 시작하자마자 김영태 교수에게 전화를 걸었다. 창업원 원장을 맡아 달라고. 이광형 총장이 공약으로 내걸었던 '1랩 1창업'의 비전을 실현하려면 규제 혁파가 뒤따라야 한다. 창업원 혁신의 막중한 임무를 가지고 김영태 교수는 2년 동안 주목할 만한 혁신을 이뤄냈다.

우리나라 벤처 창업의 메카라고 할 수 있는 카이스트 창업생태계의 분위기를 일신함으로써 '1랩 1창업' 비전을 구체화하는 데 중요한 기여를 했다. 외부에서 영입한 '초빙교수'가 활동하기에 녹록지 않았지만, 코로나19 팬데믹으로 빈사 상태에 빠진 창업원은 김영태 교수를 디딤돌 삼아 발전의 길로 들어섰다.

김 교수는 자신이 카이스트 창업원 역사에서 '업그레이드된 연결고리' 역할을 수행했다고 평가했다. 그가 부임한 2021년 4월은 코로나19 팬데믹이 창업원 활동에 큰 타격을 주고 있었다. 카이스트 전체적으로도 창업 활동이 거의 중단되었던 시기였다. 김 교수는 "프로그램도, 시스템도 거의 멈춰 있었다"라고 회고했다.

김 교수는 창업 정책과 기술창업 분야에서 25년의 경력을 바탕으로 소임을 수행할 준비가 되어 있었다. 김 교수는 주이스라엘 한국 대사관 재직 시절 이스라엘의 기술 인큐베이터 정책을 벤치마킹한 TIPS 프로그램을 기획하였다. 박근혜 정부에서 중소기업비서관실 행정관으로 우리나라 벤처창업생태계 전체를 총괄한 바 있다. 중소벤처기업부에 복귀한 후 일본 수출 규제 대응 등 굵직한 중소기업 정책을 추진하다, 기술국장 보직을 마지막으로 공무원 경력을 마무리하고 카이스트로 이직하여 새로운 환경에 적응하는 데 매진하던 참이었다.

　2021년 4월 정식 발령을 받기 전까지는 권한 없이 내부 상황을 조심스럽게 파악하는 데 집중했다. 두어 달 동안 현황을 분석한 후, 마련한 혁신 방안은 창업원의 발전 방향을 정립하는 기초가 되었다.

　3대 원장을 맡은 김 교수는 창업원의 구조적 전환과 전략적 재정립을 이끌어 낸 인물로 평가된다. 취임 당시 창업원은 겨우 명맥만 유지하는 상태였다. "왜 창업을 도와주기는커녕 방해하느냐", "권위적으로 굴지 말라"는 비판이 이어졌다. 갈등의 원인을 창업원이 엄격한 규제 기관 기능만 하면서 일부 교수만 혜택을 받는 구조에서 찾았다. 창업원을 통해 혜택을 보는 이들은 소수에 불과했고, 다수의 교수는 창업원이 뭘 하는지조차 알지 못하는 상태였다. 그럼에도 외부에서는 카이스트가 활발히 창업을 지원한다고 알려지는 일이 반복되면서 내부 불만은 쌓여갔다.

　계약직 초빙교수에게 조직 혁신이라는 중책이 맡겨진 것은 매우 이례적인 일이다. 그가 부임한 시기는 "밭을 갈아엎어야 할 때"였다. 좋은 씨앗(인재와 뛰어난 창업 아이디어)은 있었지만, 밭(제도와 조직 체계)이 망가져 있었다는 것이다. 창업원에는 당시 29명의 직원이 있었지만, 대부분이 비정규직으로, 행정직은 고작 2~3명에 불과했다. 전문성 없이 프로그램을 기계적으로 반복하는 구조였고, 전체적으로 침체되어 있었다.

　김 교수는 부임하자마자 4개월 동안 교수, 학생, 창업자 수십 명을 만나며 실태를 조사하고, 창업 활성화를 위한 구조적 개선책을 마련했다. 첫 번째로 추진한 개혁은 창업 승인 절차의 간소화였다. 기존에는 창업원의 승인을 받고 총장의 재가가 있어야 교원 창업이 가능했고, 창업 관련 규정과 그 운영에 대해 일일이 과학기술정보통신부의 사전 허가가 필요했다.

창업은 허가가 아니라 현장에서 자율적으로 결정해야 할 일이었다. 창업원의 승인 권한을 전격적으로 폐지되고, 창업 희망 교수가 학과장의 겸직 인가만 받으면 자유롭게 창업하도록 권한을 분산하였다. 학과가 교수 창업 가능성과 수업 부담 등을 종합 판단하여 창업을 허용하는 체계로 전환되면서, 6개월 이상 걸리던 창업 기간은 2개월 내로 대폭 단축되었다.

두 번째 개선은 창업하는 교수의 급여 삭감 규정 철폐였다. 당시 카이스트는 창업을 시작한 교수에게 3년 차부터 급여를 감액하는 규정을 운영했다. 이는 가족의 반대를 불러일으키는 주요 요인이었다. 이 제도를 없애고, 창업 교수의 급여를 유지하는 쪽으로 바꾸었다. 학교는 부담이 크지만, 현장의 교수들에게는 매우 반가운 조치였다.

이 같은 제도 개편은 실제 성과로 이어졌다. 예컨대, 조천식 모빌리티대학원 강남우 교수와 경영대학 박성혁 교수는 부임한 지 2년이 지나지 않아 기존 규정을 적용하면 창업이 어려운 경력이었다. 김 교수가 직접 학과장과 대학장을 설득해 창업을 허락받았다. 개선된 시스템을 통해 6개월 걸리던 절차가 3분의 1로 단축되어 창업했다.

2020년 팬데믹 당시 4건에 불과하던 교수 창업 건수가 2021년 11건으로 늘었고, 2022년 말에는 19건으로 두 배 가까이 증가했다. 학생 창업은 꾸준히 활성화된 상태로 유지되었으며, 전체 창업생태계가 살아나고 있다는 평가를 받았다.

실패를 딛게 한 창업원 혁신 사례

교원과 학생이 창업을 주저하는 이유 중 하나는 '창업 실패에 대한 두려움'이다. 과거 세대에서는 창업 실패로 인해 신용불량자나 파산자로 전락하는 사례가 빈번했다. 그러나 그는 "그러한 사회적 리스크는 국가 제도 전반의 문제이지, 카이스트의 문제는 아니다"라고 분석했다.

그는 창업 활성화의 사례로 두 스타트업을 소개했다. 하나는 임팩트 AI라는 회사로, 광고비 절감 기술을 AI로 구현하여 미국 시장까지 진출했고, 현재는 유튜브 마케팅을 중심으로 활동 중이다. 또 하나는 강남우 교수팀의 AI 기반 자동차 부품 디자인 기술로, 현대차와 협력해 실제 납품까지 이루어졌다. 이 회사는 현대 제로원(Zero One) 등 대기업 액셀러레이터 프로그램과도 협력 중이다.

그러나 내부 역량만으로는 '1랩 1창업' 비전을 구현하기에는 한계가 뚜렷했기에, 그는 외부 전문인력을 적극 영입했다. SK텔레콤, 대전 창조경제혁신센터 등을 거친 실무 전문가를 창업원에 합류시켰다. 그는 비즈니스 현장 경험이 풍부하며, 창업가의 고민과 기업 언어를 이해할 수 있는 인물이었다. 김 전 원장은 그를 중심으로 조직 내 협치를 추진했고, 새로운 프로그램을 다수 기획했다.

가장 대표적인 것은 KEP(KAIST Entrepreneurial Partnership) 프로그램이었다. 이는 대기업과 벤처기업 등 혁신적인 신기술 수요기업과 교수 및 학생 창업자 간의 매칭을 도와주는 플랫폼이다. 기술에 치우친 교수 창업자들이 시장의 요구를 이해하고 대기업과의 접점을 찾도록 설계됐다. 기술은 훌륭하지만 어디에 접목해야 할지 모르는 교수들에게 KEP 프로그램이 실질적인 연결고리가 되어 줬다. 이 프로그램을 통해 강남우 교수, 박성혁 교수, 윤용진 교수팀이 대기업 제로원(현대차의 오픈이노베이션 플랫폼) 등과 접점이 생겼고, 기술 상용화를 구체화할 수 있었다. 단순히 매칭을 주선한 것이 아니라, 이들에게 시장 요구를 읽게 하고, 피드백을 기반으로 기술을 업그레이드할 수 있도록 구조화한 점이 차별화 요소이다. 이렇게 촘촘한 중개 시스템은 창업 후 불과 3~6개월 만에 큰 성과로 이어졌다.

제로원과의 협업 과정은 대학이 보유한 기술의 중매와 결혼이 어떻게 이뤄지는지를 보여준다. 제로원은 현대자동차그룹의 오픈이노베이션 조직이다. 시장에서 괜찮은 스타트업을 발굴하고 초기 투자를 진행하며 협력 관계를 확장하는 역할을 한다. 이들과 협력하기 위해 김 교수는 먼저 시장의 수요를 파악했고, 외부에서 영입한 센터장을 앞세워 제로원의 실무 책임자를 접촉했다. 김 교수는 센터장에게 "무조건 만나고 접점을 찾아오라"고 지시했고, 그는 현대차 오픈이노베이션 부문 임원들과의 미팅을 성사시켰다. 당시 젊은 임원이 카이스트에 대해 "기술은 뛰어나지만, 외부에 거의 노출되지 않아 접촉하기 어렵다"라고 밝혔다. 김 교수는 "카이스트가 보유한 기술 목록을 공개하기는 어렵지

만, 원하는 기술 수요를 먼저 알려주면 그에 맞춰 소개하겠다”라고 제
안했다.

이 방식은 성과로 이어졌다. 제로원은 광고비 절감을 위한 AI 기술
을 개발 중이던 박성혁 교수팀의 ‘임팩트AI’와 연결되었고, 이후 이 회
사는 미국 시장에도 진출하며 빠른 성장세를 보였다. 강남우 교수팀은
AI 기반 자동차 부품 디자인 기술을 현대차와 협업하며 상용화에 성
공하면서 제로원 엑셀러레이터의 핵심 파트너로 부상하게 되었다.

창업원 혁신 과정에서 기술 수요 매칭의 중요성이 더욱 두드러지게
나타났다. 김 교수는 제로원 측에서 제공한 50여 개의 기술 수요 리스
트를 받았다. 이는 외부에 유출되면 민감한 사안이 될 수 있기에 철저
히 익명 처리 후 내부에 공유했다.

이에 따라 이동만 부총장, 이상엽 부총장 등 학내 인사들과의 논의
를 통해 제로원이 원하는 기술 수요에 부합하는 교수팀을 발굴하고,
카이스트 내부 창업프로그램인 ‘Lab Startup’과 ‘KEP’, ‘KSTP’ 등
을 이들을 연결시켰다. 그중 하나는 김 교수가 심사위원으로 참여한
프로그램 지원 과정에서 우연히 기술과 수요가 일치하는 경우였다. 과
거 현대차에서 근무했던 한 교수는 카이스트로 와서 창업을 준비 중
이었다. 그 교수는 제로원의 수요와 정확히 맞아떨어지는 기술을 보유
하고 있었다. 김 교수는 해당 기술을 ‘KEP(KAIST Entrepreneurial
Partnership)’ 프로그램을 통해 다듬고 매칭시켜, 상호 이익을 낼
수 있는 구조로 전환시켰다. 김 교수는 “이게 바로 우연 같은 인연
(Serendipity)이 생겨날 여건을 조성하고 적절한 사람끼리 연결되도록

해야 일이 굴러가는 구조"라고 강조했다.

또 하나의 핵심 프로그램인 KSTP(KAIST Startup Tech Plaza)는 카이스트 교수와 학생의 기술 창업기업과 VC와 AC, 대기업 CVC 등을 연계하는 테크 플라자 형태의 중개 장터 구실을 한다. 최첨단 분야 지식과 기술을 선도하는 카이스트 교수를 초청하여 기술 세미나를 개최함으로써 벤처투자 업계에서 목말라하는 최신 기술 추세를 적시에 소개하고, 해당 기술 분야의 유망한 카이스트 창업기업들을 다수 소개함으로써 벤처투자자의 구미를 당기게 했다는 점이다.

대전시와의 협업을 통해 학생 창업자들을 위한 프로그램도 확대됐다. 2021년 2월 23일, 그가 창업원장직을 제안받은 당일, 당시 허태정 대전시장과의 회동이 있었다. 이 자리에서 지역 내 유휴 건물을 활용한 창업 인큐베이팅 시설 조성 논의가 이뤄졌다. 허 시장은 마사회 건물 활용을 이광형 총장에게 제안했고, 김 교수는 "초등학생·중학생 수준의 프로그램은 시중에 많으니, 고등학생 수준의 글로벌 창업프로그램을 만들자"라고 아이디어를 내놓았다. 그는 블루포인트 파트너스나 다른 액셀러레이터 등과의 중복을 피하고, 글로벌 진출을 겨냥한 고급 창업프로그램을 설계했다. 대전시는 이를 위해 상당한 규모의 예산 지원을 약속했다. 해당 건물은 처음엔 5층까지 구상되었으나, 정치적 사정 등으로 인해 최종적으로 2층만 확보되었다. 이후, 이 공간은 카이스트 글로벌 혁신창업허브로 정비되어, 2023년 10월에 1개 층만 임시 개관했다.

김 교수는 "카이스트가 이런 실질적 창업 지원 생태계를 이어가려면,

생태계 내외에 창의적인 아이디어와 전문성을 가진 사람들이 우연 같은 인연을 만들도록 제도적 여건을 조성하고 이런 일에 헌신할 인재를 적재적소에 배치하는 일이 가장 중요하다"라고 강조했다.

폭발하는 카이스트 창업생태계

1랩 1창업을 위한 플랫폼의 재설계
한 해 학생 창업 100건, 교수 창업 20건

배현민 창업원장, 전기및전자공학부 교수

카이스트는 창업을 연구처럼 설계하고 있다. 기술과 인재를 넘어, 창업에 필요한 자본과 시간까지 구조적으로 연결하며 '1랩 1창업'을 넘어선 '1랩 N창업' 시대를 준비 중이다. 카이스트 창업생태계의 네 가지 핵심축은 1. 팀구성 2. 패스트 프로토타이핑 3. C-Level 트레이닝 4. 투자자 네트워크 등이다. 이 4개의 전환구조를 살펴보면 카이스트 창업생태계를 한눈에 이해할 수 있다. 배현민 창업원장은 이 구조는 몸소 실현하여 창업한 5개 회사가 대표적인 사례가 될 것이다.

카이스트는 기술기반 창업을 촉진하기 위해 창업생태계를 구조적으로 재편하고 있다. 그 중심에는 창업실천가이자 카이스트 창업원장인 배현민 교수가 있다. 그는 "글로벌 시장에서 성공하려면 단순한 기술이나 아이디어만으로는 부족하다"라며 카이스트가 글로벌 파급력이 있는 기업을 체계적으로 지원해야 한다고 강조한다.

팀을 모으는 구조: '점심엔 창업'과 E5 프로그램

카이스트는 기술과 인력이라는 두 가지 자원을 풍부하게 갖추고 있으나, 실제 창업에 도전하려는 학생들은 팀 구성을 어려워한다.

이에 '점심엔 창업' 프로그램을 통해 다양한 전공의 학생들이 교류하고, 자신의 아이디어를 타인에게 설명하며 공동창업자를 만날 수 있도록 유도하고 있다. 점심시간에 열리는 이 프로그램은 단순한 네트워킹을 넘어, 실질적인 팀 결성과 멘토링으로 이어지도록 설계되었다. 이러한 목적을 이루기 위한 또 다른 방편으로 카이스트 창업원 3층 공간의 전면 리노베이션을 통해, 1층 카페에서 올라 온 학생들이 자연스럽게 창업문화를 경험할 수 있도록 구성되었다.

또한 'E5 오디션'은 Engage, Explore, Explain, Extend, Evaluate라는 다섯 개 키워드를 바탕으로 한 카이스트 창업프로그램으로 출발하여 현재는 국내 최고의 창업프로그램으로 자리 잡았다. 국내 최고의 VC대표들이 멘토로 참여하고, 대부분의 상위 입상자들은 멘토들로부터 투자를 받고 있다. 전국 단위로 100개 팀을 모집하여, 카이스트 학생뿐 아니라 외부 대학생도 참여하도록 하여 인재 연결과 네트워크 형성, 창업 동기 부여를 동시에 달성하고 있다. 이 프로그램은 2026년부터는 한국을 넘어 전 세계 대학생들이 참여할 수 있도록 확대될 예정이다.

시간의 격차를 줄이는 '패스트 프로토타이핑'

창업에서 또 하나의 결정적인 자원은 '시간'이다. 일반적인 스타트업은 팀을 구성하고 시제품을 완성하기까지 3년 이상이 소요된다. 이를 해결하기 위해 카이스트는 6개월 안에 고품질 시제품을 제작하는 '패스트 프로토타이핑(Fast Prototyping)' 프로그램을 시작했다.

프로그램의 기반은 카이스트가 지난 50년간 배출한 엔지니어 동문과 이들과 협업 가능한 전국의 중소 제조업체들이다. 동문들을 겸임교수로 초빙해 설계를 맡기고, 실제 제조는 유휴 설비가 있는 파트너 기업들이 수행하는 구조다. 대전 월평동에 위치한 카이스트 글로벌 스튜디오를 중심으로 프로그램이 운영되며, 2024년에는 10개 기업을 선정하여 시제품을 제작하였다. 그중 두 기업의 제품은 일본과 미국의 크라우드 펀딩 플랫폼에 성공적으로 런칭되었다.

기계공학과 이승섭 교수의 경우, '마법의 전기 물방울' 기술을 기반으로 한 살균·가습 복합제품을 개발하여, 이 프로그램을 통해 상용시제품을 6개월 만에 완성했다. 탈모치료 기술을 개발한 교수팀 또한 해당 프로그램을 통해 초기 기술을 시제품으로 구현하고, 제품화 가능성을 빠르게 검증하는 데 성공했다.

이 모델은 영국, 싱가포르 등 제조 인프라가 부족한 국가에서도 높은 관심을 받고 있다. 카이스트는 국내 기업에게는 정부지원을 활용한 무상 지원을 제공하고, 해외 기업에게는 수익 모델로 전환하는 이중 구조를 통해 글로벌 확장전략을 세우고 있다. 카이스트 실리콘밸리 센터 또한 이러한 해외 수요를 흡수하는 플랫폼 역할을 맡을 예정이다.

창업교육의 진화와 'C-Level 트레이닝'

카이스트는 창업 역량 강화를 위해 700여 개 연구실을 바탕으로 'C-Level 트레이닝 프로그램'을 운영할 예정이다. 이 프로그램은 기존의 '1랩 1창업' 모델을 '1랩 N창업'으로 확장시킬 수 있는 핵심사업이다. 이는 단순한 연구훈련을 넘어, 학생들이 실제 CEO·CTO로 성장하도록 돕는 실전훈련이다. 카이스트 학생들은 미국 실리콘밸리의 기술창업자들처럼 first-time CEO로서 충분한 자질과 잠재력을 가졌다. 이를 실현할 수 있는 체계적 교육과 훈련이 필요하다는 판단에서 비롯되었다. 장기적으로 카이스트의 학풍을 바꾸는 핵심 요소로 성장할 것이다.

카이스트 브랜드로 연결하는 투자자 네트워크

교수창업의 가장 큰 어려움 중 하나는 시장의 언어로 자신들의 기술을 설명하는 것이다. 이에 카이스트 창업원은 IR 위원회를 설치하고, 교수들이 투자자를 대상으로 발표할 자료를 사전에 검토하고 피드백을 받도록 지원한다.

'카이스트 기업에 관심 있는 투자자 그룹'은 연회비 2천만 원을 납부하고 정기적으로 선별된 스타트업 정보를 제공받는다. 현재 10~15개

투자사가 참여 중이며, 창업원에서는 IR 위원회를 통해 정제된 자료를 전달한다. 이를 통해 카이스트 출신 스타트업의 투자를 보다 체계적으로 결정하는 구조가 마련되었다. 개별 교수나 창업자가 투자자를 설득하는 대신, 카이스트라는 브랜드로 신뢰를 담보하는 구조이다.

개인의 역량으로 만드는 투자자 네트워크에는 한계가 존재한다. 카이스트는 이러한 한계를 극복하기 위해 학교 차원에서 조직적이고 지속 가능한 투자자 네트워크를 구축하고, 이를 플랫폼 형태로 창업자들이 활용하도록 설계했다. 이 플랫폼은 단순한 정보공유를 넘어, 투자유치의 효율성과 신뢰성을 동시에 확보하는 창구로 기능한다.

딥테크 창업의 본보기: 배현민 교수의 대표기업들

배 교수는 지금까지 다섯 개의 딥테크 기반 기업을 직접 창업했다. 각각의 기업은 산업별로 중대한 기술 전환을 만들어 냈다.

배 교수는 창업 성공의 핵심을 "기존 지식과 자원을 재조합하는 능력"이라고 말한다. 그는 카이스트에서 쌓은 연구와 실험정신을 바탕으로, 의료영상 분야를 포함한 다양한 영역에서 새로운 길을 열고 있다.

카이스트 창업생태계는 기술, 인재, 자본, 시간이라는 핵심자원을 연결하고, 사람 중심의 구조를 설계하여 새로운 창업문화를 만들어 내고 있다. 글로벌 생태계와 연결된 카이스트의 창업 플랫폼은 앞으로 대한민국을 넘어 세계시장을 이끄는 창업모델로 발전할 가능성을 보여준다.

우리나라 제조업의 미래는 피지컬 AI에 달렸다

인공지능의 확실한 비즈니스 모델 확신
로봇에 인공지능 입혀 자동화 업그레이드

장영재 KAIST 산업및시스템공학과 교수

장영재 교수의 전공은 '공장 자동화'이다. 보통 공장 자동화라고 하면 기계공학 내에서 로봇을 연구하거나, 산업공학에서 공장 운영과 설계를 연구하는 두 가지 영역이 있다.

장 교수는 기계공학으로 박사학위를 받았지만, 현재는 카이스트 산업및시스템공학과에 부임했다. 공장 전체적인 운영과 설계를 다루는 곳이 바로 산업시스템공학이기 때문이다. 기계라는 하드웨어에 대한 이해를 바탕으로, 전체 시스템을 최적화하는 연구를 한다.

장영재 교수는 두 개의 세계에 서 있다. 강단 위에서는 카이스트의 교수로서 미래의 공학도들을 가르치지만, 동시에 '다임 리서치'의 대표로서 거친 제조 현장의 최전선을 누비고 있다. 그는 가상의 세계에서 미래의 데이터를 미리 생성하고, 이를 통해 현실의 로봇들에게 생명을 불어넣는 작업, 바로 '피지컬 AI(Physical AI)'의 시대를 열어가고 있다. 그중에서도 공장 로봇에 AI를 접목하는 제조업 피지컬 AI 분야에서는 세계의 트렌드를 선도한다.

지금까지 세상은 생성형 인공지능을 탄생시킨 거대언어모델(LLM)에 열광했다. 하지만 장영재 교수는 그것이 IT 시스템 안에 갇힌 지능이라고 말한다. 그가 주목하는 것은 '언어 사고력'을 넘어선 '운동 지능'이다. 인간에게는 말을 하는 능력뿐만 아니라, 시간과 공간의 흐름을 이해하고 물리적인 세계와 상호작용하는 능력이 있다.

피지컬 AI는 바로 이 지점을 파고든다. 단순히 정보를 처리하는 것을 넘어, 하드웨어에 깃들어 현실의 중력과 마찰, 시간과 공간을 이해하고 판단하는 인공지능인 것이다.

2025년 1월, 엔비디아의 젠슨 황이 CES에서 '피지컬 AI'를 선언했을 때, 장영재의 연구는 비로소 대중적인 주목을 받기 시작했다. 그러나 그는 이미 그 흐름의 본질을 꿰뚫고 있었다. 피지컬 AI의 핵심은 '실물'이다. 하지만 현실 세계에서 로봇 하나를 학습시키기 위해 수만 번의 시행착오를 겪는 것은 물리적으로 불가능에 가깝다. 시간은 오래 걸리고, 비용은 막대하다. 여기서 장 교수는 '디지털 트윈'이라는 해답을 꺼내 든다. 실물을 완벽하게 모사한 가상 환경을 구축하고, 그 안에서 로봇이 스스로 배우게 만드는 '강화 학습'의 장이다.

현실에서는 수년이 걸릴 실험이 가상 공간에서는 순식간에 이루어진다. 로봇은 가상의 시간 속에서 수없이 넘어지고 부딪히며, 현실의 비용을 들이지 않고도 최적의 움직임을 배워나간다. 디지털 트윈은 단순한 시뮬레이션이 아니라, 피지컬 AI를 완성하는 요람이자 강화 학습의 필수적인 토대다.

대한민국 제조의 미래, 어둠 속에서 춤추는 공장

왜 지금 피지컬 AI인가? 구글과 메타가 천문학적인 돈을 쏟아붓는 언어 모델들은 아직 명확한 비즈니스 모델을 찾지 못해 헤매고 있다. 피지컬 AI가 꽃피울 수 있는 가장 완벽한 토양은 바로 '제조업'이며, 그 중심에 대한민국이 있다. 장 교수는 "우리나라 제조업의 미래는 피지컬 AI에 있다"라고 확신을 가지고 단언한다.

대한민국은 세계적인 제조 강국이다. 다양한 제조 포트폴리오와 리더십을 갖춘 이 땅에서, 피지컬 AI는 추상적인 기술이 아니라 국가 경쟁력을 한 단계 도약시킬 실체적인 무기가 된다. 그는 이것이 단순한 기술 도입을 넘어, 대한민국을 대표하는 새로운 수출 상품이자 산업의 미래가 될 것이라 믿는다.

그가 그리는 미래는 '다크 팩토리(Dark Factory)'다. 불이 꺼진 공장 안에서 수많은 로봇이 인간의 개입 없이 스스로 판단하고 협업하며 물건을 만들어내는 세상. 이를 위해 그는 시각과 언어를 결합한 모델(VLM)과 소프트웨어로 정의되는 공장(Software Defined Factory)의 개념을 정립하며 묵묵히 그 길을 닦고 있다.

가상의 세계에서 나와 현실의 혁신을 잉태하는 그의 도전은, 제조업의 위기론이 들려오는 이 시대에 대한민국이 나아가야 할 확실한 방향을 비추는 등대와도 같다.

인지, 판단, 제어의 분리에서 '직관'의 통합으로

과거 로봇과 자동화 연구는 명확한 한계가 있었다. 지난 30년 동안 이 분야에 혁신적인 발전이 없었던 이유이기도 하다. 로봇의 기능을 인지, 판단, 제어(행동)라는 세 가지 단계로 철저히 분리해서 연구했다. 눈으로 보고(인지), 머리로 생각하고(판단), 근육을 움직이는(제어) 과정을 각각 따로 개발했다.

하지만 최근 인공지능(AI) 기술의 비약적인 발전, 특히 거대언어모델(LLM)의 등장은 이 판도를 순식간에 바꿨다. AI가 언어를 학습하고 사람의 말을 흉내 내는 단계를 넘어, 이제는 영상 속의 맥락까지 이해한다. 영화 자막과 영상을 함께 학습한 AI는 사람이 뛰어가다 넘어지면 "저것은 넘어지는 행동이다"라고 인식하고, 공간과 사람의 상호작용을 개념적으로 이해하기 시작했다.

여기서 중요한 핵심은 '직관'이다. 사람은 모든 행동을 '인지-판단-제어'의 프로세스를 거쳐서 익히지 않는다. 예를 들어 우리가 계단을 오를 때, 계단 한 칸 한 칸을 눈으로 확인하고 계산해서 발을 내딛는가? 아니다. 그냥 계단이 있으면 보지 않고도 자연스럽게 올라간다. 수많은 경험을 통해 몸에 밴 '직관' 덕분이다.

그래서 인공지능도 이 방식을 따르기 시작했다. 아이는 걸음마를 배울 때 수없이 넘어지고 부딪히며 세상과 상호작용하는 법을 익힌다. 로봇에게도 수많은 시행착오를 겪게 하는 것이다.

그러므로 "도대체 프로그래머가 코딩을 어떻게 했길래 기계가 스스로 판단하고 움직이는가?" 묻는다면 본질을 벗어나는 질문을 던지는 것이다. 과거에는 프로그래머가 모든 경우의 수를 입력했다. 하지만 피지컬 AI(Physical AI)의 핵심은 '강화학습(Reinforcement Learning)'이다. 로봇에게 일일이 명령어를 입력하는 것이 아니라, 스스로 학습하게 만든다.

"이 행동을 했을 때는 튕겨 나가는구나", "이렇게 움직이니 앞으로 가는구나"라는 정보가 쌓이고 쌓이면, 센서로 들어온 정보들이 조합되어 최적의 행동 패턴을 찾아낸다. 이것이 바로 기계가 갖게 되는 '직관'이다.

물론 실제 로봇을 가지고 수천만 번씩 넘어지게 할 수는 없다. 그래서 과학자는 현실을 똑같이 모사한 '가상 환경(Digital Twin)'을 만든다. 가상 공간 속에서 로봇은 수십만 번, 수천만 번의 시행착오를 경험하는 과정에서 축적된 지능과 데이터를 그대로 현실의 하드웨어(로봇)에 이식한다.

왜 '제조업 피지컬 AI'인가?

장 교수는 약 6년 전부터 가상에서 학습한 지능을 실물에 전이하는 연구를 해 왔다. 최근 들어 이 분야가 '피지컬 AI'라는 이름으로 정의되며 주목받고 있지만, 제조 현장에서는 가장 필요한 기술이다.

일반적인 AI는 과거 데이터를 학습하지만 공장은 다르다. 매일 새로운 제품이 나오고, 공정이 바뀌고, 기계가 고장 나는 등 상황이 끊임없이 변한다. 과거 데이터만으로는 대응할 수 없다. 과거 데이터 없이도, 가상 공장에서의 학습만으로 운영되는 자동화 공장을 목표로 연구했다.

이 분야에서 대한민국은 엄청난 잠재력을 가지고 있다. 피지컬 AI는 소프트웨어만 좋다고 되는 게 아니다. 로봇, 모터, 센서 같은 하드웨어 생태계가 받쳐줘야 하고, 다양한 제조 산업의 기반이 있어야 한다. 제조업 강국인 우리나라는 피지컬 AI를 적용해 혁신을 일으키기에 최적의 조건을 갖추고 있다.

승자독식 대신 상생의 생태계 필요 – 폴리텍 대학과 손잡아

소프트웨어 시장(윈도우, 안드로이드, 구글 등)은 1등이 시장을 장악하는 '승자독식' 구조이다. 하지만 제조업 피지컬 AI는 다르다. AI 기술자, 하드웨어 부품사, 그리고 현장의 엔지니어가 모두 함께 움직여야 하는 '생태계' 산업이다.

이러한 생태계를 만들기 위해 카이스트는 과감하게 지원했다. 당장 눈앞의 실적이 없더라도, 미래를 위해 꼭 필요한 도전적인 연구에 아낌없는 투자를 했다. 그중 하나가 피지컬 AI 연구이다.

제조업 피지컬 AI에서 아주 중요한 것은 '사람'의 연결이다. 카이스트의 연구자들은 이론과 기술에 강하지만, 현장의 디테일은 부족하다. 현장에 기계를 실제로 다루는 숙련된 기술자들이 있다.

이 둘의 연결고리를 만들기 위해 카이스트는 '한국폴리텍대학'과 손을 잡았다. 전국 40개 캠퍼스를 가진 폴리텍대학은 현장 실무에 능통한 인재들을 길러내는 곳이다. 첨단 연구력과 현장 기술력이 결합한다면, 대한민국의 피지컬 AI 생태계는 더욱 단단해진다. 이것이 장 교수가 확신하는 미래 제조 혁신의 청사진이다.

MIT(매사추세츠 공과대학교)의 로고를 보면 흥미로운 점이 있다. 한 사람은 책을 읽고 있고, 맞은 편 사람은 망치를 들고 있다. 책은 이론을, 망치는 현장을 상징한다. 이제까지 카이스트가 '교수 사관학교'로서 책을 읽는 인재를 길러왔다면, 이제는 망치를 들고 산업 현장에 실질적으로 기여하는 인재가 필요한 시점이다.

장 교수는 '다임 리서치'라는 회사를 창업했다. 연구실에서 개발한 '작품'을 시장에서 팔릴 수 있는 '상품'으로 만들기 위해서였다. 반도체, 2차전지, 자동차 공장 등 다양한 산업 현장에 AI 소프트웨어를 공급하며 상용화에 성공했고, 220억 원의 투자를 유치했다. 이는 학문적 연구가 책상 위에 머물지 않고 실제 산업의 문제를 해결할 수 있다는 것을 증명한 사례이다.

중소기업을 위한 '모두의 AI 공장장'

장 교수는 요즘 '모두의 AI 공장장'이라는 프로젝트에 집중하고 있다. 중소기업을 위한 AI 솔루션이다. 정부의 로봇 보급 사업 덕분에 많은 중소기업이 로봇을 도입하지만 안타깝게도 실패하는 경우가 많다. 로봇을 어디에 배치해야 할지, 어떤 작업을 시켜야 생산성이 오를 지 분석할 역량이 부족하기 때문. 이런 분석을 해주는 외산 소프트웨어는 연간 라이선스 비용만 1억 원이 넘으니 중소기업 입장에서는 엄두를 낼 수가 없다.

그래서 장 교수 연구팀은 공장의 기본 정보만 입력하면 시뮬레이션을 통해 로봇 배치와 생산성을 분석해 주는 AI를 개발하고 있다. 각 공장마다 똑똑한 'AI 공장장'을 한 명씩 두게 하는 셈이다. 이 소프트웨어는 중소기업들에 무료로 배포할 계획이다. 공장 운영의 기본조차 어려워하는 중소기업들의 경쟁력을 높이는 것이 결국 대한민국 제조업 전체의 힘이 될 것이라 믿기 때문이다.

피지컬 AI 기술은 이제 시작 단계이지만 그 발전 가능성은 무궁무진하다. 장 교수가 현재 연구 중인 분야 중 하나는 '수천 대의 로봇 군집 제어'이다. 수천 대의 로봇이 서로 부딪치지 않고 조화롭게 움직이며, 앞 공정이 끝나면 다음 공정으로 물건을 넘겨주는 거대한 협업 시스템이다. 이를 위해서는 로봇들이 상호작용하며 스스로 학습하는 능력을 갖춰야 한다.

장 교수는 "대규모 언어 모델(LLM) 분야에서는 우리가 조금 뒤처졌을지 모르지만, 피지컬 AI 분야만큼은 대한민국이 세계를 선도할 수 있다고 확신한다"라고 말하는데 조금도 주저하지 않는다. 우리나라는 강력한 제조업 기반이 있기 때문이다. 중국이 무섭게 추격해오고 있지만, 선제적으로 투자하고 기술을 주도해 나간다면 "충분히 승산이 있다"라고 강조했다.

아무것도 없기에 가능한 혁신, 전북 프로젝트

카이스트는 최근 전라북도와 함께 피지컬 AI 데이터센터 구축 등 새로운 사업을 준비하고 있다. "공장도 기업도 별로 없는 전북에서 무엇을 할 수 있을까?" 질문이 나오지만 역설적으로 '아무것도 없다'는 것이 큰 장점이다. 기존 공장이 많은 지역은 이미 짜인 이해관계가 복잡해서 새로운 기획을 시도하기가 어렵다. 전북은 백지상태에서 시작할 수 있었다. 이곳에서 자동차 산업을 시작으로 기계 부품 등으로 확장해 나가는 새로운 피지컬 AI 생태계를 그려가고 있다.

4번 타자만으로는 우승할 수 없다

피지컬 AI의 성공은 '슈퍼스타' 몇 명으로 이루어지지 않는다. 야구팀에 4번 타자만 있다고 우승할 수 없는 것과 같다. 연구자, 기업, 그리고 무엇보다 현장에서 기계를 다루는 작업자가 모두 똑똑해져야 한다. 연구실의 기술이 현장에 제대로 뿌리내리려면, 그 기술을 이해하고 운용할 수 있는 현장 전문가가 반드시 필요하다.

장 교수는 "저는 대한민국 제조업의 미래가 '피지컬 AI'에 달려 있다고 단언한다"라고 다시 한번 강조했다. 중국과의 치열한 경쟁 속에서 우리가 살아남고, 한 단계 더 도약할 수 있는 유일한 돌파구라고 장 교수는 믿기 때문이다.

과학자의 두 번째 실험

뇌과학자에서 바이오 창업가로
실험실 밖에서 다시 시작된 여정
독서모임에서 대만 포모사까지
바이오 생태계 항해기

김대수 교수

우연한 자리가 만든 인연

시작은 차가운 실험실이 아닌, 평범한 주말의 조용한 독서 토론회였다. 파킨슨병에 걸린 원숭이 실험 이야기를 흥미롭게 듣던 한 청중의 날카로운 질문. 그 짧은 교감은 6개월 뒤, 160억 원 규모의 투자 협약이라는 거대한 나비효과로 돌아왔다.

김대수 교수가 처음 그를 만난 것은 한 독서 토론회였다. 토론회에 강연자로 초대받아 책 이야기와 과학, 그리고 청년들에게 필요한 진로 탐색에 대해 열심히 이야기했던 자리였다. 그날, 한 분이 유난히 집중해서 그의 이야기를 들었고 흥미로운 질문을 하였는데 그는 헬스케어 기업인 HLB 진양곤 회장이었다.

김대수 교수는 강연 후 메시지를 받았다. "저는 지난주 북 모임에서 교수님 강의를 듣고 교수님 파킨슨병 원숭이 실험에 대하여 질문을 했던 진양곤이라 합니다. 교수님 연구과제에 대해 기업 차원에서 관심이 있습니다" 당시 김대수 교수가 카이스트 벤처기업 "(주)뉴로토브"를 창업한 지 3년 차쯤 되었을 무렵이었는데 독서 토론회에서 연구와 창업 이야기를 하다가 진양곤과 인연이 된 것이다.

2024년 4월, 김대수 교수가 HLB 그룹에 기업소개를 한 뒤 6개월 만에 10월 10일에 체결된 투자 협약이 체결되었다. 지분 70%를 160억에 인수하는 조건이었다. 이후 HLB는 카이스트와도 협약하여 주식을 기부하고 바이오 의료 산업 분야에 협력하기로 하였다.

김대수 교수는 현재 카이스트 생명과학기술대학장이자 HLB뉴로토브의 대표로서 연구와 기업 그리고 국제협력과 지자체 협력으로 바이오의료 산업 생태계를 만드는 일에 사명을 가지고 매진하고 있다.

미국이나 스위스, 덴마크 같은 선진국들은 생명과학을 국가 기반 산업으로 육성한다. 덴마크의 '노보 노디스크'는 덴마크 GDP의 절반을 책임지고 있다. 우리나라는 아직 GDP 대비 바이오산업 비중이 1.6% 수준에 불과하다. 미래에 우리나라 경제 비중에서 10배 이상 성장할 수 있는 분야는 바이오뿐이다. 한국은 반도체, 자동차, 배터리, 그리고 IT 기술에 있어서 세계적인 수준을 자랑한다. 삼성, LG, 현대 같은 대기업이 산업을 이끌고 정부는 전폭적인 지원을 아끼지 않는다.

그런 구조 속에서 카이스트 과학자들은 포스트 반도체 시대를 묻지 않을 수 없다. 그 답 중 하나가 바이오, 특히 생명과학이다. 바이오산업의 생태계는 그리 단순하지 않다. 기술이 있어도 자본이 따라주지 않으면 무용지물이고, 교육이 뒷받침되지 않으면 인재가 부족하다. 이 모든 요소가 유기적으로 연결되어야 비로소 '선순환 구조'가 만들어지는데, 그 선순환의 중심이 대학이라면 매우 효과적이다. 선순환 구조의 핵심은 글로벌 산학협력이다.

김대수 교수는 학장으로서 2023년 7월 의과학 산업의 메카인 보스턴에 이광형 총장 일행으로 방문한 적이 있다. 보스턴은 대학과 연구소와 기업이 긴밀한 상호작용을 하면서 바이오 연구와 산업이 선순환하는 모델을 가지고 있었다. 이 자리에서 이광형 총장은 "식물이 자라는 데에는 화분의 크기가 중요하다. 화분이 커지지 않으면 식물의 성장엔 한계가 있다"라면서 카이스트 바이오의료 분야의 발전전략을 제안하였다. 식물의 생장에 해당하는 부문인 생명과학대학 교수를 2배 이상으로 증원하고, 화분에 해당하는 산학협력과 국제협력을 적극적으로 추진하라는 것이었다.

이광형 총장 취임 당시, 카이스트 교수 중에 생명과학대학 교수는 2개 학과 50명 남짓이었다. 이후 실질적인 생명과학기술대학 조직 개편을 추진하여 현재는 4개 학과와 1개의 대학원 프로그램으로 교수가 약 90명 정도까지 늘었다. 2025년 말까지 첨단바이오 분야 교수들이 100명에 도달할 예정이다. 그러나 카이스트 바이오 분야의 지속 가능한 발전은 인력 충원만으로는 안 된다. 선순환 구조를 확립하는 것이 중요하다.

포모사 그룹을 움직인 카이스트의 철학

2023년 대만의 명지과학기술대학 총장 및 관계자들이 카이스트를 방문하였다.

"학장님, 대만에서 손님들이 오는데 잠깐만 시간을 내주실 수 있겠습니까?"

어느 날 국제협력처에서 김대수 교수에게 연락이 왔다. 보통이라면 그냥 스쳐 지나갔을 행사였다. 그날은 다들 바쁜 일정이었는지, 고위 보직 교수들이 대부분 자리를 비우고 있었다. 지나가는 간단한 행사라고 생각했고, 참석자 수도 많지 않았다. 그 자리에서 김대수 교수는 생명과학대학을 대표해 간단히 5분간 발표를 맡았다. 당시 발표에서 신약개발이 인류 사회에 얼마나 중요한지와 이에 대한 카이스트의 비전과 발전계획을 소개했다. 그 만남 이후, 명지과기대 측은 김대수 학장에게 장경대학과 장경대학병원을 소개하며 적극적으로 움직이기 시작했다. 알고 보니 이들 대학과 병원은 대만의 3대 기업인 포모사 그룹(Formosa Group)이 지원하고 있었다.

포모사는 전 세계 플라스틱 원재료 1위 기업이다. 대만에 본사를 둔 이 그룹은 TSMC와 폭스콘 다음으로 대만 시가총액 3위를 차지한다. 현재 샌디 왕 포모사 그룹 회장의 아버지이자 그룹 창업주인 왕융칭 회장은 학력이 전혀 없다고 한다. 쌀 배달을 하며 터득한 인생의 지혜와 강한 책임감으로 회사를 일으켜 세웠다. 창업자의 철학은 단순하고도 명확했다.

"돈은 가난한 이웃을 위해 쓰여야 한다."

그 철학은 지금까지 포모사 그룹의 경영 원칙으로 살아 숨 쉬고 있다. 돈을 벌면서 자연스럽게 가난한 이웃을 위해 쓰는 방법을 고민한다. '내가 교육을 받지 못했으니, 다른 이들이라도 배워야 하지 않겠는가?' 그렇게 해서 설립된 것이 장경대학교다. 여기에 더해 명지과기대(공대)와 장경대 병원도 설립했다. 이 병원은 하루에 3만 5천 명의 환자를 진료하는 규모이다. 대만 최대 규모의 병원이며, 진도 7 이상의 지진에도 견딜 수 있도록 건축되었다. 이 병원과 대학을 유지하는 데 들어가는 자금은 포모사 그룹의 영업이익에서 나온다. 기업이 교육과 복지를 동시에 책임지고 있는 셈이다. 포모사는 단순한 글로벌 기업이 아니라, 가치를 아는 기업, 철학이 있는 기업이다. 왕융칭 선대 회장은 인류의 복지를 위하여 국제협력을 하라며 수조 원대의 유산을 남겼고 자손들은 이를 실천하고 있다.

김 학장은 공식 초청을 받아 김경수 대외부총장, 뇌인지과학과 최민이 교수, 그리고 국제협력팀 직원들과 포모사 그룹, 장경대학, 장경대학병원, 명지과학기술대학을 방문했다. 생명과학대의 중장기 전략 비전과 파킨슨병 치료제 개발에까지 더 깊고 구체적인 내용을 담아 발표했다. 첫 방문의 성과는 많은 포모사 관계자들과 대만 대학 교수들이 카이스트에 대해 깊게 알게 되고 실력은 뛰어나지만 겸손하고 허물없이 친절한 카이스트 교수들에게 깊은 감명을 받은 것이었다. 그다음 단계로 이광형 카이스트 총장은 교수단을 이끌고 직접 대만을 방문하게 되었다. 공식 MOU 체결을 위한 자리였다. 그 자리에서 포모사 그룹 측에서 물었다.

"여러분은 우리와 협력할 때 무엇이 필요합니까? 자금입니까? 연구비입니까?"

　그 질문에 이광형 총장은 주저 없이 이렇게 답했다.

　"우리는 돈이 필요한 것이 아닙니다. 우리는 긴 호흡으로 장기적으로 관계를 맺기를 원합니다. 우리는 포모사 그룹의 비전과 철학에 깊이 감동했습니다. 샌디 왕 회장님께서 한국을 방문하여 선대 회장님의 지혜를 나누어 주시길 요청드립니다."

　그 순간 회의실 안의 공기가 바뀌었다.

　샌디 왕 회장이 카이스트 대표단에게 화답했다.

　"초청에 감사드립니다. 제가 가장 빠른 시간 내에 카이스트를 방문하도록 하겠습니다. 앞으로 더욱 진전된 관계로 인류를 위해 좋은 사업을 함께하고 싶습니다."

　그들은 함께 밥을 먹고, 산책을 나가고, 차를 마시며 사람을 먼저 알아가는 시간을 갖는다. '이 사람이 어떤 사람인가'를 보고, 그 후에야 진짜 일의 이야기를 시작한다. 신뢰 없이는 어떤 일도 하지 않는다. 바로 그것이야말로, 협력의 본질이 아닐까. 이광형 총장은 사업보다 관계를 우선하는 철학을 한마디로 표현했고 샌디 왕 회장이 화답함으로써 양 기관의 협력은 급물살을 타게 되었다.

　김대수 교수를 비롯해서 카이스트 교수단은 대만을 총 7차례 방문했다. 사전 답사부터 교수 파견, MOA 체결, 그리고 프로젝트 기획까지 모든 과정이 숨 가쁘게 이어졌다. 이 모든 과정에서 가장 핵심이 된

건 계약서도, 숫자도, 프로젝트 스펙도 아니었다. 사람과 사람 사이의 신뢰였다. 대만에서는 사업을 시작하기 전에 먼저 사람을 보고 관계를 맺는 문화가 있다. 그들은 "이 사람이 어떤 사람인가?", "믿을 수 있는 사람인가?"를 긴 시간 동안 천천히 관찰한다. 카이스트 교수들을 대만에 파견할 때도 단지 연구 성과가 뛰어난 분이 아니라, 인간적으로 따뜻하게 교감할 수 있는 사람들로 구성했다.

바이오의료 산업으로 상생하는 한국과 대만

2024년 마지막 대만방문은 카이스트의 제안을 포모사에 구체적으로 전달하는 자리였다. 대만 기업의 입장에서 외국 대학에 기부를 하거나 연구비를 제공하는 것은 매우 부담스러운 것이 사실이다. 카이스트가 포모사 그룹에 제안한 내용은 매우 구체적이다.

- 카이스트-포모사 조인트 벤처 및 R&D 공동연구센터 설립
- 글로벌 환자 오가노이드 뱅크 및 신약개발 사업 추진
- 카이스트와 대만 학생 및 교수 교환 프로그램
- 대만 현지 임상 및 시제품 제작 플랫폼 연계

제안 내용을 두고 다양한 의견과 함께 다소 무거운 분위기가 이어졌다. 그리고 회의 끝에 카이스트 교수들에게 한마디씩 할 기회가 주어졌다. 당시 일행이었던 한 교수는 다음과 같이 말했다.

"카이스트가 제안한 사업은 어떤 기업과도 할 수 있을 것이고 기업

이 협력하지 않아도 우리는 할 것입니다. 그러나 결혼을 한다면 가장 사랑하는 사람과 하고 싶은 마음은 당연한 것처럼, 기왕이면 우리는 포모사 그룹과 여기 계신 샌디 왕 회장님과 함께 하고 싶습니다."

샌디 왕 회장은 우리를 진정한 파트너로 생각해 주어서 고맙다며 2024년이 가기 전에 답을 주겠다고 했다. 그 약속대로 샌디 왕 회장은 카이스트 바이오 연구개발에 우선 180억 원 규모의 자금을 투자하기로 결정했다. 여기서 산출되는 지적재산의 사업을 위한 투자는 별도다.

오랜 회의 과정에서 포모사 그룹은 단 한 번도 "얼마가 필요합니까?" "언제까지 성공할 수 있을까요?"라는 식의 질문을 하지 않았다. 그들은 대신 이렇게 물었다. "당신들은 무엇을 하고 싶습니까?" "그것이 가치 있는 일이고 우리와 공유할 일인가요?" 카이스트-포모사 프로젝트는 학문이나 사업적 협력을 넘어, 인류를 위한 바이오 생태계의 새로운 축을 설계하는 일이 될 수 있다. 이 프로젝트는 결코 자본 중심이 아니며, 사람 중심, 생명 중심, 관계 중심의 철학과 비전 위에 세워질 것이다. 이것이 국가 간의 장벽을 넘어 기업과 대학이 협력하게 된 이유의 전부이다.

특히, 이번 사업에서 추진하게 될 아시아 환자 오가노이드 뱅크는 질병의 진단 및 신약개발 분야의 게임체인저가 될 것이다. 그동안 바이오 의료 데이터는 표준화가 되어 있지 않고 질적으로 다양하여 가치를 창출하는데 한계가 있었다. 카이스트-포모사 R&D센터는 표준화된 방법으로 환자의 줄기세포를 배양하여 소형 뇌를 만든 뒤 병리현상을 관찰하는 인프라를 구축한다. 예를 들어 갑자기 파킨슨병이 온 환자의 혈액을 보내오면, 환자의 아바타인 뇌 오가노이드에서 무엇이 문제인지 찾아내고 가장 적절한 약물을 추천할 수 있다. 만일 파킨슨병 신약이 있다면 환자들의 뇌 오가노이드를 통해 어떤 종류의 뇌질환에 효과가 있는지 찾아낼 수 있게 된다.

이번 협력은 한국과 대만과의 미래지향적인 협력의 모델이 될 수 있다. 우리가 대만을 주목해야 하는 이유가 있다. 두 나라는 고령화 속도가 가장 빠르고, 출산율 저하로 노동 가능 인구가 줄어드는 나라이다. 양국의 산업 구조 및 기술적 포지셔닝도 IT 중심의 유상성을 갖는다. 한국 산업이 대기업의 기술력과 글로벌 공급망 의존도가 큰 것과 마찬가지로 대만도 TSMC, 미디어텍, 폭스콘 등 몇 개의 초거대 IT 기업에 경제가 편중되어 있으며, 하청업을 기반으로 한다. 반도체 분야에선 경쟁관계이지만, 한국과 대만이 공동으로 상생을 추구할 수 있는 분야가 바이오의료 산업이다. 양국이 모두 뒤처진 분야이며, 고령화라는 당면한 사회문제가 동일하기 때문이다. 특히 대만은 일본, 동남아, 그리고 화교권 전체와의 네트워크가 매우 강력하므로, 동아시아의 가교 역할을 하는 '관문국가'이다.

김 교수는 가끔 '나는 왜 이 길을 걷게 되었을까?'를 돌아본다.
처음에는 연구가 좋아서 시작한 일이었다. 생명과학이라는 이름 아래, 분자 하나, 유전자 하나가 인간의 삶에 어떤 영향을 주는지 그것을 알아가는 일이 그저 즐거웠고 신기했다. 김 교수는 카이스트 부임 초에 학생들에게 "나는 교수로서 성공하지 않겠다. 나만의 자연의 원리를 파악하고 그것을 즐거워하는 과학자가 될 것이다"라고 선언했다. 하지만 연구에 매몰되다 보면 연구자로서의 성공 즉, 연구비를 많이 수주하고 연구실의 크기를 늘이는 일에 집착하게 되는데 이것을 경계한다는 철학이다. 그러나 연구실을 벗어나, 기업과 협력하고, 해외 협상 테이블에 앉으며, 이름 모를 환자들의 "당신을 믿어요"라고 격려하는 순간들이 쌓이면서 삶의 질문이 바뀌었다는 걸 알게 되었다.

"나의 지식과 기술이 이웃들에게 도움이 될 것인가?"

나를 위한 과학을 넘어설 때, 과학자는 단순한 연구자가 아니라 아름다운 사회를 만들어 가는 설계자요 건축가가 된다. 한국은 지금 기로에 서 있다. 그동안 무한 경쟁으로 쌓아온 기술은 세계적이지만, 사람은 지치고, 젊은이들은 미래를 꿈꾸기 어려운 현실이다. 그러므로 우리가 지금 선택해야 하는 것은 '더 나은 기술'을 넘어선 '더 건강한 구조'이다. 카이스트가 생명과학이라는 도구에 관계와 신뢰라는 철학을 실어 만들어 가는 글로벌 바이오의료 선순환 모델이 더욱 기대되고 기다려지는 이유다.

특허기술료 100억 시대를 열다

동영상 표준특허, 글로벌 로열티 수익 창출
기술가치창출원, TLO설치 체계적 특허 관리

이건재 교수

우리가 매일 스마트폰으로 유튜브를 보고 넷플릭스를 즐길 때마다, 애플과 구글, 아마존의 금고에서 카이스트로 묵직한 로열티가 쏟아진다. 카이스트 연구진이 개발한 '고효율 동영상 압축기술(HEVC)' 표준특허 단 하나가 올 한 해에만 54억 원을 벌어들이며, 국내 대학 최초로 '연간 기술료 100억 원 시대'를 활짝 열어젖혔다.

2014년 김문철·박현욱 교수는 고효율 동영상 압축기술(HEVC/H.265)을 공동 개발했다. 이 기술은 미국 컬럼비아 대학과 함께 대학 최초로 국제 표준 핵심 특허풀에 이름을 올렸다. 이 특허는 디지털 영상의 압축 및 해제 기술을 포함해 총 246건의 표준특허로 이루어졌으며, 다양한 초고화질 영상에 적용된다. 고효율 동영상 압축기술은 UHD 초고화질급 영상 데이터를 효율적으로 압축하는 국제 표준이다. 국제 표준이므로 TV, 방송, 스마트폰, 액션캠, CCTV, 실시 간 스트리밍 등에서 폭넓게 사용된다.

이 특허는 아마존, 애플, 구글 등 대형 기업이 사용하는 표준특허풀에 포함된다. 그런데 초고화질급 동영상 사용이 늘어나면서 이들기업들로부터 2024년 한 해만 약 54억 원의 기술료가 카이스트 수입으로 들어왔다.

덕분에 카이스트는 국내대학교 최초로 누적 특허 기술료가 연 100억 원을 넘어섰다고 카이스트 기술가치창출원 원장 이건재 교수는 말했다. 과거 산학협력단의 일부였던 창업원이 독립하면서 남은 조직이 카이스트 기술가치창출원으로 개편되었다. 이 기관은 기술, 지식재산(특허), 산학협력의 세 가지 핵심 기능을 담당하며, 카이스트 내의 특허 자산을 관리하고 이를 산업계로 이전시키는 역할을 중심에 두고 있다.

기술가치창출원의 주요 업무는 교수들이 출원한 특허를 외부 기업에 기술이전 하거나, 카이스트 교수가 설립한 창업 기업에 제공하는 과정을 계약화하고 법률적으로 관리하는 일이다. 특허 계약은 매우 복잡하고 문서화된 구조를 띤다. 카이스트는 현재 약 1만 1천 건의 특허를 보유하고 있어 이를 체계적으로 관리하는 것이 기술가치창출원의 핵심적인 책무이다.

표준특허는 그 기술을 사용하는 모든 기업들에게 로열티를 받을 수 있기 때문에 매우 중요하다. 이 교수는 표준특허의 전략적 활용이야말로 카이스트 기술이전의 대표 모델이 되어야 한다고 역설했다.

국내 특허는 비교적 저렴한 비용으로 출원이 가능하지만, 미국 특허는 건당 500만 원에서 2,000만 원가량이 들어간다. 특허와 관련된 소송이 발생할 경우 수십억 원이 소요된다. 실제로 카이스트는 미국에서 소송을 진행한 적이 있으며, 이는 외부 투자유치를 통해 감당할 수밖에 없었다. 계약의 복잡성과 법적 리스크에도 불구하고 일부 수익이 카이스트로 환수되었고, 현재까지도 관련 소송이 일부 진행 중이다. 카이스트가 직접 미국 특허를 소유하지는 않았지만, 계약을 통해 일정 부분의 이익을 확보할 수 있었으며, 이러한 선례는 국내 대학 중에서는 거의 최초라고 할 수 있다.

TLO 설치로 체계적 특허 관리

기술가치창출원은 이러한 기술이전의 구조를 더욱 체계화하기 위해 기술이전 전문조직(TLO)을 정비하고, 내부 인력 및 제도를 대대적으로 개편했다. 예전에는 교수들이 기술을 개발하면, 그 기술을 필요로 하는 기업이 찾아와 계약을 요청할 경우 단순히 계약서만 작성해주는 수준이었다. 지금은 전문 인력을 구성하여 특허를 선별하고, 기술 가치를 평가한 후, 적극적으로 기업에 기술을 소개하고 이전하는 구조로 전환되었다.

TLO 조직은 현재 10명 내외의 전문 인력으로 구성되었다. 이들 중에는 서울대 화학과 출신, 변호사, 우수 직원 등이 포함되어 있다. 이 조직이 교수들과 긴밀히 협력하여 기술이전 성과를 내고 있으며, 이를 위해 산학협력중점교수 제도도 활성화했다. TLO 직원들은 직접 교수들을 찾아가고 기업과의 미팅을 주선하며 기술이전이 가능하도록 현장에서 적극적으로 뛰고 있다.

카이스트의 기술이전 수입은 2023년에는 약 80억 원을 기록했다. 이는 과거 연평균 60억 원 수준보다 크게 증가한 것이다. 이 중에는 표준특허 기반 수입이 상당한 비중을 차지한다. 앞으로 카이스트는 연간 200억 원 이상의 기술이전 수입을 목표로 삼고 있다.

특히 논문 중심의 승진 구조에서 벗어나, 기술이전도 교수 평가 및 인센티브에 반영될 수 있도록 제도를 개선해야 한다고 이 교수는 말했다.

기술이전을 활성화하기 위한 인프라 구축도 진행되었다. 특허 검색 사이트를 구축하여 반도체, 광학, 로봇, 전자소재 등 다양한 기술 분야별로 특허를 분류하고, 사업화 유망도가 높은 특허 약 500건을 별도로 추출하여 기업에 소개할 수 있도록 했다. 이를 기반으로 분야별 특허 추천 책자도 제작해 전국 주요 기업에 배포했다. 이는 카이스트의 기술력을 외부에 알리고 실질적인 기술이전으로 연결되도록 하기 위한 전략적 활동이다.

이 교수는 산학협력센터장 시절, 교수 강연 콘텐츠를 구축하는 '산학협력 리에 이전 프로그램'도 기획하여 70명 이상의 카이스트 교수들이 각자의 전문 분야에 대해 강연하는 영상을 촬영하고 이를 플랫폼에 탑재했다. LG전자 등 외부 대기업이 이 프로그램의 고객으로 참여하며, 카이스트 교수들과 자문 계약을 체결함으로써 기술이전의 기회를 확대해 나간다. VC(벤처캐피털)와의 정기적 미팅 프로그램도 도입해 교수들의 창업 활동을 지원하였다.

그는 카이스트의 기술이전이 단순한 계약 이상의 의미를 가지며, 사회적 임팩트를 창출하고 연구의 선순환을 이끌어 내는 중요한 수단이라고 강조했다. 논문 중심의 학문성과와 기술사업화가 상충하는 구조 속에서 카이스트는 두 영역을 조화롭게 추진할 수 있는 모델을 제시해야 한다. 이를 위한 핵심 조직이 바로 기술가치창출원이다.

차단기 없는 KAIST에서 배운
'과학 너머의 과학'

KAIST의 경쟁력은 무엇일까요?

대전지역의 웬만한 사립대학에도 정문에 차단기가 설치되어 있지요. 서울 지역 대학은 차단기는 물론이고, 너무나 높은 주차료 때문에 차량을 몰고 들어가기가 정말 부담스럽습니다. 그런데 KAIST 정문에는 차단기가 없습니다. 주차료 걱정을 하지 않아도 됩니다. 앞으로 영원히 차단기를 설치하지 않았으면 좋겠습니다.

KAIST에 없는 것이 또 있습니다. 바로 담장입니다. 도로에서 바로 야트막한 둔덕을 지나면 캠퍼스 안으로 들어갑니다. 차단기도 담장도 없는 KAIST는 무한하고 자유로우며 모든 사람에게 개방적인 과학의 특징을 보여주는 것 같습니다.

저는 과학을 통해서 사고의 영역이 양자역학으로, 우주로 확장되었기 때문에 과학자들에게 큰 도움을 받았습니다. 하지만, 과학이 전부가 아니라는 점을 강조하고 싶습니다.

인간이 우주를 경험하고 나면 그 이전과 그 이후가 똑같을 수 없다고 합니다. 아폴로 14호 우주비행사 에드거 미첼(Edgar Mitchell 1930~2016)은 우주에서 지구로 귀환하며 우주와 자신이 하나로 연결되어 있다는 압도적인 일체감을 경험했습니다. 그 순간을 미첼은 이렇게 회고했습니다.

"그 경험은 너무나 압도적이어서, 나는 내 삶이 결코 예전과 같을 수 없다는 것을 깨달았다." 나사(NASA)를 일찍 퇴직한 미첼은 순수이성연구소(IONS)를 설립했지요.

신경외과 의사인 이븐 알렉산더(Eben Alexander 1953 ~)의 변화는 더욱 극적입니다. 그는 하버드 의대에서 15년 이상 학생들을 가르치고 수많은 뇌수술을 집도한 뇌신경외과 전문의입니다. 철저한 과학주의자였기 때문에 "인간의 의식이나 영혼은 오직 뇌(대뇌 피질)의 화학적 작용이 만들어 내는 환상일 뿐이다"라고 굳게 믿었습니다.

그러던 2008년, 그는 박테리아성 뇌막염에 걸려 뇌의 가장 바깥 부분인 대뇌 피질(기억, 언어, 감정, 시각, 청각 등 인간 의식을 관장하는 부위)이 완전히 기능을 멈추고 맙니다. 7일 동안 깊은 혼수상태(코마)에 빠져 생존율이 0%에 수렴한다는 판정을 받았지요. 대뇌 피질은 파

괴되어 기능이 정지된 상태였으므로, 의학적으로 어떠한 꿈이나 환각
도 만들어 낼 수 없는 상태였습니다.

하지만 기적적으로 깨어나 혼수상태 동안 자신이 겪었던 너무나도
생생하고 압도적인 경험을 털어놓기 시작했습니다. 『나는 천국을 보았
다(Proof of Heaven, 2012)』와 『마음의 우주(Living in a Mindful
Universe, 2017)』에는 과학의 한계를 넘는 신경외과 의사의 진실된
고백이 담겨 있습니다.

알렉산더는 그 후 이러한 결론에 도달합니다. "인간의 의식은 뇌 안
에 갇혀 있는 것이 아니다. 뇌는 의식을 만들어 내는 기관이 아니라,
거대한 우주적 의식을 수신하는 '라디오 수신기(필터)'에 불과하다."

과학 문명이 발달할 때마다, 인류는 기대감과 함께 두려움을 느낍니
다. 직업이 사라지거나, 산업이 재편되거나, 6번째 지구 대멸종으로 이
끌지 모른다고 두려워합니다. 하지만, 저는 과학의 힘으로 엿 본 물질
세계의 위대함은 지구 대멸종보다는 인류가 경험하지 못한 물질적 풍
요와 지식의 폭발로 이끌어간다고 생각합니다.

　과학은 물질세계 탐구에 대한 인류의 위대한 현재진행형 유산입니다. 동시에 물질이 가진 경계를 점점 더 확실하게 보여주는 도구이기도 합니다. 저는 진실한 과학적 탐구는 필연적으로 인류로 하여금 과학의 한계를 넘는 위대한 여정으로 이끌어간다고 생각합니다.

　이 책이 물질세계를 탐구하는 대한민국 과학자들의 도전정신을 자극하여, 인류가 과학 너머 또 다른 위대함에 이르는 데 작은 도움이 되었으면 좋겠습니다.

초일류를 향한 도전
Great KAIST

초판 1쇄　2026년 3월 10일

지은이　심재율
발행인　김재홍
교정/교열　김혜린
디자인　박효은
마케팅　이연실

발행처　도서출판지식공감
등록번호　제2019-000164호
주소　서울특별시 영등포구 경인로82길 3-4 센터플러스 1117호{문래동1가}
전화　02-3141-2700
팩스　02-322-3089
홈페이지　www.bookdaum.com
이메일　jisikwon@naver.com

가격　22,000원
ISBN　979-11-5622-989-6　03500